# 煤炭井工开采技术研究

路学忠　主编

编委会成员

路学忠　海连富　杨站伟　马一平

何　伟　魏向成　王　磊　闫　超　魏启明

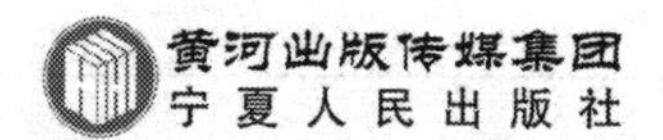

**图书在版编目（CIP）数据**

煤炭井工开采技术研究 / 路学忠主编. — 银川：宁夏人民出版社，2019.3

ISBN 978-7-227-07037-5

Ⅰ.①煤… Ⅱ.①路… Ⅲ.①煤矿开采—研究 Ⅳ.①TD82

中国版本图书馆CIP数据核字（2019）第051675号

**煤炭井工开采技术研究　　路学忠　主编**

责任编辑　姚小云　周淑芸
责任校对　白　雪
封面设计　李家强
责任印制　肖　艳

黄河出版传媒集团 宁夏人民出版社 出版发行

地　　址　宁夏银川市北京东路139号出版大厦（750001）
网　　址　http://www.yrpubm.com
网上书店　http://www.hh-book.com
电子信箱　nxrmcbs@126.com
邮购电话　0951-5052104　5052106
经　　销　全国新华书店
印刷装订　宁夏报业传媒印刷集团有限公司
印刷委托书号（宁）0012747

开本　880mm×1230mm　1/32
印张　8.75　　字数　250千字
版次　2019年4月第1版
印次　2019年4月第1次印刷
书号　ISBN 978-7-227-07037-5
定价　68.00元

# 序

《煤炭井工开采技术研究》这本著作是以“基础理论—技术方法—案例分析”为框架，对煤炭井工开采技术进行了详细阐述。在撰写和修改过程中，得到了宁夏回族自治区地质局、宁夏地质矿产资源勘查开发创新团队、宁夏回族自治区矿产地质调查院、宁夏回族自治区煤炭地质局及神华宁煤集团等单位、团队和个人的大力协助；同时，书中有关内容参考了有关单位和个人成果，均已在参考文献中列出，在此代编者们一并致谢。

煤矿的开采方式主要有两种，一种是露天开采，另外一种是井工开采。而全世界适于露天开采的煤炭储量约占总储量的25%~30%，我国只占23%。而且，露天开采虽然具有产量大、生产效率高的特点，但随着浅部煤层被采完，开采深度必将逐年加大，同时，露天开采所带来的环境问题也日趋严重，直接制约着经济的发展。因此，井工开采仍将是未来煤炭工业的主要开采方式。

本书由路学忠、海连富等人共同主编完成，是以宁夏地质矿产资源勘查开发创新团队的“井工开采煤炭资源技术经济评价”项目为依托，在大量搜集宁东煤田资料及近几年的勘探成果和认识基础上，全面系统地阐述了煤炭井工开采的基本理论和方法，概括了井工开采技术的最新理论和先进技术后，主编完成了这本具有指导实践意义的专业书籍。全书共8个章节，内容主要包括井田开拓、采煤方法、采煤工艺和典型煤矿井工开采技术的解析等四部分。各章节将井工开采新理论、新技术和新方法融合在一起，突出了内容的前瞻性。本书适合于各职业技术院校、成人教育院校煤炭井工开采等相关专业使用，也可供煤矿通风与安全、煤炭企业工程技术人员参考学习。

# 目　录

# 第一章　煤矿开采基础知识

## 第一节　煤田开发概述

### 一、煤田的概念

含煤岩系是指一套含有煤层并具有成因联系的沉积岩系。同一地质时期形成并大致连续发育的含煤岩系分布区称为煤田。煤田的面积可有数十至数千平方千米，储量可有数千万吨至数百亿吨。大多数煤田由单一地质时代的含煤岩系形成，称为单纪煤田，如抚顺阜新煤田、两淮煤田。由几个地质时代的含煤岩系形成的煤田，称为多纪煤田，如鄂尔多斯煤田，包括石炭一叠纪、二叠纪、三叠纪和侏罗纪3套含煤岩系。

世界上煤炭储量丰富，煤田众多，地质储量200Gt以上的大煤田就有20多个，著名的有连斯克（俄罗斯）、鄂尔多斯（中国）和阿巴拉契亚（美国）等煤田。大煤田的面积一般有几十至几万平方千米，世界上面积最大的煤田为俄罗斯的通古斯煤田，面积约（$104.5\times10^4km^2$），地质储量约2089Gt。

煤田的地理分布以亚洲最多，北美次之。中国煤炭资源丰富，煤田分布遍及各省区，含煤岩系从石炭纪到第四纪早期都有分布。其领域内分布着数以百计的煤田，是世界上煤炭资源量最为丰富的国家之一。

## 二、矿区及矿区开发

统一规划和开发的煤田或其一部分称为矿区。根据国民经济发展进程和行政区域的划分，利用地质构造、自然条件或煤田沉积的不连续或按照勘探时期的先后，将煤田划分为矿区进行开发。

从我国煤田和矿区的实际关系来看，有的是一个矿区开发一个煤田，如开滦、阳泉、肥城等矿区；有的是几个矿区开发一个煤田，如安徽省的淮南煤田划归为舜耕山矿区、八公山矿区、潘谢矿区，如图1-1所示；有的是将邻近的几个煤田划归为一个矿区，如淮北矿区开发闸河煤田和宿县煤田。

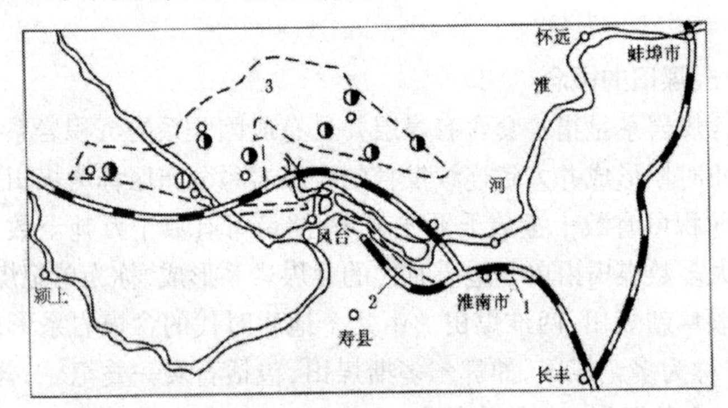


1. 舜耕山矿区；2. 八公山矿区；3. 潘谢矿区

图1-1　淮南煤田分布图

## 三、井田的概念

根据地质构造、地理环境、生产规模，一个煤田可划分为若干个煤矿区或煤产地，一个矿区又可分为若干个井田。一般矿井是指形成地下煤矿生产系统的井巷、硐室、装备、地面建筑和构筑物的总称。在矿区内，划分给一个矿井或露天矿开采的那一部分煤田叫作井田。如潘谢矿区内就有潘一矿、潘二矿、潘三矿、谢桥矿、张集矿、顾桥矿、丁集矿等。

井田范围（尺寸）由井田走向长度、倾斜宽度和面积来反映。井田走向长度是表征矿井开采范围的重要参数，要与一定时间内的开采技术及装备水平相适应。根据目前开采技术水平，大型矿井井田的走向长度不小于8km，中型矿井不小于4km。井田的倾斜宽度是井田沿煤层倾斜方向的水平投影宽度。

## 第二节　井田（煤田）划分

井田划分是确定矿区建设规模与矿区布局的基础，也是合理开发煤炭资源、取得稳定发展和较好经济效益的重要条件。

### 一、井田划分考虑的主要因素

#### 1.矿区地质条件

矿区地质条件是煤田开发和井田划分的基础。分析评价矿区地质条件，对地质构造（可作为井田境界的地质构造）形态、煤层赋存条件、储量与煤质分布规律、开采技术条件、矿区水文地质及地形地物（城镇、水体、洪涝灾害）特征等因素进行分析研究，这是划分井田应考虑的最基本的因素。如兖州矿区、潘谢矿区都具有煤层层数多、煤质好、储量丰富、煤层倾角平缓、第四系冲积层厚度大、涌水大等特点，加上地处华东经济发达的缺煤地区，客观上适合于建设大型井，也需要建设大型井，所以在这两个矿区都划分为面积较大的大型和特大型矿井。

#### 2.矿区开发强度

开发强度是关系矿区全局性的大问题，直接影响井田划分。一般情况下，开发强度大，需多划分井田，意味着井田尺寸小、矿井数目多、服务年限短；反之，开发强度小则意味着井田尺寸大、矿井数目少、服务年限长。

我国于20世纪50~60年代建设的矿区（多数为浅部区），为满足经济发展的需要，普遍加大了开发强度，其井田划分的特点是井田尺寸小（特别是走向长度）、井塑小、矿井密度大，如安徽淮南八公山矿区。

3.统一规划,正确处理深浅部各矿井的相互关系

划分井田时,必须统一规划处理好相邻矿井间的(境界)关系,包括矿井与露天矿、生产井与新建井、浅部井与深部井、国有重点煤矿与地方井之间的关系。应统一规划,合理布局,不要因为一个井田的划分使另一个井田境界的划分不合理(如形成单翼开采、上下煤层开采相互影响等),注意发挥各自井田特点和优势。

4.井口与工业场地位置的选择

划分井田时应考虑井筒(平硐)与工业场地位置的选择,使其有利于井田开拓与初期采区布局,有利于矿井建设施工和工业场地布置。如准格尔矿区、神府东胜矿区,均因地形复杂,铁路线路、井口与工业场地只能沿沟谷与河滩阶地布置,大多数井田都是结合铁路站场、井口与工业场地布置进行划分。

5.留有后备区

从我国矿区生产建设实践看,在有条件的矿区划出一部分备用储量作为后备区,以适应地质情况的变化和为矿区生产发展留有余地,这对矿区生产稳定发展起到了很大作用。

6.统筹全局,全面规划,获取综合经济效益

在市场经济条件下,评价井田划分方案应以经济效益为中心,使矿井建设、城乡发展和环境建设同步规划、同步实施、同步发展。在井田划分中,应力求做到相对井巷工程量小,投资省,建设工期短,达产快,利润高,使生产持续稳定发展。

**二、井田划分方法**

根据矿区特点、开发原则和井田划分考虑的主要问题,一般按自然境界和人为境界来划分井田。

1.按自然境界划分

(1)按地质构造因素划分

利用煤田地质构造作为划分井田的自然境界,是设计中最常用的井田划分方法,即利用大断层、褶曲轴线、岩浆岩侵入带、古河

床冲刷带等地质构造划分井田。如铁法、沈阳、晋城、潞安、兖州、济(宁)北、龙口矿区及丰沛、宿县、潘谢、峰峰、平顶山等矿区,都广泛地利用地质构造作为井田境界划分井田。

(2)按煤层赋存形态划分

为了有利于矿井生产管理、巷道布置和减少采煤方法的多样性,一般常将产状不同的煤层区域分别划分为不同井田。

(3)按煤层组与储量分布情况划分

根据煤层组(煤层)与储量分布情况划分井田,在煤层生产能力高、储量多且集中的区域多划分建设大型、特大型矿井;在煤层生产能力低、储量少而分散的区域,一般多划分建设中小型矿井。

(4)按煤种、煤质分布规律划分

在煤种、煤质变化比较大的矿区,为了保证煤种、煤质和减少同一矿井煤种的种别,减少因分采分运与加工而造成的生产系统与设施的复杂性,可利用煤种、煤质的分界线作为井田划分的境界。

(5)按地形地物界线划分

当地面有河流、铁路、城镇等需要留设保安煤柱时,应尽量利用此类保安煤柱线作为井田境界,以降低煤炭损失,减少开采技术困难。

2.按人为境界划分

(1)按经纬线划分

采用以经纬线划分井田方法,可用在煤层走向上,也可用在倾斜方向上。

(2)按勘探线划分

以煤田地质勘探中某勘探线作为井田划分的人为境界。这种境界实际上多是以直线划分(以坐标点标注井田境界线位置)。

应该指出,上述井田划分方法中所考虑的各种自然境界因素和人为境界因素都是相互联系的,其目标是要有比较合理的井田尺寸和境界,从而保证矿井和开采水平满足规定的服务年限,生产稳定持续发展,经济效益好。

## 三、井田内再划分

### 1. 井田划分成阶段

一个井田的范围相当大,其走向长度可达数千米到万余米,倾向长度可达数千米。因此,必须将井田划分成若干个更小的部分,才能按计划有顺序地进行开采。

(1)阶段的划分

在井田范围内,沿着煤层的倾斜方向,按一定标高把煤层划分为若干个平行于走向的长条部分,每个长条部分具有独立的生产系统,称之为一个阶段。井田的走向长度即阶段的走向长度,阶段上部边界与下部边界的垂直距离称为阶段垂高,一般为100~250m,阶段的倾斜长度为阶段斜长,如图1-2所示。

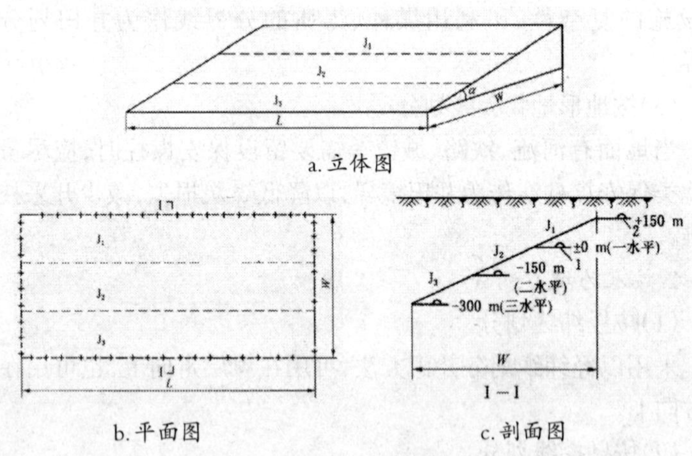


$J_1$. 第一阶段;$J_2$. 第二阶段;$J_3$. 第三阶段;L. 阶段走向长度;W. 阶段斜宽;1. 阶段运输大巷;2. 阶段回风大巷

图1-2 井田阶段和水平的划分

(2)水平的概念

水平通常用标高(m)来表示。在矿井生产中,为说明水平位置、顺序，相应地称为±0水平、-150水平、-300水平等，或称为第一水平、第二水平、第三水平等，通常将设有井底车场、阶段运输大巷并且担负全阶段运输任务的水平，称为“开采水平”，简称“水平”。

一般地说，阶段与水平二者既有联系又有区别。其区别在于阶段表示的是井田范围中的一部分，强调的是煤层开采范围和储量；而水平是指布置在某一标高水平面上的巷道，强调的是巷道布置。二者的联系是利用水平上的巷道去开采阶段内的煤炭资源。广义上的水平已经不仅表示一个水平面，而且包括水平所能服务的阶段范围。

2.阶段内的再划分

井田划分为阶段后，阶段的范围仍然较大，通常需要再划分，以适应开采技术的要求。阶段内的划分(即开采所需的“阶段内准备”)一般有采区式、分段式和带区式三种方式。

(1)采区式划分

在阶段范围内，沿走向把阶段划分为若干个具有独立生产系统的块段，每一块段称为采区。

(2)分段式划分

在阶段范围内不划分采区，而是沿倾向将煤层划分为若干平行于走向的长条带，每个长条带称为分段，每个分段沿斜长布置一个采煤工作面，这种划分称为分段式。采煤工作面沿走向由井田中央向井田边界连续推进，或者由井田边界向井田中央连续推进，属于分区式的一种特殊形式。

各分段平巷通过主要上(下)山(运输、轨道)与开采水平大巷联系，构成生产系统。

分段式划分与采区式划分相比，减少了采区上(下)山及硐室工程量；采煤工作面可以连续推进，减少了搬家次数，生产系统简单。但是，分段式划分仅适用于地质构造条件简单、走向长度较小的井田。因此，分段式划分应用上受到严格限制，在我国很少采用。

(3)带区式划分

在阶段内沿煤层走向把阶段划分为若干个适合于布置采煤工作面的长条,每个长条称为一个分带。由若干相邻较近的分带组成,并具有独立生产系统的区域叫带区。分带内,采煤工作面沿煤层倾向(仰斜或俯斜)推进,即由阶段的下部边界向阶段的上部边界推进或者由阶段的上部边界向下部边界推进,一般由2~6个分带组成一个带区。

分带布置工作面适用于倾斜长壁采煤法,巷道布置系统简单,比采区式布置巷道掘进工程量少,但分带工作面两侧倾斜回采巷道(称为分带巷道)掘进困难、辅助运输不便。

目前,我国大量应用的还是采区式划分。在煤层倾角较小(<12°)的条件下,带区式划分的应用正在扩大。

3.近水平煤层井田划分为盘区

开采倾角很小的近水平煤层,井田沿倾向的高差很小。这时,以前述方法很难划分成若干以一定标高为界的阶段。通常,沿煤层的延展方向布置大巷,在大巷两侧划分成为具有独立生产系统的块段,这样的块段称为盘区或带区。盘区内巷道布置方式及生产系统与采区布置基本相同。带区则与阶段内的带区式布置基本相同。

采区、盘区、带区的开采顺序一般采用前进式,即从井田中央块段到边界块段顺序开采。先开采井田中央井筒附近的采区或盘区、带区,有利于减少初期工程量及初期投资,使矿井尽快投产。

## 第三节 矿井巷道及生产系统

### 一、矿井巷道

矿井开采需要在地下煤岩层中开凿大量的井巷和硐室。这些井巷种类很多，按其所处空间位置和形状，可分为垂直巷道、倾斜巷道和水平巷道。

1. 垂直巷道

立井——有直接通达地面出口的垂直巷道，又称竖井。立井一般位于井田中部，担负全矿煤炭提升任务的叫主立井，担负人员升降和材料、设备、矸石等辅助提升任务的为副立井。

暗立井——没有直接通达地面出口的立井，装有提升设备，也有主、副暗立井之分。暗立井通常用作上下两个水平之间的联系，即将下水平的煤炭通过主暗井提升到上一个水平，将上一个水平中的材料、设备和人员等转运到下水平。

溜井——担负自上而下溜放煤炭任务的暗井。

2. 倾斜巷道

斜井——有直接出口通达地面的倾斜巷道。主要担负全矿井下煤炭提升任务的斜井叫主斜井；只担负矿井通风、行人、运料等辅助提升任务的斜井叫副斜井；主要作回风（兼作安全出口），一般布置在井田浅部的斜井叫通风斜井。

暗斜井——没有直接通达地面的出口且用作相邻的上下水平联系的倾斜巷道。其任务是将下部水平的煤炭运到上部水平，将上部水平的材料、设备等运到下部水平。暗斜井和斜井一样，也有主、副井之分。

上山——没有直接出口通往地面，位于开采水平以上，为本水平或采区服务的倾斜巷道。其任务是从上向下运送煤炭、矸石，从下向上运送材料、设备、人员等。上山中安设输送机运煤的称为运输上山，铺轨并由绞车运输物料的称轨道上山，专为通风（兼行人）的上山称为通风上山。服务于采区的上山叫作采区上山，服务于阶段的称主要（或阶段）上山。

下山——位于开采水平以下，为本水平或采区服务的倾斜巷道。其任务是从下向上运煤、矸石等，从上向下运材料、设备，其他与上山相同。

3.水平巷道

平硐——有出口直接通到地表的水平巷道。一般以一条主平硐担负全矿运煤、出矸、运材料、运设备、进风、排水、供电和行人等任务。专作通风用的平硐称为通风平硐。

石门——和地层走向垂直或斜交的水平岩石巷道。服务于全阶段、一个采区、一个区段的石门,分别称为阶段石门(又称主石门或集中石门)、采区石门、区段石门。作运输用的石门称运输石门,通风用的石门称为通风石门(都指主要用途),如阶段运输石门、采区回风石门等。

煤门——开掘在煤层中并与煤层走向垂直或斜交的水平巷道。煤门的长度取决于煤层的厚度,只有在厚煤层中才有必要掘进煤门。

平巷——没有出口直接通达地表,沿煤层走向开掘的水平巷道。开掘在岩层中的称为岩巷,开掘在煤层中的称为煤巷。根据平巷的用途,可将平巷分为运输平巷、通风(进风或回风)平巷等。按平巷服务范围,将为全阶段、分段、区段服务的平巷分别称为阶段平巷(习惯上也称阶段大巷)、分段平巷、区段平巷等。

4.硐室

硐室——专门用在井下建造的断面较大或长度较短的空间构筑物,如绞车房、水泵房、变电所和煤仓等。

根据巷道服务范围及其用途,矿井巷道又可分为开拓巷道、准备巷道和回采巷道3类。

开拓巷道——全矿井或为一个开采水平服务的巷道。主、副井和风井、井底车场、主要石门、阶段运输和回风大巷、采区回风石门和采区运输石门等,以及掘进这些巷道的辅助巷道都属于开拓巷道。

准备巷道——采区,为一个以上区段、分段服务的运输、通风巷道。采区上(下)山、区段集中巷、区段石门、采区车场等都属于准备巷道。

回采巷道——形成采煤工作面及为其服务的巷道。采煤工作面的开切眼、区段运输平巷和区段回风平巷属于回采巷道。

开拓巷道的作用在于形成新的或扩展原有的阶段或开采水平,为构成矿井完整的生产系统奠定基础。准备巷道的作用在于准备新的采区,以便构成采区的生产系统。为采煤工作面服务的巷道的作用在于切割出新的采煤工作面并进行生产。

## 二、矿井生产系统

矿井生产系统是指在煤矿生产过程中的提升、运输、通风、排水、人员安全进出、材料设备上下井、矸石出运、供电、供气、供水等巷道线路及其设施的总称,是矿井安全生产的基本前提和保证。每一个矿井都必须按照有关规定和要求,建立安全、通畅、运行可靠、能力充足的生产系统。矿井生产系统包括井下生产系统、地面生产系统和其他生产系统。

### 1.井下生产系统

(1)运煤系统

从采煤工作面破落下的煤炭—区段运输平巷—采区运输上山—采区煤仓—采区下部车场—阶段运输大巷—主要运输石门—井底车场—主井提升到地面。

(2)通风系统

新鲜风流—副井—井底车场—主要运输石门—阶段运输大巷—采区下部材料车场—采区轨道上山—采区中部车场—区段运输平巷—采煤工作面。清洗工作面后,污风—区段回风平巷—采区回风石门—回风大巷—回风石门—回风井排入大气。

(3)运料排矸系统

采煤工作面所需材料和设备由副井—井底车场—主要运输石门—阶段运输大巷—采区运输石门—采区下部材料车场—采区轨

道上山—区段回风平巷—采煤工作面。采煤工作面回收的材料、设备和掘进工作面运出的矸石,用矿车经由与运料系统相反的方向运至地面。

(4)排水系统

采掘工作面积水,由区段运输平巷、采区上山(或下山)排到采区下部车场,经水平运输大巷、主要运输石门等巷道的排水沟,自流到井底车场水仓。其他地点的积水排到水平大巷后,自流到井底水仓。集中到井底水仓的矿井积水,由中央水泵房排到地面。

(5)动力供应系统

包括井下电力供应系统和压缩空气供应系统。

通过敷设在副井中的高压电缆,矿井地面变电所向井下井底车场的中央变电所供6kV、10kV或更高电压等级的高压电,通过敷设在运输大巷和运输上山帮上的电缆,由中央变电所向各采区变电所供电,采区变电所则将输送来的高压电降压或不降压供给采煤工作面和掘进工作面的用电设备。

采掘工作面风动工具所需要的压缩空气,则由地面或井下压风机房经管道输送至各工作面用气地点。

2.地面生产系统

地面生产系统的主要任务是煤炭经过运输提升到地面后的加工和外运,还要完成矸石排放,动力供给,材料、设备供应等工作。地面生产系统涉及的具体内容通常包括地面提升系统、运输系统、排矸系统、选煤系统和管道线路系统。此外,还有变电所、压风机房、锅炉房、机修厂、坑木加工厂、矿灯房、浴室及行政福利大楼等专用建筑物。对于水采矿井,地面还需设置高压泵房、脱水楼和煤泥沉淀池等。

(1)地面生产系统类型

①无加工设备的地面生产系统。这种生产系统适用于原煤不需要进行加工,或拟送往中央选煤厂去加工的煤矿。原煤提升到

地面以后，经由煤仓或贮煤场直接装车外运。

②设有选矸设备的地面生产系统。这种生产系统适用于对原煤只要选去大块矸石的煤矿，或者在生产焦煤的煤矿中，由于大块矸石较多，而选煤厂又离矿较远，为了避免矸石运输的浪费和减轻选煤厂的负担，在矿井地面设置选矸装置。

③设有筛分厂的地面生产系统。这种生产系统适用于生产动力煤和民用煤的煤矿。原煤提升到地面后，需要按照用户对煤质与粒度的要求进行选矸和筛分，不同粒度的煤分别装车外运。

④设有选煤厂的地面生产系统。这种生产系统适用于产量较大、煤质符合洗选要求的矿井。

（2）地面排矸运料系统

矿井在建设和生产期间，由于掘进和回采，都要使用或补充大量的材料，更换和维修各种机电设备，同时还有大量的矸石运出矿井，特别是开采薄煤层时，矸石的排出量有时可达矿井年产量的20%以上。

①矸石场的选址及类型。由于矸石易散发灰尘，有的还有自然发火危险，在选择矸石场地时，一般选择在工业场地、居民区的下风方向，并且地形上有利于堆放矸石，尽量不占或少占良田。当矸石有自燃可能时，矸石场地的边缘距压风机房、进风井口不小于80m，距坑木场不小于50m，距居住区一般不小于700m。

矸石不得堆放在水源上游和河床上。能自燃的矸石，不能堆放在煤层露头、表土下10m以内有煤层的地面上或采空区可能塌陷而影响到井下的范围内。

矸石场按照矸石的堆积形式可以分为平堆矸石场和高堆矸石场两种。当地面工业场地及其附近地形起伏不平且矸石无自然发火危险时，可利用矸石将场地附近的洼地、山谷填平覆土还田，这种堆放矸石的方式称平堆矸石场。这种矸石场的缺点是地形变化大，机械设备需要经常移动，工作起来不方便。目前采用较广泛的是高堆矸石场，这种矸石场堆积矸石的高度一般为25~30m，矸石堆积的自然坡角为40°~45°，高堆矸石场的布置紧凑，设备简单，但矸石场的占地面积大，且矸石堆附近灰尘较多。

②材料、设备的运输。矿井正常生产期间，需要及时供应各种材料、设备，维修各种机电设备。这些物料主要是经由副井上下。因此，材料、设备的运输系统都必须以副井为中心。一般由副井井口至木材加工场、机修厂和材料库等，都铺有运输窄轨铁路。运往井下的材料设备装在矿车或材料车上，由电机车牵引到井口，再通过副井送到井下。井下待修的机电设备，也装在矿车或平板车上，由副井提升到地面，由电机车牵引送往机修厂。

(3)地面管线系统

为了保证矿井生产、生活的需要，地面工业场地内还需设上下水道、热力管道、压缩空气管道、地下电缆、瓦斯抽放管路、灌浆管路等。这些管道线路布置是否合理，对矿井生产、生活、美化环境都有一定影响，在进行管线布置时应予以考虑。

3.其他生产系统

矿井建设和生产期间，矿井还需要建立安全、避灾、供水、通信等系统。具体包括瓦斯抽采系统、安全监测监控系统、人员定位系统、紧急避险系统、压风自救系统、供水施救系统和通信联络系统等。

# 第二章　井田开拓方式

## 第一节　井田开拓概述

### 一、井田开拓的概念及内容

井田开拓是由地表进入煤层为开采水平服务所进行的井巷布置和开掘工程。

井田开拓需要依据一定的矿山地质和开采技术条件，对矿井开拓巷道布置和生产系统的技术方式做出抉择，对井田内各部分煤层的开采做出原则性安排，其主要内容如下：

（1）井田内的再划分，划分阶段、开采水平、采区、盘区或带区，确定水平高度、水平数目、水平位置标高和阶段斜长。

（2）确定井筒位置及工业场地位置。

（3）确定井筒形式、数目、功能、装备。

（4）确定井底车场形式、能力、线路和硐室。

（5）确定运输大巷和总回风巷位置、数目、装备、断面、支护方式、方向和坡度。

（6）开掘井筒、井底车场、主石门、运输大巷、总回风巷、采区石门等为全矿水平服务的开拓巷道。

（7）确定各煤层、采区、盘区或带区的开采顺序、采掘接替和配采方式。

（8）确定并实施开拓延伸方案。

(9)确定技术改造和改扩建方案。

**二、井田开拓方式的分类**

井田开拓涉及的内容较多,能够反映开拓方式主要特征的技术参数有井筒形式、开采水平数目、运输大巷布置方式和开采准备方式。矿井开拓方式是指矿井井筒形式、开采水平数目及阶段内的布置方式的总称。

井田开拓方式按井筒形式可分为立井开拓、斜井开拓、平硐开拓和综合开拓4类,按开采水平数目可分为单水平开拓和多水平开拓两类,按阶段内的布置方式可分为采区式开拓、分段式开拓和带区式开拓3类。井田开拓方式是井筒形式、开采水平数目和阶段内的布置方式的组合。如"立井—单水平—采区式""斜井—多水平—分段式"及"平硐—单水平—带区式"等,如图2-1所示。在开拓方式的构成因素中,井筒形式占有突出的地位,因此常以井筒形式为依据,把井田开拓方式分为立井开拓、斜井开拓、平硐开拓和综合开拓等几种方式。

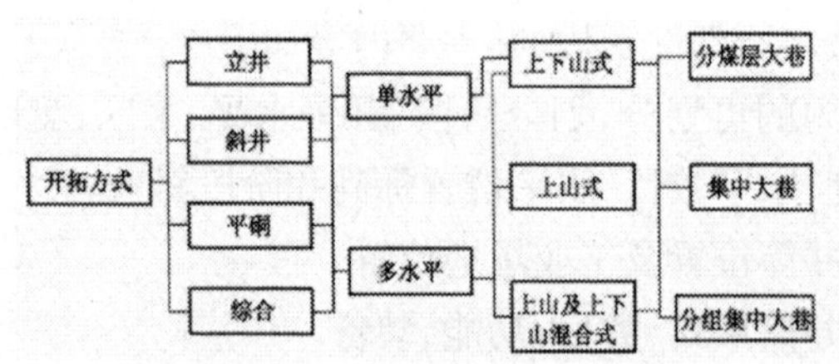


图2-1　矿井开拓方式分类图

## 第二节　井田开拓方式类型

**一、立井开拓**

立井开拓是主、副井筒均采用立井的井田开拓方式,是我国煤矿开拓的主要方式。立井开拓可分为单水平开拓和多水平开拓两类,按井田内划分、开采水平设置及开采方式不同,又可组合成多种井田开拓方式。

1.立井多水平开拓方式

当井田内煤层垂直方向范围大时，可用多水平开拓。采用立井多水平开拓时，大致在井田中部开凿主井和副井，至第一水平位置后，开掘井底车场、主要石门和大巷，进行采区准备和开采。在第一水平减产前若干年，进行矿井开拓延深及第二水平的开拓准备，临第一水平减产前，第二水平投入生产并逐步接替第一水平的生产。如还有下水平，仿此进行以下水平的开拓、准备和开采，直至采完全部井田。

图2-2所示为立井多水平上山开采的开拓方式示例，井田内有缓倾斜可采煤层两层，煤层间距较近，赋存较深，地表为平原地带，

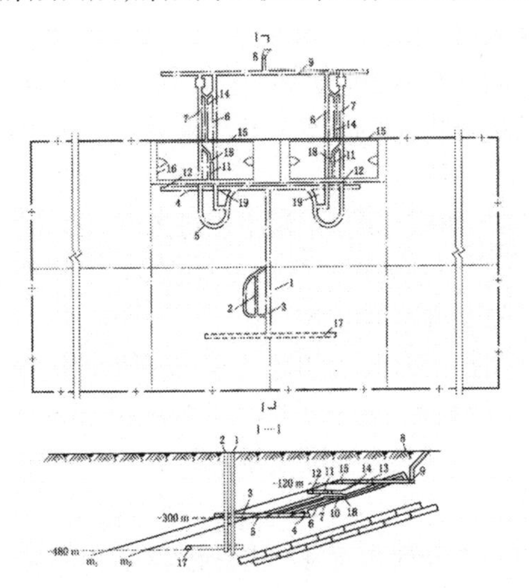

1.主井；2.副井；3.井底车场；4.运输大巷；5.采区下部车场；6.运输上山；7.轨道上山；8.回风井；9.总回风大巷；10.$m_2$煤层区段运输平巷；11.采区中部车场；12.煤层区段运输平巷；13.$m_2$煤层区段回风平巷；14.采区上部车场；15.$m_1$煤层区段回风平巷；16.采煤工作面；17.二水平运输大巷；18.溜煤斜巷；19.采区煤仓

图2-2　立井多水平采区式开拓

表土层较厚且水文条件较复杂。井田沿倾斜划分为两个阶段,阶段下部标高分别为-300m和-480m,井田设置两个开采水平,每个阶段内划分为若干个采区。

(1)开掘顺序

在井田中部开掘主井和副井,井筒掘到-300m标高以下后,首先开掘第一水平的井底车场及主石门;然后,在煤层底板岩层中开掘主要运输大巷,并向井田两翼延深;当运输大巷掘至首先投产的采区下部边界中部时,开掘采区运输石门和采区下部车场。

在开掘主、副立井的同时,在井田浅部中央开凿回风井到-120m回风水平,然后开掘总回风大巷,沿着总回风大巷,在首采区走向中部附近开掘采区回风石门。至此,为第一水平首采区服务的开拓巷道开掘完毕。

在首采区内开掘准备巷道和回采巷道。在开掘的各类井巷内安装相应的设备系统,经试运转符合要求后,矿井即可投产。

(2)主要生产系统

工作面生产的煤从采区运输上山进入采区煤仓,在大巷内装车后,由电机车牵引整列矿车至井底车场卸载到井底煤仓,最后由主井内安装的箕斗将原煤提至地面。

掘进巷道所出的矸石,则用矿车装运至井底车场,由副井内安装的罐笼提升至地面。井下所需物料和设备,由矿车(或材料车、平板车)装载,经副井罐笼下放至井底车场,由电机车拉至采区,转运至使用地点。

矿井采用中央分列式通风方式,新鲜风流由副井进入井下,经井底车场、主要运输大巷、采区下部车场进入采区轨道上山,而后进入采煤工作面。污浊风流经采区回风石门至总回风巷,再经总回风石门,由边界回风井排出地面。

井下涌水经大巷水沟流入井底车场的水仓,由水泵房的水泵经副井中的管道排至地面。

(3)采掘接替

矿井以一个水平生产保证矿井产量。一般先开采井筒附近的采区,首采区开采结束前,必须向井田两翼掘出为下一采区服务的阶段运输大巷及采区巷道,准备出接替采区,以保证矿井连续不断地稳定生产,直至井田边界采区。

第一水平结束前,延深主、副立井井筒至-480m标高以下,开掘为第二水平生产服务的井底车场、主石门和运输大巷,并进行第二水平首采区的准备。第一水平开始减产时,第二水平即应投入生产,并逐步由两个水平同时生产过渡到全部由第二水平保证矿井产量。在第二水平内,采区仍由井中央向井田两翼边界的顺序依次开采,直至采完全部井田内的采区。第二水平生产期间,第一水平的运输大巷可以作为第二水平的总回风巷。第二水平的生产系统基本上同第一水平。

2. 立井开拓的类型

根据井田斜长或垂高、煤层倾角、可采煤层数目及层间距等条件的不同,立井开拓分单水平开拓和多水平开拓两大类。水平内可以采用采区式、盘区式或带区式准备。

立井单水平开拓是利用一个开采水平采出全井田内的煤炭资源,一般使用一段运输设备完成上山和下山阶段的运输任务。当局部斜长过大时,可用两段运输设备或设辅助水平解决。

在开采近水平煤层群时,视煤层的间距不同,可以布置一条或多条运输大巷。在布置多条运输大巷的条件下,煤层之间可以采用主暗井联系,也可以采用主石门联系,不同的联系方式如图2-3所示。

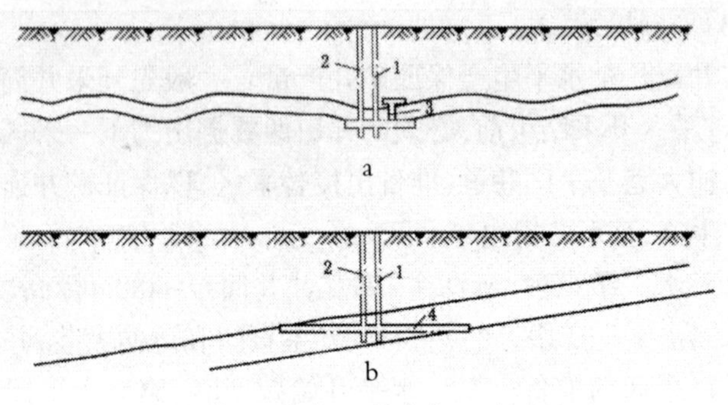


1.主井;2.副井;3.主暗井;4.主石门

图2-3　立井单水平开拓方式

如井田斜长太大,或可采煤层间距大而倾角小,或开采急倾斜煤层条件下,利用一个开采水平开采全井田有困难时,则需要设置两个或两个以上的开采水平,形成多水平开拓方式。生产矿井一般以一个开采水平保证矿井产量。

根据煤层倾角、瓦斯、涌水量及阶段划分等条件,一个开采水平只采上山阶段或开采上下山两个阶段,多水平开拓又分为上山式、上下山式、上山及上下山混合式开拓,如图2-4所示。

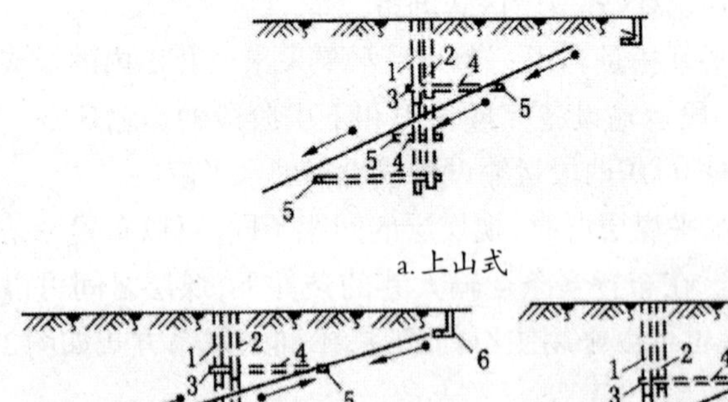

a.上山式

b.上下山式　　c.上山及上下山混合式

1.主立井;2.副立井;3.井底车场;4.主石门;5.水平运输大巷;6.回风井

图2-4立井多水平开拓

在近水平煤层群的条件下，当煤组间距较大(一般大于100m)时，还可以采用立井多水平分煤组开拓方式，如图2-5所示。

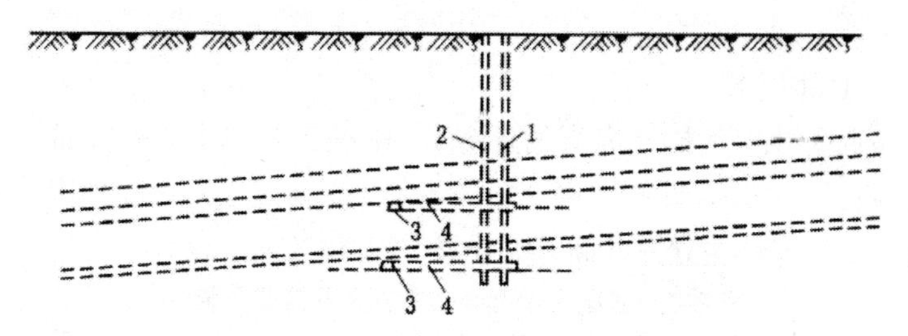


1. 主立井；2. 副立井；3. 水平运输大巷；4. 主石门

图2-5　近水平煤层群立井多水平分煤组开拓

急倾斜煤层立井多水平上山式开拓如图2-6所示，开采急倾斜煤层的矿井，井筒多布置在煤层底板岩层中，各阶段都采用上山式开采，一般每一个阶段设一个开采水平。

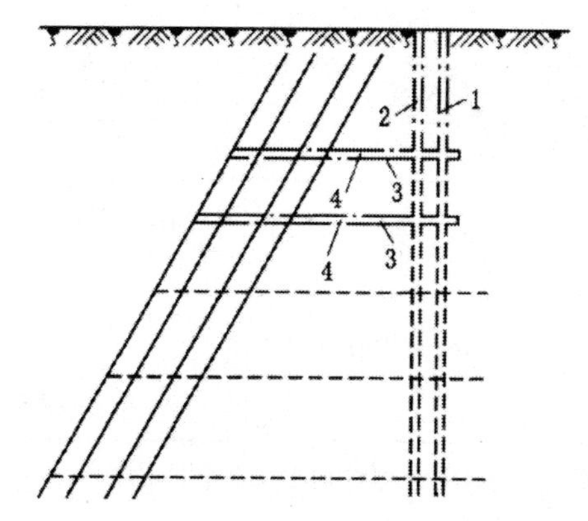


1. 主井；2. 副井；3. 主石门；4. 水平运输大巷

图2-6　急倾斜煤层立井多水平上山式开拓方式

立井开拓的井筒配备采用立井开拓时，一般在井田中部开凿一对圆形断面的立井，装备两个井筒。井筒断面根据提升容器类型、数量、外形尺寸、井筒内装备及通风要求确定。按技术标准化要求，井筒断面直径按0.5m晋级，直径6.5m以上的井筒和采用钻井法、沉井法施工的井筒可不受此限制。按井筒内的提升设备和功能,立井开拓一般有一个主井和一个副井,也有多个副井的情况。

(1)主立井

主立井担负提升煤炭的任务,大中型矿井的主立井装备一对或两对箕斗。小型矿井的主立井装备一对罐笼。表2-1列出了我国大中型煤矿主立井井筒提升设备。

表2-1　我国大中型煤矿主立井井筒提升装备

| 矿井生产能力/($Mt\cdot a^{-1}$) | 主井井筒装备 | 副井井筒装备 |
|---|---|---|
| 0.3 | 一对双层单车(1t)罐笼 | 一对单层单车(1t)罐笼 |
| 0.6 | 一对6t箕斗 | 一对双层单车(1t)罐笼 |
| 0.9 | 一对9t箕斗 | 一对双层单车(1.5t)罐笼 |
| 1.2 | 一对12t箕斗 | 一对双层单车(3t)罐笼 |
| 1.5 | 一对16t箕斗 | 一对双层单车(3t)罐笼 |
| 1.8 | 一对16t箕斗 | 一对双层单车(3t)罐笼(带重锤) |
| 2.4 | 两对12t箕斗 | 一对双层单车(1.5t)罐笼,一对双层单车(5t)罐笼(带重锤) |
| ≥3 | 两对12~16t箕斗或一对32.5t箕斗 | 一对双层单车(1.5t)罐笼,一个双层单车(5t)或双层双车(1.5t)罐笼(带重锤) |

主立井为罐笼井时可作为进风井和回风井。主立井为箕斗井兼作进风井时,井筒中的风速不得大于6m/s,主立井为箕斗井兼作回风井时,根据《煤矿安全规程》规定,井上下装、卸载装置和井塔(架)必须有完善的封闭措施,漏风率不得超过15%,并应有可靠的降尘措施。

(2)副立井

副立井担负提升矸石、下放物料、升降人员等任务。在井筒中装备罐笼,敷设管道和电缆,并装设梯子间。井型不大的矿井其副立井只装备一对罐笼,现代化的大型矿井装备两套提升设备,一套为一对双车双层罐笼,另一套为双层单车罐笼(带重锤)。不同井型的提升容器及装备见表2-1。近年来,为满足综采支架整架不解体下井的要求,在副井装备的罐笼中,要设一个宽罐笼,净宽一般要达到1.5m。副立井一般为进风井。

(3)混合提升井

混合提升井是兼有主、副井功能的立井,在我国主要有两种情况:一是生产矿井改扩建时,为了同时提高主、辅提升能力,而新开一对立井不具备条件或不经济时,可在原工业场地内新开凿一个立井,装备一对箕斗和一对罐笼,同时担负提煤和辅助提升任务;二是应用在一些井型小于0.21Mt/a的单水平开拓的小型矿井中,只装备一个井筒,用罐笼完成提煤和辅助提升的全部任务,这样,降低了建井费用,同时也降低了安全性和可靠性。

## 二、斜井开拓

斜井开拓是利用直通地面的倾斜井巷作为主、副井的开拓方式,在我国也得到广泛应用,并有多种不同的形式。按斜井与井田内划分方式的配合不同,可分为片盘斜井和集中斜井两大类。集中斜井与立井一样,也分单水平、多水平和上山式、上下山式和混合式等多种开拓方式。

### 1.集中斜井多水平开拓方式

图2-7所示为集中斜井多水平上山式开拓方式。井田内赋存有缓倾斜可采煤层两层,煤层埋藏不深,地表为平原,表土层不厚且水文条件简单。井田沿倾斜划分为两个阶段,阶段下部标高为-100m和-280m,设置两个开采水平,每个阶段内划分为6个采区。

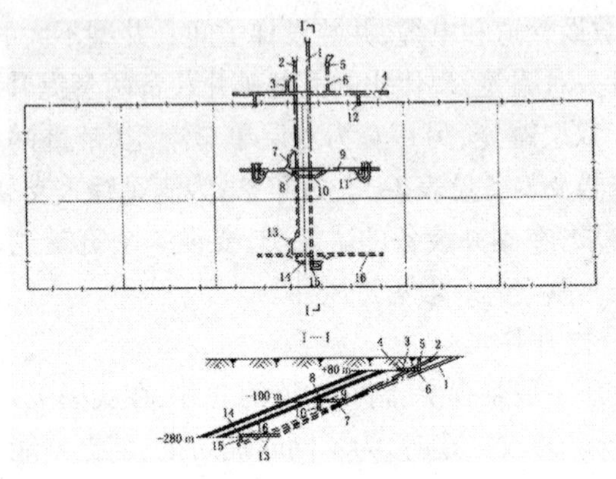


1.主斜井;2.副斜井;3.+80m辅助车场;4.+80m总回风巷;5.回风井;6.总回风石门;7.第一水平轨道石门;8.第一水平井底车场;9.第一水平运输大巷;10.第一水平井底煤仓;11.采区运输石门;12.采区回风石门;13.二水平轨道石门;14.二水平井底车场;15.二水平井底煤仓;16.二水平运输大巷

图2-7　集中斜井多水平上山式开拓

(1)开掘顺序

在井田走向中部自地面向下沿按斜井设备要求的倾角开掘主斜井1、副斜井2。当副斜井掘至+80m回风水平后,开掘辅助车场3及总回风巷4。斜井掘至-100m标高后,开掘第一水平轨道石门7和第一水平井底车场8,在最下部的可采煤层底板岩层中掘第一水平运输大巷9,待其掘至两侧首采区走向中部后,开掘首采区运输石门11。

同时,在井田上部边界大致走向中央开掘回风井5、总回风石门6和总回风巷4,在首采区走向中部附近开掘采区回风石门。至此,为第一水平首采区服务的开拓巷道开掘完毕,在首采区内开掘准备巷道和回采巷道。在开掘的各井巷内安装相应的设备,形成生产系统,经试运转符合要求后,矿井即可投产。

(2)主要生产系统

从采区运出的煤经运输大巷至井底车场,卸入井底煤仓,再由主斜井内安装的带式输送机运至地面。

掘进巷道所出矸石、井下所需物料及设备则由副斜井轨道矿车提升和下放。

由副斜井进入的新鲜风流，经井底车场、主要运输大巷至各采区，各采区污浊风流经采区回风石门、总回风巷、总回风石门至回风井排出地面。

井下涌水经大巷水沟流入井底车场的水仓，由水泵房的水泵经副斜井中的管道排至地面。

(3)采掘接替

采掘接替同立井多水平上山式开拓示例，采区间采用前进式开采顺序，水平间采用下行开采顺序，依次开采各采区和各水平。

2. 集中斜井单水平开拓方式

当煤层倾角较小、瓦斯及涌水量较小时，可采用斜井单水平上下山式开拓方式。

图2-8所示为集中斜井单水平上下山式开拓方式。

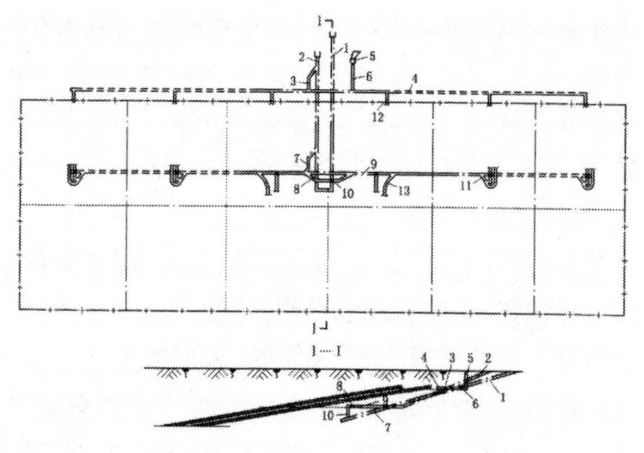

1. 主斜井；2. 副斜井；3. 辅助车场；4. 总回风巷；5. 回风井；6. 总回风石门；7. 开采水平轨道石门；8. 井底车场；9. 水平运输大巷；10. 井底煤仓；11. 采取运输石门；12. 采取回风石门；13. 下山采区上部车场

图2-8　集中斜井单水平上下山式开拓

井田采用集中斜井单水平上下山式开拓,与多水平上山式开拓的区别是不延深主、副斜井,少开凿一个开采水平,利用原水平开采下山阶段,可减少一个开采水平的开拓工程下山采区生产期间,可利用对应的上山采区中的一条上山回风。

近水平煤层埋藏不深时,也可以采用斜井单水平开拓,自地面向下开掘穿岩斜井至开采水平后,根据井田延展的主要方向布置开采水平大巷,在大巷两侧采用盘区式或带区式准备方式。

3.斜井开拓的井筒配备

采用斜井开拓时,一般开掘的井筒数目较多,在配置上有其特点。

(1)井筒的数目和断面

采用斜井开拓的新建矿井,一般在井田中部开凿一对斜井作为主井和副井,新建的特大型或大型斜井,根据需要可以开掘两个副斜井。用斜井开拓的生产矿井,随生产发展及向深部延深,可以增开副斜井或主斜井。

斜井井筒的断面为拱形或梯形(小型矿井),其大小应根据提运设备类型、下井设备外形最大尺寸、管缆布置、人行道宽度、操作维修要求及所需通过风量确定。装有带式输送机的斜井井筒兼作回风井时,井筒中的风速不得超过6m/s,且必须装设甲烷断电仪。

(2)井筒的功能和装备

斜井井筒提升有多种运提设备可供选用,随井型大小及开采条件不同,井筒的功能和装备也有所不同。

①主斜井。主斜井担负提煤任务,大型矿井和部分中型矿井的主斜井装备带式输送机,并设检修用的提升绞车设备,装备已由能力小、长度短、多段接力式的带式输送机换代为运输能力强和铺设长度大的强力带式输送机或钢丝绳牵引带式输送机。井型不大的中型矿井的主斜井可采用箕斗提升(井筒倾角较大时)、双钩串车提升(井筒倾角不大时)或无极绳运输(件筒倾角较小时)。采用

箕斗提升的斜井，其通风要求同立井。小型矿井的主斜井可采用双钩或单钩串车提升。

②副斜井。副斜井兼具辅助提升、敷设管缆等功能，我国各类井型矿井的副斜井绝大多数采用串车提升，大型斜井采用双钩串车提升，特大型斜井可布置两个副斜井，中小型矿井的副斜片可采用单钩串车提升。随着技术的发展，副斜井还可能采用卡轨车、齿轨车、胶轮车等设备，完成辅助运输任务。

③混合提升井。井口小的矿井可以只装备一个井筒，采用单钩串车提升，兼负提煤与辅助提升任务：

④行人井。在一些斜井开拓的矿井中，专门开掘有行人斜井，装设架空乘人装置。

（3）井筒的倾角

斜井井筒的倾角由井巷布置和提升设备的要求确定。

对采用普通带式输送机运输的斜井，为防止原煤沿输送带下滑，井筒倾角一般不超过16°。近年来研制并试用了大倾角（21°~25°）带式输送机，扩大了带式输送机斜井井筒倾角的上限。

对采用箕斗提升的斜井，井筒倾角小，箕斗装煤不满，倾角过大，井筒施工困难，且道床结构也较复杂，故其倾角一般取25°~35°。

对采用串车提升的斜井，井筒倾角超过22°，满载重车沿井筒运行时易抛撒煤矸，倾角愈大，抛撒愈严重，煤矸堵塞轨道，易导致矿车掉道，日常的井筒清理工作量也较大，影响正常提升，故井筒的倾角不宜大于25°。井筒倾角又不宜过小，小于6°时带绳空矿车下放不易调节到位，当井筒斜长小于300m、空车牵引钢丝绳阻力不大时，井筒倾角最小可到14°。对采用无极绳运输的斜井，井筒倾角超过10°，矿车绳卡极易滑脱，且摘挂钩操作不便，为确保生产安全，井筒倾角一般不大于10°。

为便于井口工业场地及井底车场的布置及建井时的通风，主、副井筒的倾角宜大体一致。

(4)井筒的方向

根据矿井地形、煤层赋存状况和采用的提升方式不同,以煤岩层为参照,井筒的方向有沿层、穿层和反斜3类。

①沿层斜井。沿层斜井包括沿煤层斜井和沿岩层斜井,一般沿煤岩层的正倾斜方向开掘,此时,斜井的倾角及方向与煤岩层一致。

沿煤层开掘斜井具有联络巷及建井岩巷工程量少、施工容易、掘进速度快、初期投资较省等优点,掘进出煤可满足建井期间用煤的需要,工期短,见效快,且可获得补充地质资料。但井筒维护比较困难,保护井筒的煤柱损失较大,当煤层有自然发火倾向时,对防火和处理井下火灾不利,如煤层沿倾斜方向有波状起伏或断层切割,将造成井筒倾角变化,不利于矿井提升。

在特殊情况下,为减缓井筒倾角及照顾井底位置,沿层斜井也可沿煤岩的伪斜方向布置。

②穿层斜井。当煤层倾角与要求的井筒倾角不一致时,可以采用穿层斜井。穿层斜井的井筒倾斜方向与煤层倾斜方向一致,可分为顶板穿岩斜井和底板穿岩斜井,两者如图2-9和图2-10所示。前者是斜井井筒从顶板岩层穿向煤层,井筒倾角大于煤层倾角,主要用于开采倾角小的缓倾斜煤层及近水平煤层的矿井;后者是斜井井筒从底板岩层穿向煤层,井筒倾角小于煤层倾角,主要是用于煤层倾角较大及井口位置受限制的矿井。

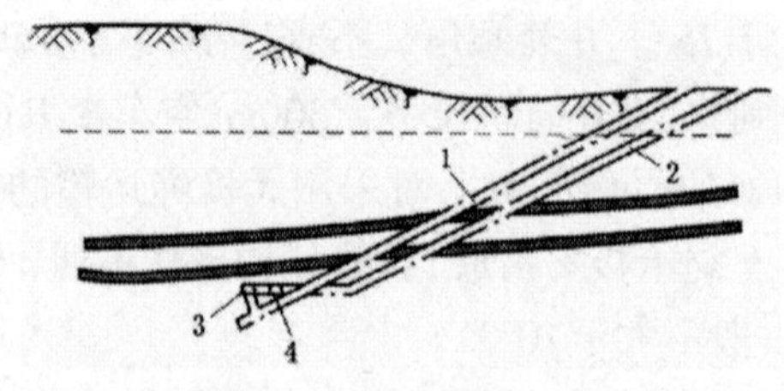


1.主井;2.副井;3.井底车场;4.运输大巷

图2-9　顶板穿岩斜井

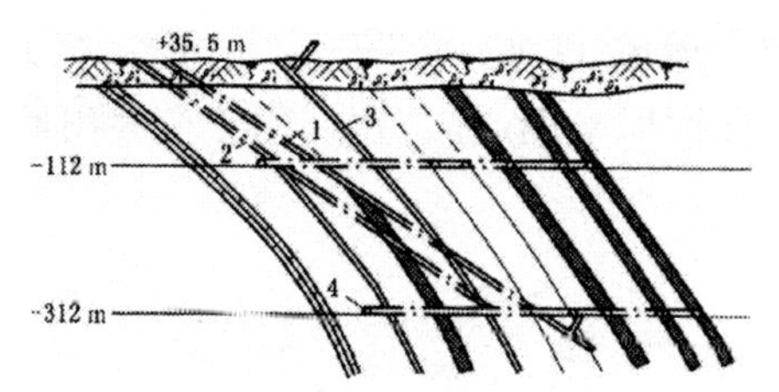

1.主井;2.副井;3.回风井;4.运输大巷

图2-10　底板穿岩斜井

③反斜井。当煤层赋存不深、倾角不太大、井田沿倾斜方向尺寸小时,因施工技术和装备条件等原因不便采用立井,受井上下条件限制又无法布置与煤层倾斜方向一致的斜井,这时可以采用反斜井,反斜井的井筒倾斜方向与煤层倾斜方向相反,如图2-11所示。这种方式是根据井上下特定条件选定井筒位置,目的是使工业场地位置合理。反斜井井筒到达煤层的距离较短,但压煤多、环节多、延深方式复杂,主要是用于井位受限制的矿井,不适于一般的情况。

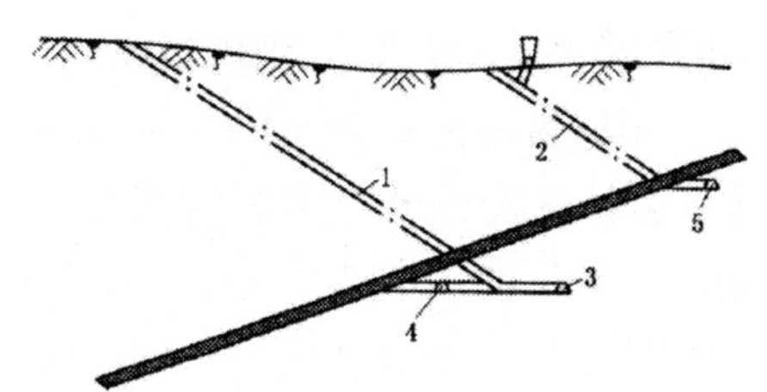

1.反斜井;2.回风斜井;3.井底车场;4.运输大巷;5.回风大巷

图2-11　反斜井

## 三、平硐开拓

自地面利用水平巷道进入煤层的开拓方式,称为平硐开拓。这种开拓方式在一些山岭、丘陵地区较为常见。采用这种开拓方式时,井田内的划分方式、巷道布置与前面所述的立井、斜井开拓方式基本相同,其区别主要在于进入煤层的方式不同。

平硐开拓方式,一般以一条平硐开拓井田,主平硐担负运煤、出矸、运送物料、通风、排水、敷设管道及电缆、行人等多项任务。在井田上部开掘回风平硐或回风井，用于全井田回风，如图2-12所示。

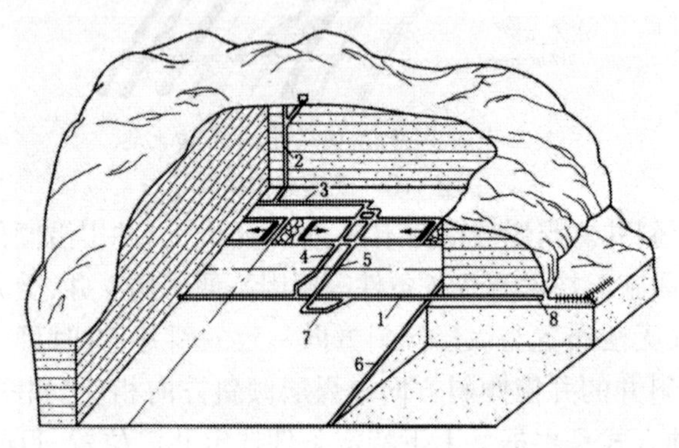


1.主平硐；2.回风井；3.回风大巷；4.采区运输上山；5.采区轨道上山；6.煤层；7.采区下部车场；8.平硐口

图2-12　走向平硐开拓

平硐内多采用矿车运输，也可采用强力带式输送机运输。各采区采出的煤，在装车站装入矿车后，由电机车牵引经主平硐直接运出硐外。井下所用物料及设备装入矿车（平板车或材料车），由电机车牵引从地面直接进入平硐，到各采区下部车场，再经轨道上山转到各使用地点。地下涌水由各采区巷道流入平硐水沟中，自行流出地面。为排水方便，平硐必须有3‰~5‰的流水坡度。

按平硐与煤层走向的相对位置不同，平硐分为走向平硐、垂直平硐和斜交平硐；按照平硐所在标高不同，平硐分为单平硐和阶梯平硐。

1.走向平硐

图2-12所示为走向平硐开拓。走向平硐是沿煤层走向开掘，把煤层分为上下山两个阶段，具有单翼井田开采的特点。

走向平硐开拓方式的优点是平硐沿煤层掘进，容易施工，建井期短，投资少，经济效果好，还能补充煤层的地质资料。缺点是煤层平硐维护困难,巷道维护时间长,单翼井田开采时通风、运输困难等,一般平硐口位置不易选择。

2.垂直平硐

图2-13所示为垂直平硐。根据地形条件,平硐可由煤层顶板进入或由煤层底板进入煤层。垂直平硐将井田沿走向分成两部分,具有双翼井田开拓特点。

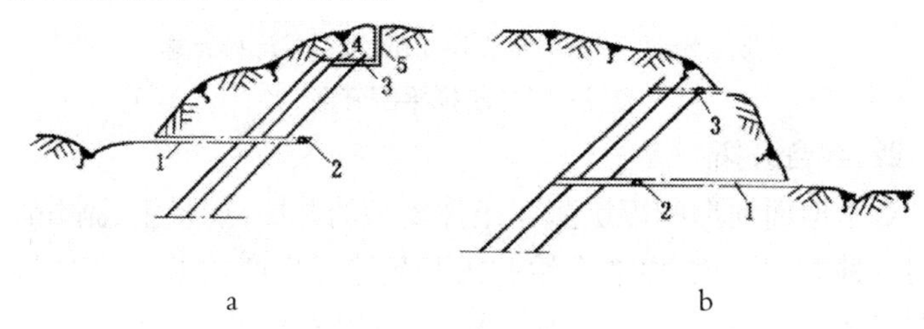


1.主平硐;2.运输大巷;3.回风石门;4.回风平硐;5.回风井

图2-13　垂直平硐开拓

与走向平硐相比较,垂直平硐优点是平硐易维护,具有双翼井田开拓运输费用低、巷道维护时间短、矿井生产能力大、通风容易、便于管理等特点,且便于选择平硐门的位贤缺点是岩石工程量大,建井期长,初期投资大等。

3.阶梯平硐

当地形高差较大、主平硐水平以上煤层垂高过大时,将主平硐水平以上煤层划分为数个阶段,每个阶段各自布置平硐的开拓方式称阶梯平硐,如图2-14所示。阶梯平硐开拓方式的特点是可分期建井、分期移交生产、便于通风和运输,但地面生产系统分散、装运系统复杂、占用设备多、不易管理。这种开拓方式适用于上山部分过长、布置辅助水平有困难、地形条件适宜、工程地质条件简单的井田。

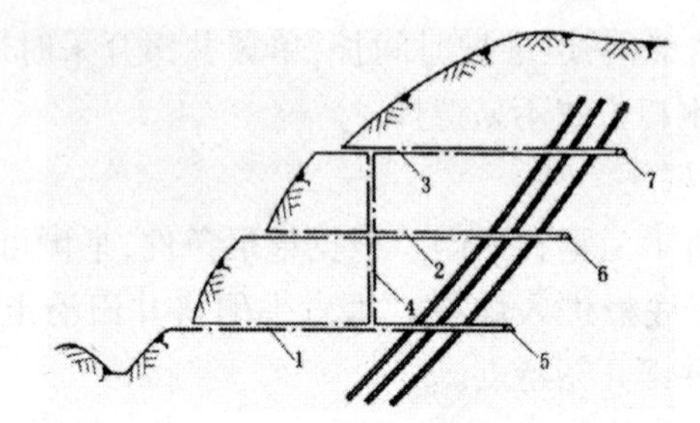


1、2、3.阶梯平硐;4.集中溜煤眼;5、6、7.运输大巷

图2-14 阶梯平硐开拓

## 四、综合开拓

对于地面地形和煤层赋存条件复杂的井田,如果主、副井筒均采用一种井筒形式,可能会给井田开拓造成生产技术上的困难,或者在经济上不合理。在这种情况下,可以根据件井田范围内的具体条件,选择不同形式的主井和副井井筒,采用综合开拓方式。

采用立井、斜井、平硐等任何两种或两种以上井筒形式开拓的方式称为综合开拓。三种井筒形式各有其优缺点,根据井田的具体条件,选择能发挥其各自优点的井筒形式是很有必要的,不应局限于某种单一井筒形式。三种井筒形式能组合成斜井—立井、平硐—立井、平硐—斜井等多种方式。

1.斜井—立井综合开拓

按主、副井的配置不同,有主斜井—副立井和主立井—副斜井两种方式。

图2-15所示为斜井—立井开拓方式。斜井做主井,主要是利用斜井可采用强力带式输送机、提升能力大及井筒易于延深的优点,但是若采用斜井串车提升,因井筒较长则提升能力小、环节多,且矿井通风困难。因此,用立井做副井提升方便、通风容易。这种开拓方式吸取了立井、斜井各自的优点,对开发大型井田,在技术和经济上都是合理的。主斜井与副井相组合的综合开拓方式,在条件适宜的情况下是建设特大型矿井的技术发展方向。

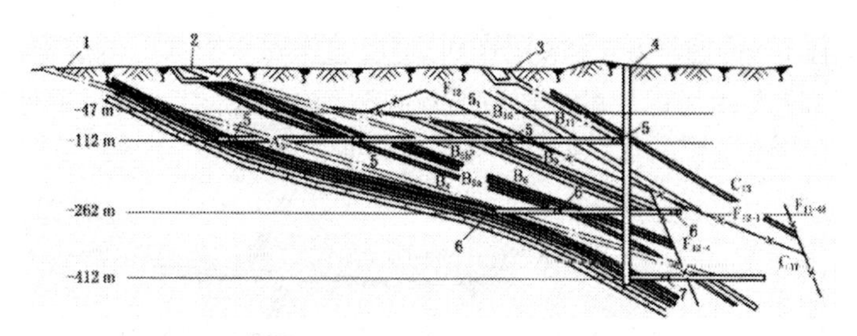


1.主斜井;2.副斜井;3.斜风井;4.新打的副立井;5、6、7.水平运输大巷

图2-15　斜井—立井综合开拓

2.平硐—立井综合

平硐—立井开拓按主、副井配置不同,有主平硐—副立井和主立井—副平硐两种基本形式。图2-16所示为主平硐—副立井开拓方式。平硐垂直于煤层走向掘进,开掘副立井作为进风、升降人员、提矸和深部煤层的辅助提升。平硐水平以下的煤经暗斜井3提升到平硐水平,再经平硐将煤转运到地面。这种开拓方式既发挥了平硐的优越性,又利用了立井之长,解决了通风困难和井田深部辅助提升问题。

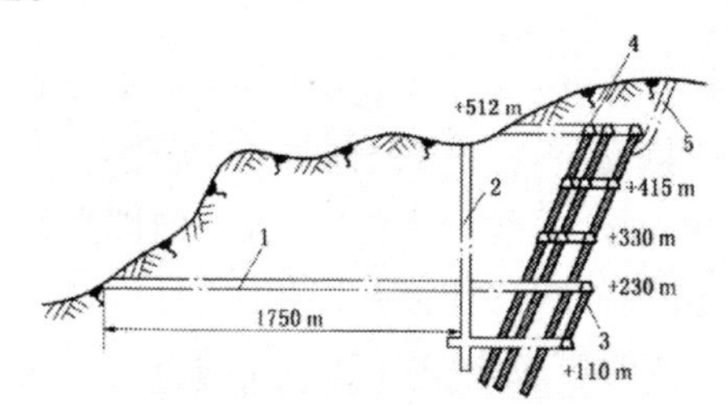


1.主平硐;2.主立井;3.暗斜井;4.副平硐;5.副立井

图2-16　平硐—立井开拓

3.平硐—斜井综合开拓

平硐—斜井开拓按主、副井配置不同,有主平硐—副斜井和主斜井—副平硐两种基本形式。图2-17所示为主平硐—副斜井开拓方式。该井田内有8、9号两煤层,煤层倾角2°~5°,煤层埋藏较稳定。主平硐沿+1400m标高布置,担负整个矿井井下运输、进风及排

水等任务；另掘斜井2和4用作回风井，兼作安全出口。两煤层用暗斜井3连通，8号煤层的煤通过溜煤眼溜到9号煤层后，由平硐外运。

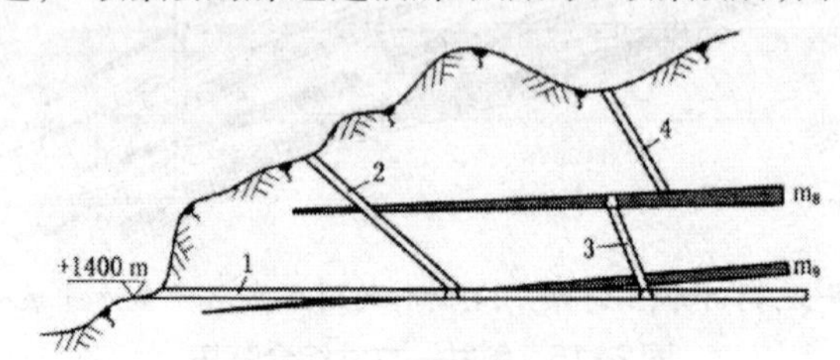


1.主平硐；2.回风斜井；3.暗斜井；4.回风井

图2-17　主平硐—副斜井开拓

## 五、多井筒分区域开拓

1.多井筒分区域开拓概述

多井筒分区域开拓（以下简称分区开拓）是指大型、特大型矿井井田划分为若干个具有除运煤系统以外的独立生产系统的开采区域，并共用主井运煤系统的井田开拓方式。分区开拓是随着矿井生产集中化和井型大型化而发展起来的。20世纪60年代以来，国内外相继出现了一批年产数百万吨到千万吨的特大型矿井，这些矿井的井田面积都很大，相应的通风线路和井下运输距离加长，辅助提升任务加重，人员上下井时间加长，为避免以上生产环节方面的弊端，将井田划分成若干个分区，分区内部采用采区式、盘区式或带区式准备，各分区内开凿井筒，担负分区通风、辅助提升或其他任务。各分区的煤炭集中由全矿井的主井运出，由此形成了多井筒分区开拓方式。另外，对一些生产矿井进行改扩建，或者对生产矿井与相邻矿井进行合并，以及井型和井田尺寸扩大时，也可采用多井筒分区开拓。

2.分区域开拓类型

按功能划分，多井筒分区域开拓有以下几种形式：

(1)集中出煤，分区通风

分区内有进风井和回风井，实现分区内独立通风。

(2)集中出煤,分区通风与排矸

分区内有进风井和回风井,并安装有提升设备,在实现分区独立通风的同时,可由分区井筒提升矸石,再就近排弃。

(3)集中出煤,分区通风与辅助提升

分区有完备的功能,除独立通风外,还可以提升矸石、下放材料和升降人员。

分区划分多以断层、保护煤柱和适宜的通风范围等作为依据,其开拓类型依据井田范围、矿井生产能力、井上下地质条件、矿井建设及扩建的具体情况确定。

## 第三节　井田开拓方式的选择

### 一、平硐开拓的优缺点和适用条件

在开拓方式中,平硐开拓是最简单最有利的开拓方式。其优点是井下出煤不需提升转载,运输环节少,系统简单,占有设备少,费用低;地面设施较简单,无须井架和绞车房;不需设井底车场及其硐室,工程量少;平硐施工容易、速度快,建井快;无须排水设备且有利于预防水灾等。

因此,在地形条件合适、煤层赋存较高的山岭、丘陵或沟谷地区,只要上山部分储量能满足同类井型的水平服务年限要求时,应首先考虑平硐开拓。

### 二、斜井开拓的优缺点和适用条件

斜井与立井相比,井筒掘进技术和施工设备较简单,掘进速度快,井筒装备及地面设施较简单,井底车场及硐室也较简单,因此初期投资较少,建井期较短;在多水平开采时,斜井石门工程量少,石门运输费用少,斜井延深方便,对生产的干扰少;大运量强力带式输送机的应用,提高了斜井的优越性,扩大了斜井的应用范围。采用带式输送机的斜井开拓时,可布置中央采区,主、副斜井兼作上山，可加快建井速度。当矿井需扩大提升能力时，更换带式输送机也是比较容易的。斜井与立井相比的缺点是在自然条件相同的情况下，当斜井井筒长且围岩不稳固时井筒维护困难；当采用绞车提升时，提升速度低、能力小，钢丝绳磨损严重，动力消耗大，提升费用高，井田斜长越大时，采用多段提升，转载环节多，系统复杂，占有设备及人员多；管线、电缆敷设长度大，保安煤柱损失大；对于特大型斜井，当辅助运输量很大时，甚至需要增开副斜井；斜井通风线路长，断面小，通风阻力大，如不能满足通风要求时，需另开专用风井或兼作辅助提升；当表土为富含水的冲积层或流沙层时，斜井井筒施工技术复杂，有时难以通过。

因此，当井田内煤层埋藏不深、表土层不厚、水文地质条件简单时，井筒不需特殊法施工的缓斜和倾斜煤层，一般可采用斜井开拓。对采用串车或箕斗提升的斜井，提升不得超过两段。随着新型强力和大倾角带式输送机的发展，大型斜井的开采深度大为增加，斜井应用更加广泛。

**三、立井开拓的优缺点和适用条件**

立井开拓的适应性强，一般不受煤层倾角、厚度、瓦斯、水文等自然条件的限制；立井井筒短，提升速度快，提升能力大，做副井特别有利；对井型特大的矿井，可采用大断面井筒，装备两套提升设备；大断面可满足大风量的要求；由于井筒短，通风阻力较小，对深井更有利。

因此，当井田的地形、地质条件不利于采用平硐或斜井时，都可考虑采用立井开拓。对于煤层埋藏较深、表土层厚、水文地质情况复杂、需特殊法施工或开采近水平煤层和多水平开采急斜煤层的矿井，一般都应采用立井开拓。

具体选择井田开拓方式时，应本着“先平硐，后斜井，再立井”的原则。

# 第三章　井田开拓的基本问题

## 第一节　井筒数目及位置

### 一、井筒数目

井筒数目是根据矿井提升任务大小和通风安全的需要等因素确定的。煤的提升(即主要提升)和矸石、材料、设备及人员的提升(即辅助提升)可由一个或几个井筒来完成用作提升的井筒可兼作进风井或回风井,有些情况下,则必须设专用回风井。

《煤矿安全规程》第十八条规定,每个生产矿井必须至少有2个能行人的通达地面的安全出口,各个出口间的距离不得小于30m。采用中央式通风系统的新建和改扩建矿井,设计中应规定井田边界附近的安全出口。当井田一翼走向较长、矿井发生灾害不能保证人员安全撤出时,必须掘出井田边界附近的安全出口。

《煤矿安全监察条例》第二十五条规定,煤矿安全监察机构发现煤矿进行独眼井开采的,应当责令关闭。

根据上述规定,一个井田至少布置2个井筒,也可以布置3个或多个井筒。

淮南潘一矿在工业场地内布置主井、副井、风井3个立井,还在井田东部布置了东风井,开拓剖面图如图3-1所示。

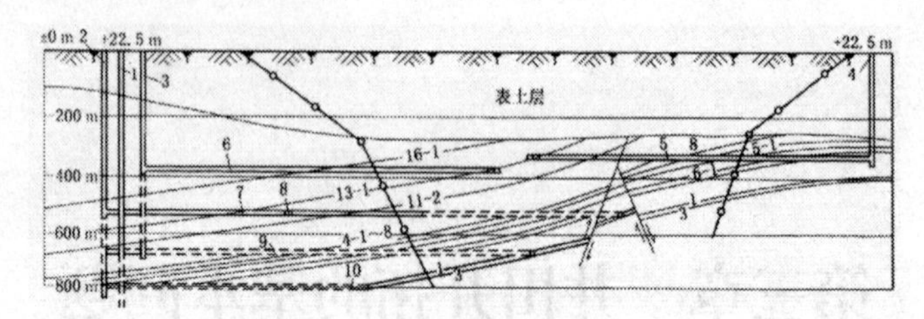


1.主井;2.副井;3.中央风井;4.东风井;5.-350m回风石门;6.-380m回风石门;7.-530m运输石门;8.13-1煤层底板运输大巷;9.-670m运输石门;10.-800m运输石门

图3-1 淮南潘一矿开拓剖面图

## 二、井筒位置

1.沿井田走向方向的井筒位置

沿井田走向有利的井筒位置位于井田中央;当井田两翼储量分布不均时,井筒位置宜布置在储量分布的中央,使井田两翼储量分布比较均衡。尽可能避免井筒偏于一翼,形成单冀开采。井筒设在井田走向中央,井田双翼开采较单翼开采有显著的优点:

(1)井筒设在井田走向中央(储量分布中心)时,可使井下沿井田走向的运输工作量最小,运输费用最少。

如图3-2所示,在采用立井单水平开拓、带区式准备的井田中,当井筒布置在井田走向边界位置1时,大巷中煤的运输工作量是布置在位置2时的两倍。

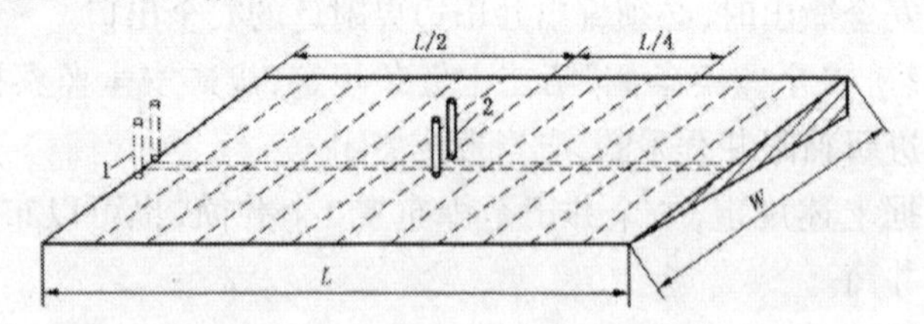


1.井筒位于井田走向边界;2.井筒位于井田走向中央

图3-2 井筒走向位置比较

在多水平开拓、采区式或盘区式准备的矿井中,大巷中煤的运输工作量与井筒位置的关系趋势与单水平开拓、带区式准备的井田相同。

（2）井筒设在井田走向中央时，两翼的产量、配风量比较均衡，通风网路较短，通风阻力较小。井筒偏于一冀时，通风路线长，风压大，当产量集中于一翼时，一翼配风量要成倍增加，风压更大，要降低风压，就要加大巷道断面，增加巷道工程量。

（3）井筒设在井田中央时，以两翼配采保证矿井产量，两翼产量比较均衡，开采的年限和结束的时间均较接近，有利于水平接替。若井筒偏于一翼，一翼过早采完，然后产量集中于另一翼。在这种情况下，风量也要集中于一翼，可能造成通风上的困难，并要加大配采和开采水平间过渡的难度。

2. 沿井田倾斜方向的井筒位置

对不同开拓方式的矿井，沿井田倾斜方向有利的井筒位置有不同情况。平硐开拓主要取决于地形条件，斜井开拓时，斜井井筒沿倾斜方向的位置主要是选择合适的层位、倾角、井口和井底位置。

立井开拓时，确定井筒沿井田倾斜方向的位置原则是石门工程量少、少压煤、有利于第一水平开采。

如图3-3a所示，沿井田倾斜方向，井筒位于Ⅱ位置，也就是位于井田倾斜中部时，总的石门工程量和石门中的运输工作量最少，初期石门工程量也较少；而井筒位于Ⅰ位置和Ⅲ位置，即位于井田上下边界时，总的石门工程量最多，Ⅰ位置初期石门工程量最小，Ⅲ位置初期石门工程量最多。只考虑石门工程量，井筒位于Ⅱ位置是有利的。

如图3-3b所示，从保护井筒及工业场地的煤柱损失来看，井筒位于Ⅰ位置的工业场地煤柱尺寸最小，位于m位置煤柱尺寸最大，而位于Ⅱ位置煤柱尺寸较小。由于工业场地煤柱损失随煤层倾角增大而增大，为减少煤柱损失，开采急倾斜煤层的矿井，立井井筒多靠近井田上部边界。

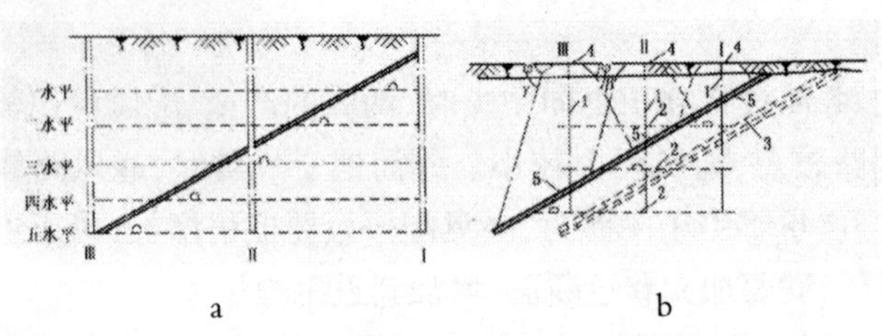


1. 井筒;2. 石门;3. 富含水层;4. 保护场地范围;5. 保护煤柱

**图3-3 井筒在倾斜方向的布置图**

如果煤系基底有含水量大的岩层,不允许井筒穿过时,井筒位于Ⅲ位置能直接延深井筒到深部,对开采井田深部及向下扩展有利;而在Ⅰ、Ⅱ位置,井筒只能直接开凿到一、二水平,深部需用暗立井或暗斜井延深,造成生产环节多,运输提升较复杂。

总之,有利的井筒位置就是在相互矛盾的因素综合影响下选优的。

对缓倾斜煤层单水平开采的矿井,从井下运输及对开采有利出发,井筒应位于井田中部,使上山部分斜长略大于下山部分斜长。

对缓倾斜、中斜煤层多水平开采的矿井,如煤层的可采总厚度大,为减少保护井筒和工业场地煤柱损失及减少初期工程量,可使井筒靠近井田浅部大致在中偏上的适当位置,并应使保护井筒煤柱不占和少占初期投产采区的储量。

对开采急倾斜煤层的矿井,井筒位置变化引起的石门长度变化较小,而对保护井筒煤柱尺寸变化幅度影响很大,尤其是可采煤层总厚度大的矿井,大量煤柱损失就成为严重的问题,故井筒宜靠近井田浅部。开采特厚煤层时,井筒还可设在煤层底板中。

开采近水平煤层的矿井,使井筒靠近储量中央是一般原则,要结合地质构造、地形等因素综合考虑。

3. 井筒穿过地层的合理位置

为便于井筒的开凿施工,减少掘进困难及费用,应使井筒通过的表土和岩层具有较好的水文、围岩和地质条件。虽然用特殊凿井法可以在水文地质情况复杂的条件下掘砌井筒,但所需的施工设备多,工艺复杂,掘进速度慢,掘进费用高,因此,井筒应尽可能不通过流沙层、较厚的冲积层及较大的含水层。当必须通过巨厚含水冲积层时,宜在其厚度较薄处通过。

为便于井筒的掘进和维护,井筒应避开受地质破坏比较剧烈的地带及可能受采动影响的地段。井筒位置还应使井底车场附近有较好的围岩条件,有利于井底大断面硐室的掘进和维护为减少保护井筒煤柱损失,可将井筒设在井田内的薄煤带、无煤带或煤质较差的地段。

4.井筒及工业场地位置的选择

选择井筒及工业场地位置既要力求做到对井下开采有利,又要注意使地面布置合理,还要便于井筒的开凿和维护。

一般情况下,如地面工业场地选择不太困难,应首先考虑对井下开采有利的位置。如矿井地面为山峦起伏、地形复杂的山区,就应首先考虑地面运输和工业场地有利位置,并结合考虑井下开采有利的位置;如表土为很厚的冲积层,水文地质条件复杂,就应结合对井下开采有利及冲积层较薄的地点综合考虑。

## 第二节　开采水平及水平大巷的布置

### 一、开采水平的数目及位置

在井田范围和矿井生产能力确定之后,必须考虑确定合理的开采水平高度,建立开采水平,即确定开采水平的数目和位置。

开采水平的数目取决于井田内煤层斜长或垂高大小、开采煤层数目多少、层间距远近和倾角陡缓等因素,井田内可设一个或几个开采水平。

确定开采水平位置就是确定水平高度。水平高度即一个水平服务范围的上部边界与下部边界的标高差。确定合理的水平高度,首先要确定合理的阶段高度以及是否采用上下山开采。

1.开采水平垂高确定

合理的开采水平垂高应以合理的阶段斜长为前提,并能使开采水平有必需的储量、合理的服务年限,井田开采有较好的技术经济效果。

(1)合理的阶段斜长

合理的阶段斜长是在具体矿井条件下,采用合理的采煤工作面参数、采区巷道布置和生产系统及设备所能达到的阶段斜长,主要受以下几个方面的制约:

①合理的区段数。合理的阶段斜长应保证在采煤工作面长度合理的前提下,能划分出足够的区段数。为保证采煤工作面和采区的正常接替,采区内要有足够的区段数。对缓倾斜煤层的阶段,区段数可取3~5;对中斜和急倾斜煤层的阶段,区段数可取2~3。由此可计算出阶段斜长的合理下限值。

②煤的运输。对开采近水平、缓倾斜和中斜煤层的大中型矿井,上山采用带式输送机或溜槽运煤时,其上山斜长一般不因运煤而受限制。而对于急倾斜煤层,过高的溜煤眼长度使掘进和维护都比较困难,溜煤过程中容易冲毁溜煤眼内支架或发生堵眼事故,故溜煤眼高度不宜超过70~100m。

对于上山采用矿车运煤的小型矿井,上山斜长受绞车能力限制,要根据所要求的采区生产能力及采用的绞车型号验算所能达到的最大阶段斜长。

③辅助提升。一般均采用一段单滚筒绞车提升。绞车太大时,在井下运输和安装都不方便,故井下用提升绞车的滚筒直径一般不大于1.6m,这样缠绳4层时可达880m。对生产能力大的采区,可采用直径2.0m的提升绞车,滚筒容绳量缠4层时最大可能达1130m,但实际允许上山斜长还要低于此数值。这样,绞车的容绳

量要限制阶段斜长。

在煤层倾角较小的条件下，由于受开采技术和设备限制较小，阶段斜长可以适当加大。对开采近水平煤层的矿井，用盘区上下山准备时，盘区上山的长度一般不超过2000m，盘区下山不宜超过1500m。用石门盘区准备时，斜长不受此限。煤层倾角小于12°，采用带区式准备时，上山部分倾斜长度宜为1000~1500m，下山部分倾斜长度宜为700~1200m。

（2）开采水平的储量及服务年限

开拓一个水平要掘进许多巷道，井型越大，开拓工程量越大，耗费的投资也越多，为了充分发挥这些开拓工程和投资的作用，要求有必需的水平服务年限。从有利于矿井生产和水平接替考虑，开拓一个新水平一般需要3年或更长的时间，生产水平的过渡时间一般不少于2~3年，故水平接替的生产建设相互影响的时间一般需5~8年。为使矿井生产少受开拓延深和生产水平过渡工作的影响，也应有最低的水平服务年限。

在矿井井田走向长度一定的条件下，作为一种约束，要求有与最低水平服务年限相对应的开采水平垂高的下限值。

（3）经济上有利的水平垂高

从技术与经济统一的观点来看，技术上合理的水平垂高，应能获得较好的经济效果。经济上有利的水平垂高受两方面相互矛盾的因素影响和制约。一方面，在开采水平内要开掘井底车场及硐室、大巷、采区车场和硐室，配备必需的设备，这些开拓工程量和装备费用是不因水平垂高的大小变化而增减的，水平垂高越大，可采煤量越多，分摊于吨煤可采储量的工程费用和装备费用就越小。另一方面，水平垂高越大，阶段斜长也越大，要增加采区上下山的巷道维护工程量，加大开采水平的排水高度和排水费，从而使每吨煤的生产费用有所增加。另外，过大的阶段斜长可能需要较大型的上下山运输设备，并增加生产管理的复杂性。

2. 下山开采的应用

为扩大开采水平的开采范围，有时除在开采水平以上布置上山采区外，还可在开采水平以下布置下山采区，进行下山开采。

(1)上下山开采的比较

下山开采与上山开采的比较指的是利用原有开采水平进行下山开采与另设开采水平进行上山开采的比较。上山开采和下山开采在采煤工作面生产方面没有太大的差别，但在采区运输、提升、通风、排水和上山（下山）掘进等方面确有许多不同之处，如图3-4所示。

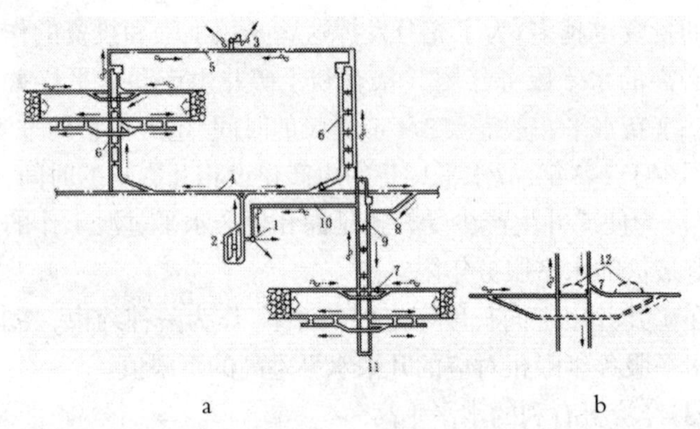


1. 主井；2. 副井；3. 回风井；4. 运输大巷；5. 总回风巷；6. 采区上山；7. 下山采区中部车场；8. 下山采区上部车场；9. 采区下山；10. 大巷配风巷（作为下山采区总回风巷）；11. 下山采区水仓；12. 漏风处

图3-4　上下山开采比较图

①运输提升方面。上山开采时，煤向下运输，上山的运输能力大，输送机的铺设长度较长，倾角较大时还可采用自溜运输，运输费用较低，但从全矿看，它有折返运输；下山开采时向上运煤，运输能力较低，但没有折返运输，总的运输工作量较少。

②排水方面。上山开采时，采区内的涌水可直接流入井底水仓，一次排至地面，排水系统简单。下山开采时需开掘排水硐室、水仓和安装排水设备，这样将增加总的排水工作量和排水费用。

此外，若排水系统发生故障（如水仓淤塞、管路损坏等），将影响下山采区的生产。

③掘进方面。下山掘进时装载、运输、排水等工序比上山掘进时复杂，因而掘进速度较慢、效率较低、成本较高，尤其是当下山坡度大、涌水量大时，下山掘进更为困难。

④通风方面。上山开采时，新风和污风均向上流动，沿倾斜方向的风路较短，风少；而下山开采时，风流在进风下山和回风下山内流动的方向相反，沿倾斜方向的风路长，漏风严重，通风管理比较复杂。当瓦斯涌出量较大时，通风更困难。

⑤基本建设投资方面。采用下山开采时，可以用一个开采水平为两个阶段服务，从而减少了开采水平的数目，延长水平服务年限，可充分利用原有开采水平的井巷和设施，节省开拓和基本建设投资。

总的看来，上山开采在生产技术上较下山开采优越，但在一定条件下，配合应用下山开采，在经济上则是有利的。

（2）下山开采的应用条件

①对倾角小于16°的缓斜煤层，瓦斯及涌水量不大，下山开采的缺点并不突出。

②对于煤层倾角不大、采用多水平开拓的矿井，开拓延深后提升能力降低的矿井。

③由于开采强度加大、水平服务年限缩短，造成水平接替紧张时，可布置一个或几个下山采区。

④当井田深部受自然条件限制，储量不多，深部境界不一，设置开采水平有困难或不经济时，可在最终开采水平以下设一部分下山采区。

应当注意的是，用上下山开采时，上下山的采区划分应尽可能一致，相对应的上下山采区的上山和下山应尽可能靠近，使下山采区能利用上山采区的装车站及煤仓，并尽可能利用上山采区的车场巷道。上山开采与利用主要下山来开采水平是不相同的，利用主要下山开采是在主要下山下部设立开采水平，主要下山即暗斜井，各采区仍为上山开采。

3.辅助水平的应用

为了增大开采水平储量和延长服务年限等原因，有时需设辅助水平（有的称之为中间水平）。一般情况下，一个阶段由一个开采水平来开采；但当阶段斜长较长时，用一个开采水平开采就有一定的困难，这时可在主水平之外的适当位置设一个生产能力小、服务年限短、与主水平大巷相联系的水平，即辅助水平。辅助水平设有阶段大巷，担负辅助水平的运输、通风、排水等任务，但不设井底车场，大巷运出的煤需下运到开采水平，经开采水平的井底车场再运至地面。辅助水平大巷离井筒较近时，也可设简易材料车场，担负运料、通风或排水任务。

辅助水平主要用于以下几种情况：

①开采水平上山部分或下山部分斜长过大，可利用辅助水平将其分作两部分开采。

②井田形状不规则或煤层倾角变化大，开采水平范围内局部地段斜长过大，可在该处设置一个用于局部开拓的辅助水平。

③近水平煤层分组开采时，主水平设在上煤组（或下煤组），相应地在下煤组（或上煤组）设置辅助水平，利用暗井（或溜井）与主水平相连接。

设置辅助水平增加了井下的运输、转载环节和提升工作量，使生产系统复杂化，占用较多的设备和人员，而且生产分散，不利于集中生产，故一般情况下不采用。

**二、开采水平大巷的布置**

划分开采水平后，为进行采煤，要在开采水平布置并开掘一整套开拓巷道，开采水平布置解决的主要问题是确定大巷布置，大巷与煤层(组)、采区的联系方式及井底车场形式。

大巷担负着开采水平的煤、矸、物料和人员的运输以及通风、排水、敷设管线的任务:对大巷的基本要求是便于运输、利于掘进和维护、能满足矿井通风安全的需要。根据矿井生产能力和矿井地质条件不同,运输大巷可选用不同的运输方式和设备,而不同的运输设备又对大巷提出了不同的要求。

1. 大巷的类型、运输方式和设备

(1)大巷的类型

按大巷在矿井生产系统中的作用,大巷可分为运输大巷和回风大巷。由于开采水平的运输大巷最为重要,起着主导和定向的作用,回风大巷要配合运输大巷布置。对多水平开采的矿井,上水平的运输大巷常作为下水平的回风大巷,故通常在不另加说明时,大巷即指运输大巷。

按运输功能划分,大巷可分为主要运输(运煤)大巷和辅助运输大巷。大多数矿井的大巷采用矿车轨道运输,运煤和辅助运输由同一条大巷承担。大巷采用带式输送机运煤时,要另设辅助运输大巷。辅助运输大巷采用轨道运输时又称为轨道大巷,如矿井生产能力不很大、辅助运输工作量较小时,也可设机轨合一的一条大巷。

按大巷所在的层位划分,有岩层大巷和煤层大巷;按大巷在开采水平的布置方式划分,有分层大巷、集中大巷、分组集中大巷及平行多大巷。不同类型的大巷在布置上有不同的要求。

(2)大巷的运输方式和设备

我国各类井型的矿井大巷一般采用矿车运输,少部分大中型矿井大巷用带式输送机运煤,而矸石、物料仍采用矿车运输。

①轨道运输。轨道运输大巷的轨距一般有600mm和900mm两种。所使用的矿车类型有1t、3t固定式矿车和3t、5t底卸式矿车。小型矿井可用2.5t蓄电池电机车或无极绳绞车牵引,年产

0.6Mt以下的矿井选用7t架线式电机车；年产0.9~1.8Mt的矿井可选用10t架线式电机车；年产2.4Mt的矿井可选用14t架线式电机车；对于高瓦斯矿井可选用8t蓄电池电机车。

大巷采用矿车运煤的优点是矿车运煤可同时统一解决煤炭、矸石、物料和人员的运输问题；运输能力大，机动性强，随着运距和运量的变化可以增减列车数；能满足不同煤种煤炭的分采分运要求；对巷道直线度要求不高，能适应长距离运输；吨公里运输费比较低似足，轨道矿车运输是不连续运输，井型越大，列车的调度工作越紧张，其运输能力受到限制。

大巷采用矿车轨道运煤时，应根据运量、运距选择机车和矿车。根据我国煤矿装备标准化、系列化和定型化的要求，不同生产能力矿井的大巷运输矿车类型可参照表3-1选取。

表3-1　不同生产能力矿井的大巷运输设备

| 矿井生产能力/($Mt \cdot a^{-1}$) | 运煤 | 辅助运输 | 大巷轨距/mm |
|---|---|---|---|
| >2.4 | 5t底卸式矿车 | 1.5t固定车厢式矿车 | 900 |
| | 带式输送机 | 1.5t固定车厢式矿车 | 600 |
| 0.9~1.8 | 3t底卸式矿车 | 1t或1.5t固定车厢式矿车 | 600 |
| | 3t固定车厢式矿车 | 1.5t固定车厢式矿车 | 900 |
| ≤0.6 | 1t固定车厢式矿车 | 1t固定车厢式矿车 | 600 |

②带式输送机运输。片下运输大巷中使用的带式输送机，主要有钢丝绳芯带式输送机和钢丝绳牵引带式输送机两种类型。

带式输送机运煤的优点是能实现大巷连续化运输，运输能力大；操作简单，比较容易实现自动化；装卸载设备少，卸载均匀。

似是带式输送机不适应按不同煤种的分采分运，并要求大巷要直。因此对于运量大、运距较短、煤种单一、装载点少、大巷比较直的矿井，适于采用带式输送机运输。

采用带式输送机运煤时一般需另开一条辅助运输大巷，通常采用电机车牵引矿车、材料车和乘人牟分别运送矸石、材料和人员，或采用多台无极绳绞车或小绞车运送碎石和物料，其缺点是运输环节多、用工量大、安全性差、效率低。我国已逐步研制出新型的辅助运输设备，如单轨吊车、卡轨车和齿轨车等，可有效地解决这一问题。

目前，在特大型矿井中，大巷采用带式输送机运输是实现高产高效开采的重要措施。

2. 主要运输大巷的布置

(1)运输大巷的位置

运输大巷服务于整个开采水平的煤炭运输和辅助运输(人员、矸石、材料、设备等)以及通风、排水和管线敷设，服务时间很长。当采用单水平开拓、主要运输大巷要为全矿井生成服务时，其使用年限更长，位置选择更要十分慎重。

①煤层大巷。气煤层顶底板较稳定，煤层较坚硬，易维护，煤层起伏小和断层、褶皱少时，可保证巷道较为平直，有利于运输设备运行；没有瓦斯与煤的突出，无严重自然发火等情况下，应优先考虑采用煤层大巷。

对于新建矿井，在煤层中布置巷道，还有早出煤、早投产、节省投资以及可探明地质情况等优点。

因此，对于煤层赋存条件较好的矿井，在煤层中布置大巷和其他巷道是利大于弊的，应尽量推行煤层大巷布置。

下列情况宜于布置煤层大巷：a. 单独开拓的薄煤层及中厚煤层；b. 煤层群中相距较远的单个薄煤层和中厚煤层，走向不大，资源/储量有限、服务年限短的；c. 煤层群(组)下部的薄及中厚煤层中开集中大巷的；d. 煤层坚硬，围岩稳定，维护简单，费用不高的煤层；e. 煤系底部有强含水层或富含水的岩溶时，不宜布置底板大巷的；f. 煤层坚硬而顶底板松软或膨胀，难以维护的。

②岩石大巷。岩石大巷的优点很多，如维护条件好，费用少。

大巷方向、坡度可根据运输等功能要求选定,而较少受地质构造的影响。可不留(或少留)护巷煤柱,煤的损失少,安全条件好,受煤和瓦斯突出以及自然发火等影响小。它的缺点主要是岩石工程量大,掘进速度慢,投资费用高,建设工期长。

岩石大巷位置的选择视大巷至煤层的距离以及岩层的岩性而定,为避开开采形成支承压力的不利影响,大巷应与煤层保持一定距离。根据我国经验,按围岩的性质、煤层赋存的深度、控制顶板的方法等不同,岩石大巷距煤层的距离一般为10~30m,如图3-5所示。同时还要认真选择岩石大巷所处层位的岩性,避免在岩性松软、吸水膨胀、易于风化、强含水的岩层中布置大巷。

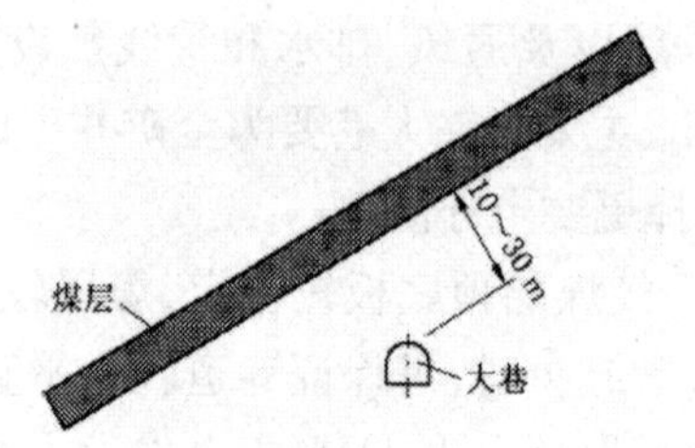


图3-5 大巷煤层距离

对于急倾斜煤层,还要注意使大巷避免其下部开采时底板滑动的影响,应将巷道布置在底板滑动线外,并要留出适当的安全岩柱,其宽度b可取10~20m,大巷的位置如图3-6所示。

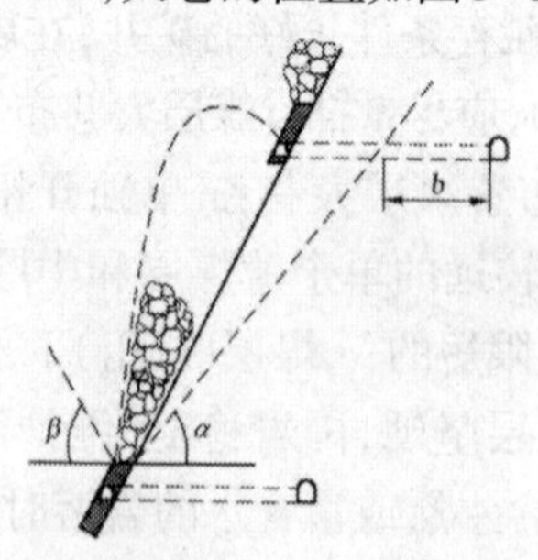


α.岩层底板滑动角;β.岩层移动角

图3-6 急倾斜煤层的岩石运输大巷布置示意图

为了保护大巷不受破坏，一定要留有足够的大巷保护煤柱，如图3-7所示。煤柱的宽度应根据大巷的最大垂深、煤层倾角、煤层厚度、煤的单向抗压强度、煤层至大巷的法线距离、其间的岩石性质等进行计算。

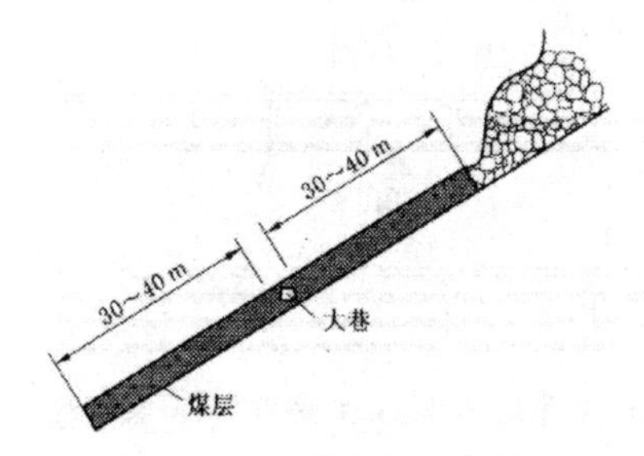


图3-7 大巷与保护煤柱

(2)运输大巷的布置方式

运输大巷的布置是开采水平布置的核心问题，其布置方式主要根据煤层的数目和层间距来确定，一般有单煤层布置(分煤层运输大巷)、分煤组布置(分组集中运输大巷)、全煤组集中布置(集中运输大巷)等布置方式。

①单煤层布置。自井底车场开掘主要石门后，分煤层设置水平运输大巷，如图3-8所示。对于近水平煤层可以采用主要溜井或暗井进行联系，在溜井的上部或暗井的下部设置辅助水平。

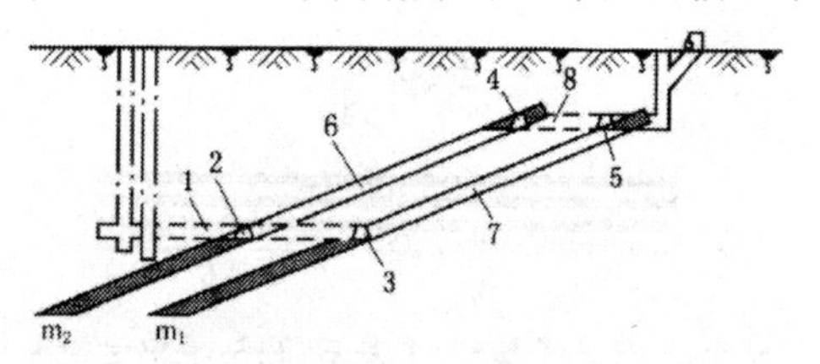


图3-8 分煤层大巷和主要石门布置图

②分煤组布置。在煤层群中，以相近的煤层为一组设集中大巷，由集中运输大巷开掘采区石门与各煤层联系，自井底车场开掘主石门与各分组集中大巷贯通，如图3-9所示。

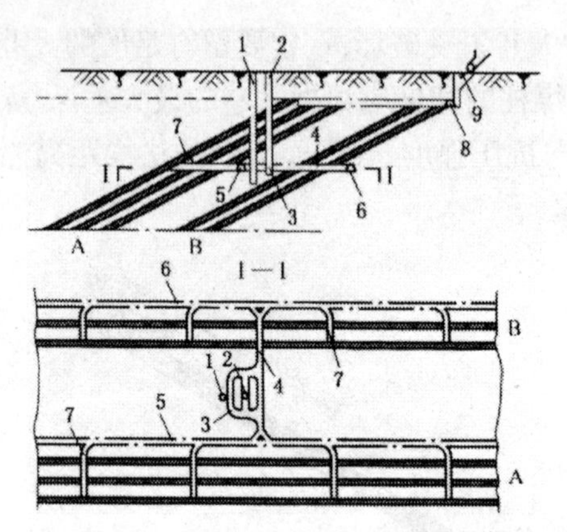


1.主井;2.副井;3.井底车场;4.主要石门;5.集中运输大巷;6.采区石门;7.煤层;8.集中回风大巷;9.回风井

图3-9　分组集中运输大巷

③全煤组集中布置。在开采近距离煤层群时,只开掘一条水平集中运输大巷,用采区石门联系各煤层,如图3-10所示。

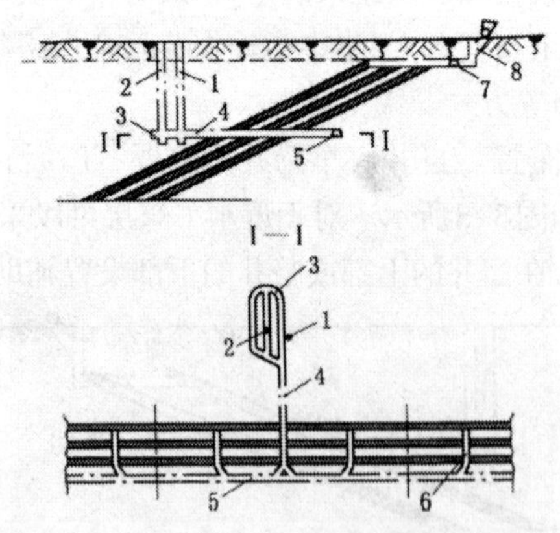


1.主井;2.副井;3.井底车场;4.主要石门;5.集中运输大巷;6.采区石门;7.集中回风大巷;8.回风井

图3-10　集中运输大巷和采区石门布置图

④平行多大巷布置。对开采近水平煤层的矿井,由于进风和回风的需要,或主辅运输分离的要求,通常是沿煤层主要延展方向

平行布置一对或一组3条大巷，一条铺设带式输送机运煤，一条作为辅助运输，一条用于回风。当井田范围很大或采用分区域开拓时，成对或成组的大巷可不受煤层走向和倾向的限制，而根据服务的盘区、带区或分区域划分的具体情况，沿有利于开采的方向，对角、转折或分支布置，形成多大巷布置方式，这是近水平煤层大巷布置独具的特点。

当矿井采用连续采煤机房柱式开采时，采掘设备统一，采掘工艺合一，为发挥采掘成套设备的效能，要求煤层大巷掘进实行多头轮流作业，因而在煤层内成组布置平行大巷，每组大巷由3~12条组成，形成煤层多大巷布置。这是美国煤矿典型的大巷布置方式，我国黄陵一号矿亦采用该布置方式，如图3-11所示。

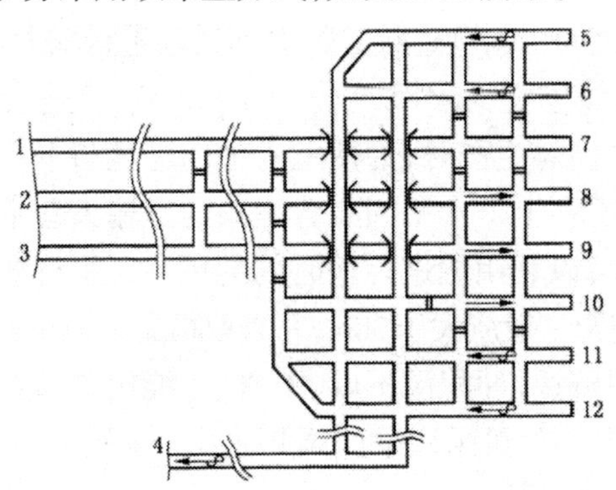


1.主平硐；2、3.副平硐；4.回风井；5、6、11、12.回风大巷；7.带式输送机大巷；8.轨道大巷；9、10.进风大巷

图3-11　多大巷布置图

该矿采用平硐开拓，平行布置8条大巷，大巷宽5m，大巷间距20m，每隔25m用联络巷连接，形成20m×25m的巷间煤柱，在大巷两侧布置盘区。为便于两侧盘区的进风和回风，要在适当位置设风墙、风桥、风帘等设施。为降低通风阻力、减少漏风，大巷风速宜控制在2.5~3.0m/s，据此确定大巷的断面和条数。这种布置方式属于分层大巷布置，适于开采近水平薄及中厚煤层的矿井，要求顶板

和煤层中等稳定以上,底板比较平整,瓦斯涌出量不大,煤层不易自燃,维护条件好,采深不大于300~500m。

3.总回风巷布置

总回风巷的位置需在矿井开拓和通风系统中统一考虑。

在井田开拓中,第一水平总回风巷一般布置在第一水平上山采区的上部,沿井田走向的上部边界。下一水平的总回风巷常可利用上水平的运输大巷。在上下水平交替期间仍可利用上一水平的总回风巷。

第一水平(或全矿井)沿走向的总回风巷标高应尽可能一致,以便于掘进和维护,若因露头深浅不一、开采高度不同而上部边界标高相差较大时,总回风巷可按不同标高分段布置,但应尽量减少分段数,分段之间由斜巷连接。当总回风巷进行辅助运输时,应考虑相应的提运设施。

当多水平同时生产时,为使上水平的进风与下水平的回风互不干扰,一般要在上下水平间布置一条与运输大巷平行的下水平总回风巷,也可以利用掘进运输时的配风巷。平行的运输大巷和总回风巷的间距一般应大于30m,并采取措施以减少漏风。

在煤层埋藏浅、冲积层不厚、不含水、能用普通方法掘进小风井(斜井或立井)时,可采用采区风井或几个采区共用风井通风,不设或只设一段总回风巷。

在煤层上覆有含水冲击层时,在井田浅部开采边界要留设防水煤柱。第一水平总回风巷口风巷可设在防水岩柱内。在避免工作面开采动压影响的条件下,要靠近采区上部第一个工作面的回风巷。

近水平及缓倾斜煤层的总回风巷,常与运输大巷平行并列布置。当开拓煤层群时,根据开拓方式,运输大巷与总回风巷可放在同一层位,也可放在不同层位。在同一层位时,两者应有必要的间距(不小于30m)以减少漏风;在不同层位时,两者可上下重叠布置以减少煤柱损失。

缓倾斜煤层群的总回风巷一般可设在煤层群下部稳定的煤层或底板中。层间距较大、倾角较小时，也可把总回风巷设在煤层群的上部。

对于倾斜或急倾斜煤层，总回风巷一般应设在最下一个可采煤层底板不受开采影响的稳定岩层中。有条件的倾斜煤层也可将总回风巷设在最下部的可采煤层中。

采用多井筒分区开拓的矿井，不设全矿井的总回风巷。根据各分区的开拓部署，设置各自的总回风巷。

## 第三节　井底车场及其形式

井底车场是位于开采水平、井筒附近的一组巷道与硐室的总称，是连接井筒提升与大巷运输的枢纽，担负着煤、矸、物料、人员的转运，并为矿井的排水、通风、动力供应、通信和调度服务，对保证矿井正常生产和安全生产起着重要作用。

井底车场的类型繁多，如图3-12所示。按照井筒形式不同，分立井井底车场、斜井井底车场和立井—斜井井底车场；按运输大巷的运输方式不同，又分大巷采用轨道矿车运煤的井底车场和大巷采用带式输送机运煤的井底车场；根据采用的矿车(卸载方式)不同，大巷采用轨道矿车运煤的井底车场又可分为固定式矿车运煤的井底车场和底卸式矿车运煤的井底车场；按井底车场内列车的调运方式不同，又分环行式和折返式两大类。

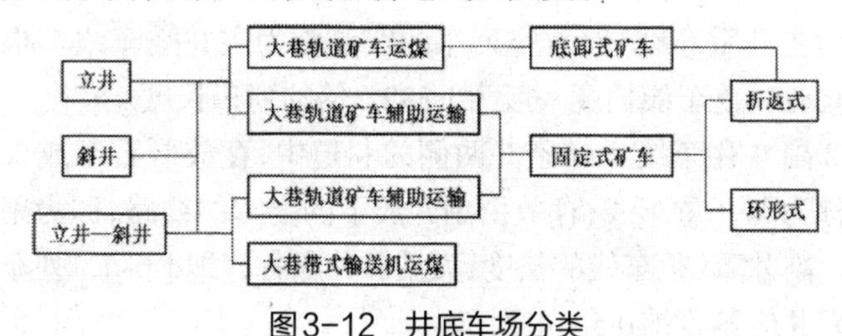


图3-12　井底车场分类

对于少数采用无轨胶轮车、单轨吊车、卡轨车或齿轨车作为辅助运输的矿井，其井底车场具有明显的特点。对于具体的矿井，其井底车场又有所在矿井的特点。

## 一、井底车场的组成

井底车场由运输巷道和硐室两大部分组成，如图3-13所示。

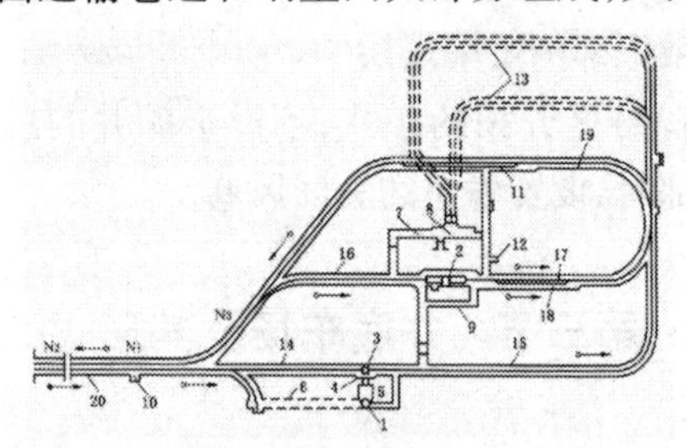

1.主井；2.副井；3.翻车机硐室；4.井底煤仓；5.装载硐室；6.清理井底撒煤斜巷；7.井下主变电硐室；8.主排水泵房；9.等候室；10.调度室；11.人车停车场；12.工具室；13.水仓；14.主井重车线；15.主井空车线；16.副井重车线；17.副井空车线；18.材料车线；19.绕道；20.调车线；$N_1$、$N_2$、$N_3$.道岔编号

图3-13　井底车场

1.井底车场运输线路

井底车场线路按其用途不同，可分为存车线路、调车线路、绕道线路三大类。根据井型和运煤方式的不同，井底车场的线路数目和长度也不一致。

(1)存车线路

①主井存车线。在主井井底两侧的巷道中，储放重列车的线路称为主井重车线；储放空列车的线路称为主井空车线。根据实践经验，空、重车线长度一般为1.5~2.0倍的列车长度。

②副井存车线。在副井两侧的巷道中，存放矸石车或煤车的线路称为副井重车线；存放由副井放下的空车的线路，称为副井空车线。副井重、空车线的长度，大型矿井应各容纳1.0~1.5列车，中、小型矿井应各容纳0.5~1.0列车。

③材料车线。并列布置在副井空车线一侧,其长度宜按10辆至1列材料(设备)车的长度确定。

④人车线。设在副井回车线内,其长度一般为一列人车长度再加15~20m。

(2)调车线路

调动空、重矿车的专用线路称为调车线路。例如,重列车由电机车牵引进入主井重车线之前,电机车不能通过翻笼,必须由重列车前部调到列车尾部,顶推重列车进入重车线。这种为使电机车由列车头部调到尾部而专门设置的轨道线路,称为调车线路,其长度通常为一列车长加电机车长度,在其两端设有渡线道岔。

(3)绕道线路

绕道线路又称回车线路。电机车将重列车顶入主井重车线后,需通过一定的车场运输巷道,绕行到主井另一侧的空车线,与空列车挂钩,牵引空列车驶出井底车场,这样的线路称为绕道线路。

2. 井底车场硐室

(1)井底车场硐室种类(按其所在位置分)

①主井系统硐室:有翻车机硐室、井底煤仓、箕斗装载硐室、撒煤清理硐室等。

②副井系统硐室:有马头门、井下主变电硐室与主排水泵房、水仓、等候室等。

③其他硐室:有调度室、电机车库及机车修理硐室、防火门硐室、爆炸材料库、消防材料库、人车场、工具库、医疗室等。

井底车场硐室的布置要符合《煤矿安全规程》及《煤炭工业设计规范》的规定,满足技术经济合理的要求,尽量减少工程量和适应各种硐室工艺上的要求,根据硐室的用途、地质条件、施工安装和生产使用方便等因素确定各种硐室的布置方法。

(2)主要硐室的布置

①翻车机硐室。翻车机硐室是为矿井采用箕斗或带式输送机

提升煤炭时而设置的，设在主井重车线和空车线交接处。载煤重车进入翻笼后，翻车机翻转，煤被卸入井底煤仓；通过装煤设备硐室将煤装入井筒中的箕斗或带式输送机。翻车机两旁应设人行道。

②井底煤仓。井底煤仓上接翻车机硐室，下连装载硐室。通常为一条较宽的倾斜巷道，其倾角不小于50°。煤仓容量，对中型矿井一般按提升设备0.5~1.0h提煤量计算；对大型矿井按提升设备1~2h提煤量计算。

③井下主变电硐室及主排水泵房。井下主变电硐室是井下的总配电硐室。井上来的高压电从这里分配到各采区，同时将一部分高压电降压后供井底车场使用。主排水泵房是井下的主要用电点之一，通常和井下主变电硐室布置在一起。为了缩短排水管路以及与井筒联系方便，井下主变电硐室与主排水泵房布置在铺设排水管路的井筒附近，采用管子道与井筒连接。

④水仓。水仓是低于井底车场标高而开掘的一组巷道，用以暂时储存和澄清井下的涌水。为了保证水仓内的清理与储水工作互不影响，水仓应有两条独立的、互不渗漏的巷道，以便一条水仓清理时，另一条水仓仍能正常使用。水仓的入口应尽量设在井底车场巷道标高最低的区段，水仓的末端经吸水小井与水泵房相通。

⑤井下电机车库与井下机车修理间。电机车库与井下机车修理间应设在车场内便于进车的地点，使用蓄电池电机车时，应有相应的充电硐室与变电硐室。

⑥井下调度室。调度室负责井底车场的车辆调度工作，一般设在空、重车辆调动频繁的井底车场入口处，以便掌握车辆运行情况。

⑦井下等候室。当矿井用罐笼升降人员时，在副井井底附近应设置等候室，并有两个通路通向井底车场，作为工人候罐休息的场所。

⑧井下防火门硐室。井下防火门硐室是用于井口或井下发生火灾时隔断风流的硐室。一般设在进风井与井底车场连接处的单轨巷道内,通常为两道容易关闭的铁门或包有铁皮的木板防火门。

⑨消防材料库。消防材料库是专为存放消防工具及器材的硐室。这些器材的一部分装在列车上,以备井下发生火灾时,能立即开往火灾地点。该硐室一般设在运输大巷或石门加宽处。

⑩爆炸材料库。井下爆炸材料库是井下发放和保存炸药、雷管的硐室。井下爆炸材料库有单独的进回风巷,回风巷同总回风巷相连。它的位置应选在干燥、通风良好、运输方便、容易布置回风巷的地方。爆炸材料库分硐室式和壁槽式两种,库房距井筒、井底车场、主要硐室以及影响矿井或大部分采区通风的风门的直线距离,硐室式不得小于100m,壁槽式不得小于60m。

## 二、调车方式

采用矿车运煤和辅助运输时,根据运送的煤、矸或物料不同,矿车在井底车场内需要有序的调度,完成卸载、编组、升井、进入或驶出井底车场等作业,这些总称为调车。

井底车场内的调车方式随大巷运输方式、设备及井底车场形式不同而不同。在采用无轨胶轮车、单轨吊车、卡轨车或齿轨车作为辅助运输的矿井中,这些设备在井底车场内也需要调车。

以大巷采用固定式矿车运煤的立井刀式环形井底车场为例,说明固定式矿车在井底车场内的调车方式和过程。固定式矿车列车主要有以下4种调车方式。

### 1.顶推调车法

一种是当电机车牵引重列车驶入调车线后,停车摘钩,电机车通过调车线道岔,由列车头部转向尾部,推顶列车进入重车线,这种方法称为错车线入场法,其过程是拉—停—摘—错—顶。另一种是三角入场法,即电机车牵引重列车驶过三角道岔,然后停车再反向顶推列车进入主井重车线,其过程是拉—停—摘—顶。

顶推调车,机车在车场内停留时间长,影响车场通过能力,同时在弯道处顶推矿车容易出事故。

2.甩车调车法

电机车牵引重列车行至自动分离道岔前10~20m,机车与列车在行驶中摘钩离体进入回车线,列车则由于初速度及惯性甩入重车线。自动分离道岔(图3-14)的动作原理为当电机车刚要接触道岔尖时,电磁铁4通电,道岔闭合,机车驶过道岔进入回车线3,当机车驶过道岔的瞬间,电磁铁断电,道岔恢复开放位置,列车自滑进入重车线。这种调车方式技术上要求严格,必须解决道岔的控制和电机车的摘钩问题。道岔控制一般采用上述电磁道岔,也可采用杠杆联动道岔或手动道岔来控制;电机车摘钩则由电机车司机自行摘钩或由专职摘钩工人操作。

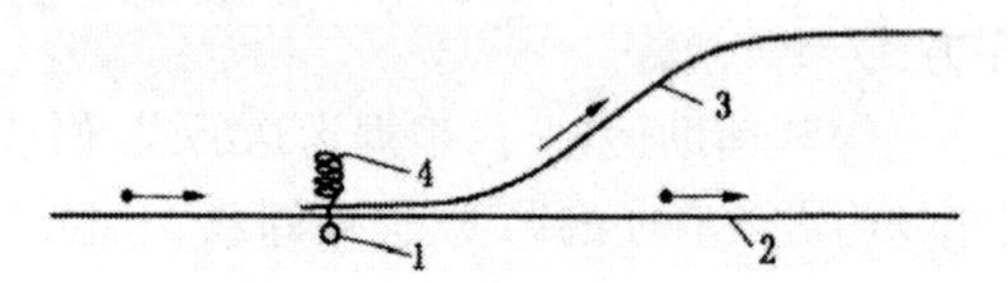


1.道岔;2.重车线;3.回车线;4.电磁铁

图3-14 自动分离道岔示意图

这种调车方式简单,可提高车场的通过能力,但是由于列车是靠惯性滑行进入重车线,所以线路坡度必须控制适当,否则会引起碰车事故。

3.专用设备调车法

电机车将重列车拉至停车线摘钩后,直接去空车线牵引空列车出场。而重列车则由专用机车或调度绞车、钢丝绳推车机等专用设备调入重车线。

4.顶推拉调车

在调车线上始终存放一列重车,在下一列重车驶入调车线的同时,将原存重列车顶入主井重车线,新牵引进来的重列车暂留在调车线内,待下一列重车顶推入场。电机车调车后,牵引空列车驶出井底车场。这种方式简化了调车作业，但造成了机车短时过负荷，如顶推距离长，不利于机车维护。

### 三、井底车场的形式

1.固定式矿车运煤井底车场

(1)环行式井底车场

环行式井底车场的特点是空、重列车不在车场内的同一轨道上做相向运行，即采用环行单向运行。因而调度工作简单，通过能力较大，应用范围广。但车场的开拓工程量较大。

按照井底车场存车线与主要运输巷道(大巷或主石门)相互平行、斜交或垂直的位置关系，环行式车场可分为卧式、斜式、立式(包括刀式)3种基本类型。按井筒形式不同，又可分为立井和斜井环行式车场。

①立井环行式井底车场。立井卧式环行井底车场如图3-15所示，其主要特点是主、副井存车线与主要运输巷道平行。主、副井距主要运输大巷较近，利用主要运输巷道作为绕道回车线及调车线，从而可以节约车场的开拓工程量。这种车场调车比较方便，但电机车在弯道上顶推调车安全性较差，需慢速运行。当井筒距主要运输巷道近时，可采用这种车场。

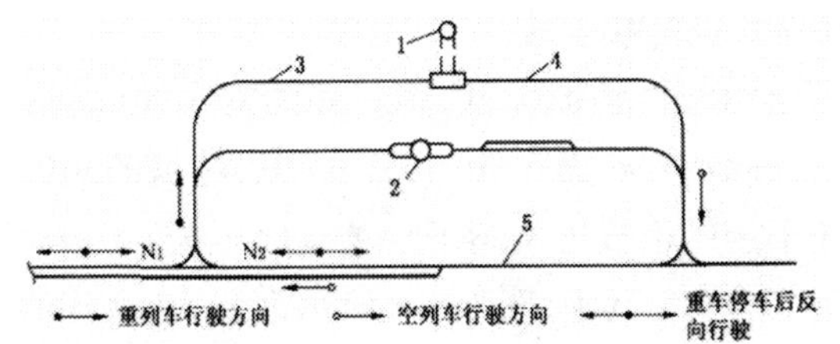


1.主井；2.副井；3.主井重车线；4.主井空车线；5.主要运输巷道

图3-15　立井卧式环行式车场

立井斜式环行井底车场如图3-16所示，其主要特点是主、副井存车线与主要运输巷道斜交。右翼驶来的重列车可顶推入主井重车线，比较方便；左翼驶来的重列车需在大巷调车线调车。当井筒距运输大巷较近且地面出车方向要求与大巷斜交时，可采用这种车场。

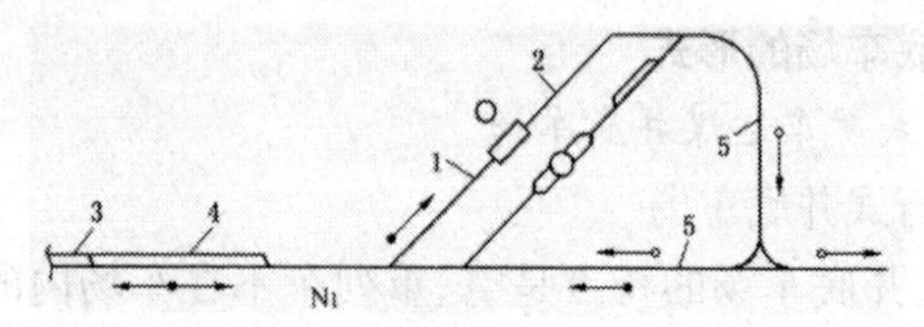


1. 主井重车线；2. 主井空车线；3. 主要运输巷道；4. 调车线；5. 绕道回车线

图3-16　立井斜式环行式车场

立井立式环行井底车场，其主要特点是主、副井存车线与主要运输巷道垂直，且有足够的长度布置存车线。当井筒距主要运输巷道较远时，可采用这种车场。

如图3-17a所示的环行刀式车场也是一种立式车场，适用于井筒距运输大巷较远的条件下。采用环行刀式比采用环行立式可减少工程量，而且在直线段上顶推重车比较安全。若采用甩车调车，可以提高车场通过能力。

②斜井环行式井底车场。斜井环行式井底车场与立井环行式井底车场基本相同，也可分为卧式、立式、斜式3种类型。斜井环行式与立井环行式井底车场的主要区别在于副井行车线的位置及副斜井与井底车场的连接方式。

由于采用串车作辅助提升，副斜井的空车线（又称材料车线）和重车线（又称矸石线、石车线）布置在同一巷道的两股轨道上，副斜井与井底车场的连接可采用平车场或甩车场。斜井环行式井底车场如图3-17所示，其中，图3-17a所示为刀式（立式的一种）环行式车场，副斜井下部采用平车场，适用于不再向下延深的矿井，当需向下延深时，可改用甩车场与井底车场连接；图3-19b所示为斜式环行式井底车场，副斜井下部采用甩车场，当不需延深斜井时，也可改用平车场。

斜井环行式车场的通过能力较大，开拓工程量也较大，故适用于主井采用带式输送机或箕斗提升、副井用串车提升的大、中型矿井。

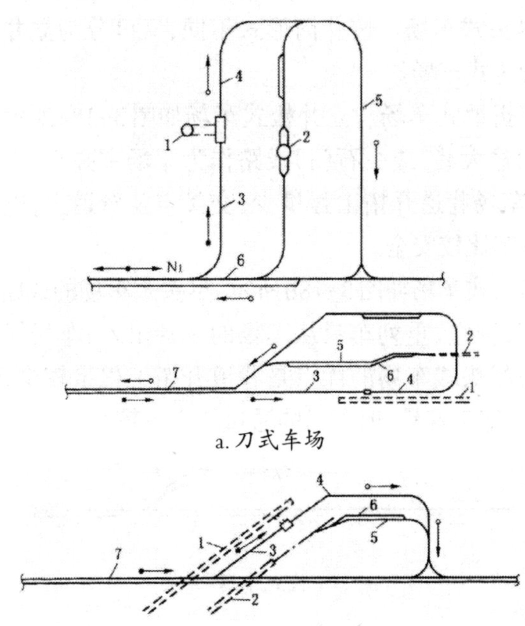

a.刀式车场

1.主井;2.副井;3.主井重车线;4.主井空车线;5.副井空车线;6.甩车场;7.主要运输巷道

b.斜式车场

图3-17　斜井立式环行式车场

总之,环行式井底车场的优点是调车方便,通过能力较大,一般能满足大、中型矿井生产的需要。其缺点是巷道交叉点多,大弯度曲线巷道多,施工复杂,掘进工程量大,电机车在弯道上行驶速度慢,且顶推调车(特别在弯道上)不够安全,用固定式矿车运煤翻笼卸载能力较小,影响车场通过能力。

(2)折返式井底车场

折返式井底车场的特点是空、重列车在车场内同一巷道的两股线路上折返运行,从而可简化井底车场的线路结构,减少巷道开拓工程量。

按列车从井底车场两端或一端进出车，折返式车场可分为梭式车场和尽头式车场。按井筒形式不同，又可分为立井折返式车场和斜井折返式车场。

①立井折返式车场。立井梭式车场如图3-18a所示。这种车场可利用运输大巷（或主石门）线路作为车场主井空、重车存车线及通过线，车场巷道开拓工程量少，交叉点及弯道少，电机车在直线段顶推重车比较安全。

立井尽头式车场如图3-18b所示，尽头式车场的线路布置与梭式车场相似，但空、重列车只从车场的一端出入，车场线路的另一端为尽头。尽头式车场的优点是巷道开拓工程量较少，巷道交叉点和弯道少，施工容易，但车场的通过能力也较小。

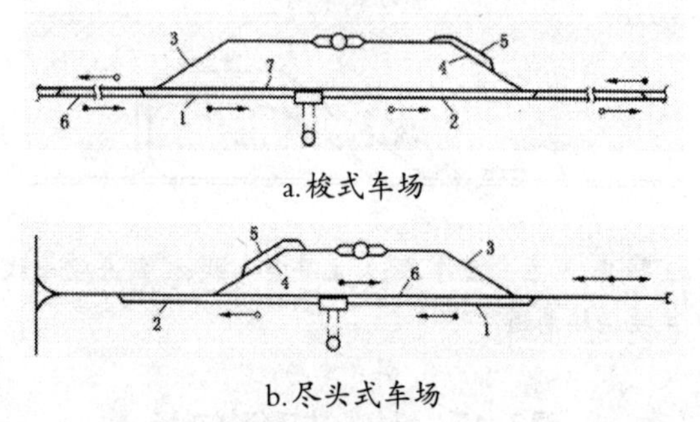
a.梭式车场

b.尽头式车场

1.主井重车线；2.主井空车线；3.副井进车线；4.副井出车线；5.材料车线；6.调车线；7.通过线

图3-18　立井折返式车场

②斜井折返式车场。主井采用带式输送机或箕斗提升的斜井折返式车场，与前述立井折返式车场相似，其主要区别在于副井存车线的布置及副斜井与井底车场的连接方式。

图3-19所示为斜井梭式车场，利用运输大巷布置主井存车线及调车线，副井存车线设于大巷顶板一侧的绕道中，若斜井井筒倾角小时，可设于大巷底板。

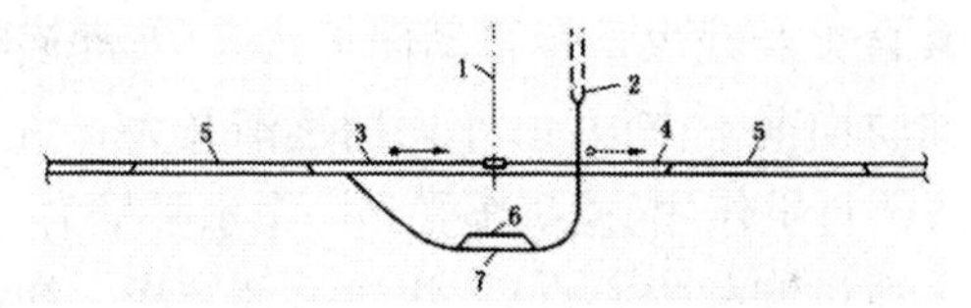


1. 主井;2. 副井;3. 主井重车线;4. 主井空车线;5 调车线;6. 材料车线;7. 矸石车线

图3-19　斜井梭式车场

总之,折返式车场的优点是巷道工程量小,巷道交叉点和弯道少,施工容易,车场的线路较简单,电机车在直线巷道调车,行车比较安全。但车场通过能力较小,电机车通过卸载站,对有煤尘爆炸危险的矿井安全性差。采用固定式矿车时一般用于中、小型矿井。为了充分利用这种车场的优点,扩大其应用范围,在大型及特大型矿井中,采用3t固定式矿车,并增设车线,采用两套卸载线路的方法,提高了车场的通过能力。

2. 底卸式矿车运煤井底车场

当采用底卸式矿车运煤时,为了卸煤,要在井底车场内设置卸载站。列车在卸载站卸煤的原理如图3-20所示。

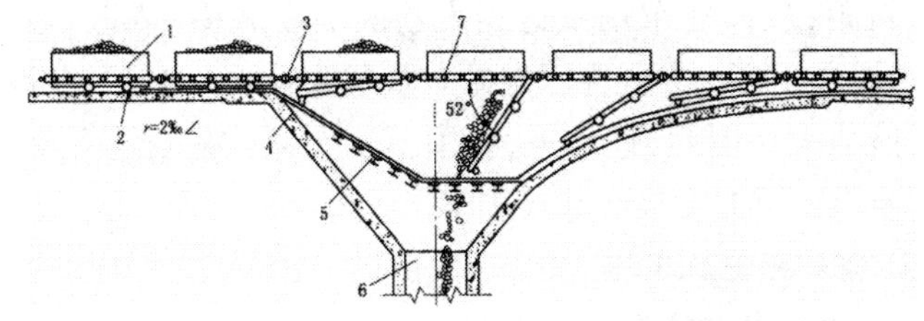


1. 底卸式矿车;2. 矿车车轮;3. 缓冲轮;4. 卸载轮;5. 卸载曲轨;6. 煤仓;7. 支承托棍

图3-20　底卸式矿车卸煤原理

矿车进入卸载站后,电机车可牵引重矿车过卸载坑,由于煤尘大,应切断坑上架线电源。过坑时,机车、矿车车厢上两侧的翼板即支撑于卸载坑两侧的支承托辊上,使机车、矿车悬空。矿车底架前端与车厢为铰链连接。当矿车车厢悬空,并沿托辊向前移动时,矿车底架借其自重及载煤重量自动向下张开,车厢底架后端的卸载轮沿卸载曲轨向前下方滚动,车底门逐渐开大。由于所载煤炭重量及矿车底架自重作用,使矿车受到一个水平推力,推动矿车继续前进。矿车通过卸载中心点后,煤炭全部卸净。卸载轮滚过曲轨拐点逐渐向上,车底架与车厢逐渐闭合。由于卸载产生的推力使矿车加速,电机车过卸载坑后,接上电源,进行制动减速,安全运行进入到空车线。这样,一列煤车的卸载过程,不需要停车和摘钩,卸载过程仅需一分钟左右,因而调车辅助时间少、卸载快,缩短了矿车在井底车场内的周转时间,提高了井底车场的通过能力,且可减少运煤车辆,节约翻车设备及日常运转费用。

由于底卸式矿车的车底门只能一端打开,卸载坑的卸载曲轨、线路坡度只能按某一端进车来设置,这就要求进入卸载站的矿车其前后端不能倒置,矿车车位方向不能改变。由于采区下部车场装车站一般采用折返式调车,所以使用底卸式矿车的井底车场多为折返式车场。

底卸式矿车与同样容量固定式矿车相比,车厢较窄,可采用600mm轨距,从而使车场及运输大巷的宽度减少,节省巷道工程量,且卸煤方便,效率高(为固定矿车及翻笼时的6~8倍),井底车场的通过能力大。因而,近年来,我国不少大型矿井及特大型矿井,大巷运输均采用3t或5t底卸式矿车。

3. 小型矿井井底车场

(1)小型矿井井底车场特点

一方面,由于生产能力小,设备比较简单,小型矿井对井底车场通过能力要求相对较低,另一方面,由于开采条件一般较差,生产不均衡性大,并且掘进率较高,矸石量可能较多,故井底车场应有较大的富余能力。小型矿井机械化程度低,井下所需的材料和运送的设备较少,材料车下井后可与空车混合编组驶向采区,故不必在井底车场内设专用材料车线。内于开采范围不大,一般也不设人车线。小型矿井一般采用罐笼、矿车或串车提升，井下不设翻笼硐室及煤仓。井底车场硐室也较简单，爆炸材料库等硐室也可以不设。

(2)小型矿井井底车场形式

按矿井开拓方式不同，小型矿井的井底车场也分为立井井底车场和斜井井底车场，并各有其特点。

①小型立井井底车场。小型矿井井下均采用矿车运输，立井多采用罐笼提升，装备两个或一个井筒，实行混合提升，井底车场也分为环行式和折返式两类，如图3-21所示。

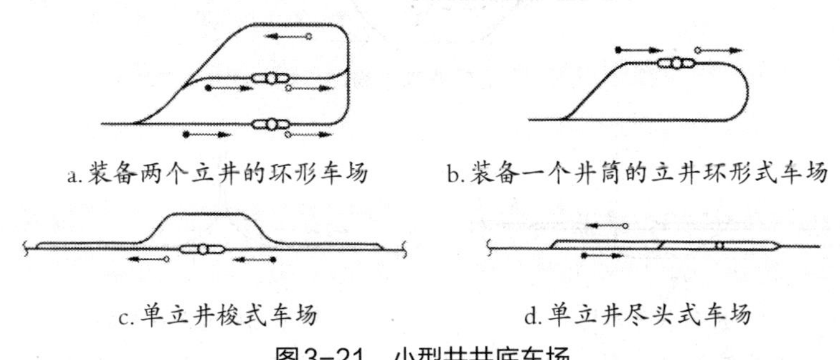

a.装备两个立井的环形车场　b.装备一个井筒的立井环形式车场

c.单立井梭式车场　d.单立井尽头式车场

图3-21　小型井井底车场

图3-21a所示为装备两个立井井筒的环行式井底车场，除固定一个井筒升降人员外，两个井筒都担负煤、矸、物料的提升，井底车场内调车可用甩车、顶推入场或其他方式。图3-21b所示为装备一个井筒的立井环行式井底车场，由于采用混合提升，井底车场的线路也很简单，井底车场的通过能力小，适于井型更小的矿井。

小型立井折返式车场也可分为梭式车场和尽头式车场，图3-21c所示为单立井梭式车场，利用大巷作为车场巷道，仅开一绕道为两翼空、重列车调车服务，可用于井型为0.21Mt/a的立井。图3-21d所示为单立井尽头式车场，利用主石门作为车场巷道，无交叉点及弯道，空、重车线设在井筒一侧的两股轨道上，重车自左侧入罐笼时向右侧顶出下放的空车，空车要经罐笼再调到左侧存车线，调车不方便，只能用于井型更小的矿井。

②小型斜井井底车场。小型斜井井下均采用矿车运输，斜井采用串车提升，根据井型大小，可装备两个或一个井筒。视井筒倾角、提升设备及是否再延深等不同条件，有不同的井底车场形式。对需要延深的矿井，斜井下部采用甩车场；不需延深井筒时，可采用平车场；井筒倾角很小时，采用无极绳提升的井底车场。这几种主要的井底车场形式如图3-22所示。

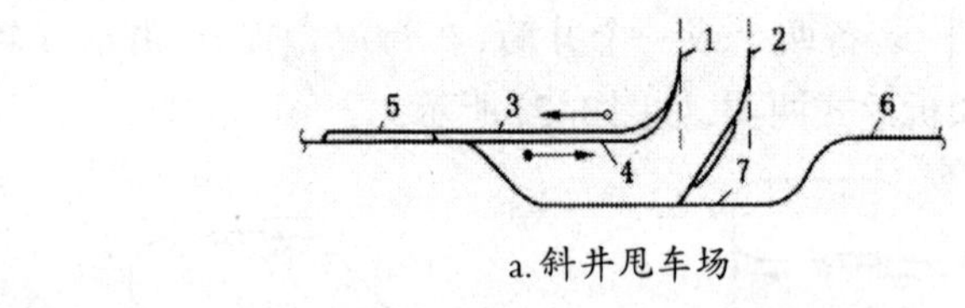


a.斜井甩车场

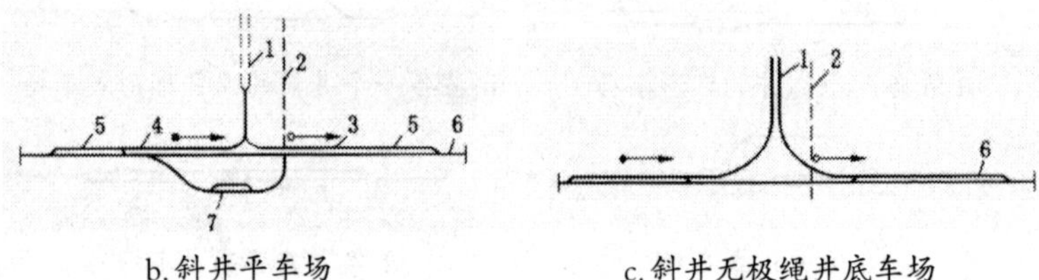


b.斜井平车场　　c.斜井无极绳井底车场

1.主斜井；2.副斜井；3.主井空车线；4.主井重车线；5.调车线；6.运输大巷；7.绕道

图3-22　小型斜井井底车场

4.带式输送机运煤大巷井底车场

大巷采用带式输送机运煤的矿井，一般情况下，围绕副井形成辅助运输井底车场及硐室，车场巷道比较简单；围绕主井形成带式输送机井底车场及硐室，两个井底车场不可分割，互相联系，组成整个矿井的井底车场。

为了解决带式输送机车场的通风、运输、供电、行人及设备的安装、检修等问题，必须和辅助运输车场进行联系。全上提或半上提式带式输送机车场与辅助井底车场之间一般用斜巷联系，有的用副井井筒联系。全下放式一般用平巷联系。

图3-23所示为设计生产能力3.0Mt/a矿井的井底车场立体示意图。该矿井设计年生产能力3.0Mt,开拓方式为立井单水平上下山开拓,在工业场地设主、副井,东、西两翼各设一个风井,采用对角式通风。开采水平-350m,沿3号煤层底板东、西两翼各布置两条运输大巷:一条为带式输送机大巷,担负煤炭运输任务;另一条为轨道运输大巷,担负人员、设备、材料和掘进煤、矸的辅助运输任务。井底车场分上(带式输送机运煤系统)、下(辅助运输系统)两部分。

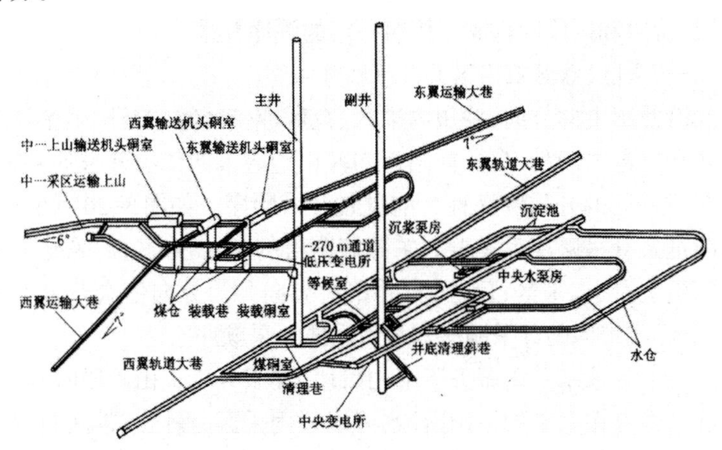


图3-23 大巷采用带式输送机运煤的井底车场线路示意图

围绕副井布置的辅助运输井底车场在3号煤层底板岩石中,采用斜式环形车场。该车场不担负煤炭的运输、分配、卸载、储存、装载等工作,只担负井下矸石提升和人员、材料、设备的升降调运,运输调度量小,车场线路布置非常简单。

围绕主井布置的带式输送机井底车场相对辅助运输井底车场抬高80m(-270m水平)。设有3个煤仓,煤仓直径7.5m,高度(包括配煤机巷)28m,煤仓总容量1500t。东翼带式输送机大巷来煤卸入1号煤仓,西翼带式输送机大巷来煤卸入2号煤仓,中一采区带式输送机上山来煤卸入3号煤仓。为了充分发挥井底煤仓的作用,调节3个方向来煤的不均衡性,在3个煤仓上部布置了一条配煤机巷。3个煤仓下有一条装载输送机巷,其内布置两条装载输送机,分别将煤装入两个12t的定量仓中,每个定量仓有两个装煤溜槽,通过分煤闸门装入箕斗提到地面。

## 第四节 开采顺序

井田划分后,采区、盘区或带区间需要按照一定的顺序开采,煤层、阶段和区段间也需要按照一定的顺序开采。

### 一、采区、盘区或带区间开采顺序

沿井田走向方向,井田内采区、盘区或带区间的开采顺序分前进式和后退式两种,自井筒附近向井田边界方向依次开采各采区、盘区或带区的开采顺序称为前进式开采顺序。如图3-26所示,采用前进式开采顺序就是要先采井筒附近的$C_1$、$C_2$采区,后采井田边界附近的$C_5$、$C_6$采区;反之,自井田边界向井筒方向依次开采各采区、盘区或带区的开采顺序称为后退式开采顺序。

一个开采水平既服务于上山阶段,又服务于下山阶段时,对于大巷已经开掘完毕的下山阶段,可以采用采区、盘区或带区间后退式开采顺序。

### 二、采区、盘区或带区内工作面开采顺序

采区、盘区或带区内工作面的开采顺序也分为前进式和后退式两种基本开采顺序。

采煤工作面从采区或盘区边界向采区运煤上山或向盘区主要运煤巷道方向推进的开采顺序称为工作面后退式开采顺序。在带区布置的条件下,采煤工作面后退式开采顺序就是分带工作面从分带上边界或下边界向运输大巷方向推进的开采顺序。

采煤工作面背向采区运煤上山或背向盘区主要运煤巷道方向推进的开采顺序称为工作面前进式开采顺序。在带区布置的条件

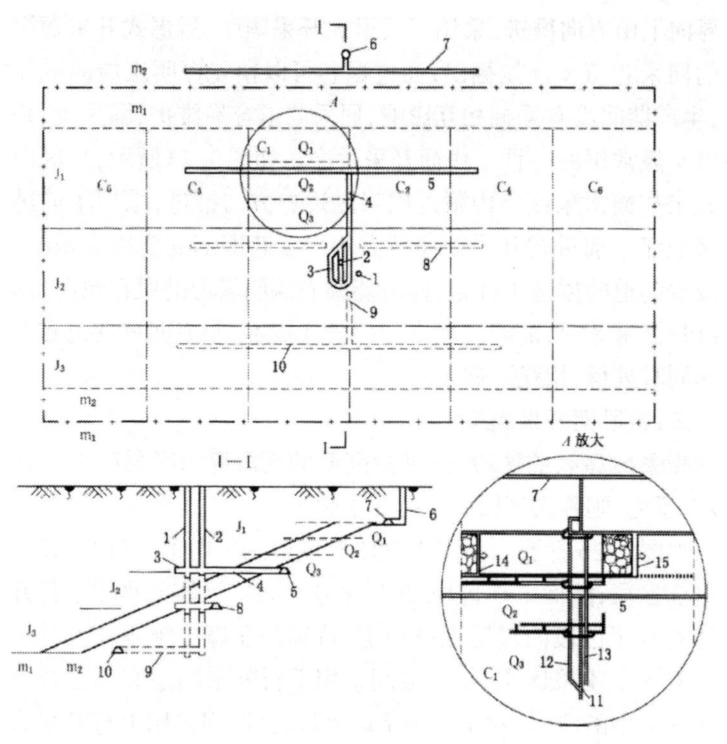


1.主井;2.副井;3.水平井底车场;4.水平主要运输石门;5.水平运输大巷;6.风井;7.阶段回风大巷;8.二水平运输大巷;9.三水平主要运输石门;10.三水平运输大巷;11.采区运输石门;12.采区轨道上山;13.采区运输上山;14.后退式工作面;15.前进式工作面

图3-24 井田内开采顺序

下,采煤工作面前进式开采顺序就是分带工作面背向运输大巷方向推进的开采顺序。

在同一煤层中的上下区段工作面或带区内的相邻工作面分别采用前进式和后退式开采顺序时,则称这种开采顺序为工作面往复式开采顺序。

采煤工作面的前进式与后退式开采顺序的主要区别是回采巷道是否预先掘出。如图3-24所示,$C_1$采区中左侧的工作面由采区边界向上山方向推进,采用了后退式开采顺序,后退式开采顺序所需的回采巷道要预先掘出,通过掘巷可以预先探明煤层的赋存情况,生产期间没有采掘相互影响,回采巷道容易维护,漏风少,是我国煤矿最常用的一种工作面开采顺序。如图3-24所示,采区中右侧的工作面由采区上山附近向采区边界方向推进,采用了前进式开采顺序。前进式开采顺序所需的回采巷道不需要预先掘出,可以减少巷道的掘进工程量,但不能预先探明煤层的赋存情况,形成和维护回采巷道,需要采取专门的护巷技术,形成回采巷道和采煤工作同时进行,相互影响大。

### 三、区段间开采顺序

先采标高高的区段、后采标高低的区段称为区段间下行开采顺序;反之,则称为区段间上行开采顺序。

如图3-26所示,$C_1$采区中的3个区段间采用了下行开采顺序,先采$Q_1$区段,然后采$Q_2$区段,最后采$Q_3$区段。区段间采用下行开采顺序有利于区段内煤层保持稳定,特别是在煤层倾角较大的情况下。对于上山采区来说,区段间采用下行开采顺序有利于减少风流在上山中的泄漏;对于下山采区来说,区段间采用上行开采顺序有利于泄水。

一般情况下我国煤矿采区或盘区内区段间采用下行开采顺序。

### 四、煤层间、厚煤层分层间及煤组间开采顺序

1.上行式开采

上行式开采的一般技术措施:上煤层的开采必须在下煤层开采引起的岩层移动稳定之后进行;当层间距较小时,下煤层宜采用无煤柱护巷;应合理布置开采边界;同时应避免先在上煤层开掘巷道。

一般情况下,上行式开采为非正常开采顺序,只有在下列情况下,才采用上行式开采:

(1)当上煤层顶板坚硬、煤质坚硬不易回采时,采用上行开采,可消除或减轻上煤层开采时发生的冲击地压和累计强度,也可解除地质构造应力的影响。

(2)当上煤层含水量大时,先采下煤层可疏干上煤层的含水。

(3)当上部为煤与瓦斯突出煤层时,下部又有可作为保护层开采的煤层,采用上行开采,可减轻或消除上煤层煤与瓦斯突出的危险。

(4)上部为劣质、薄及不稳定煤层,开采困难,长期达不到设计能力。可先采下煤层或上下煤层搭配开采,以达到设计能力。

(5)建筑物下、水体下、铁路下采煤,有时需要先采下煤层,后采上煤层,以减轻对地表的影响。

(6)开采火区或积水区下压煤,有时需要采用上行式开采。

(7)上部煤层开采困难或投资很多,或下部煤质优良,从国民经济需要及企业经济效益出发,有时采用上行开采。

(8)复采采空区上部遗留的煤炭资源等。

采用上行开采的基本条件是层间距较大、深部煤层或煤组开采不致影响和破坏上煤层或上煤组。是否可用上行开采主要取决于两煤层间距与下煤层采高之比。根据国内用全部垮落法进行开采的实践经验,在受一个煤层采动影响后,只要层间距与采高比达7.5以上,一般在上煤层中可以正常进行掘进和采煤工作。受多个煤层采动影响的上行开采,只要综合层间距与采高比达到6.3以上,一般可在上部煤层中正常进行掘进和采煤。

2.急斜煤层群开采顺序

开采急斜煤层时,不仅顶板岩石会冒落,底板岩石也会滑移,造成底板岩层移动。如果两个急斜煤层相距较近,上层开采造成的底板岩层移动,将使下煤层的平巷维护十分困难,甚至遭到破坏。为此,在开采技术上,为了免除影响,应合理安排上下煤层以及各区段的开采顺序,以免下煤层遭到破坏,可将阶段划为小分段，按小分段下行交叉顺序开采，如图3-25所示。

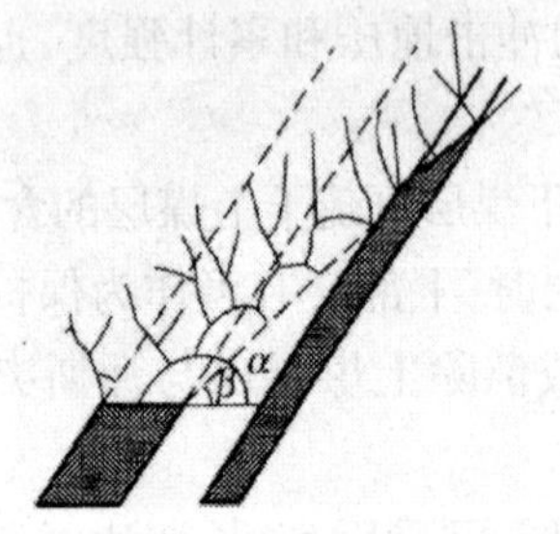

a.开采上层对下层的影响

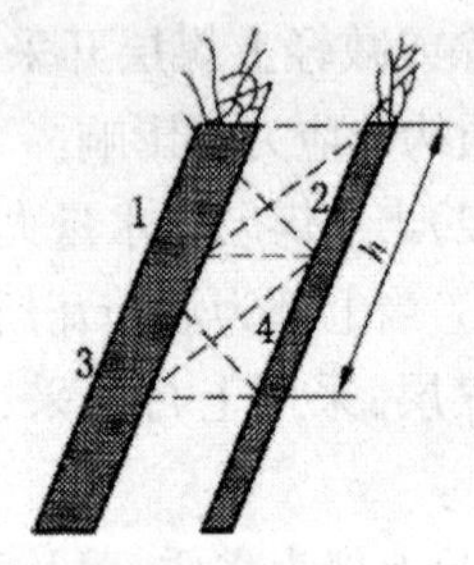

b.阶段化为小分段

1、2、3、4.小分段回采顺序；α.煤层倾角；β.底板移动角

图3-25 急斜煤层开采顺序

## 第五节 矿井开拓延深及技术改造

### 一、矿井采掘关系

掘进与采煤是煤矿生产过程中两个基本的环节，要想采煤就必须掘进，掘进的目的是为了采煤。矿井采掘关系是指矿井采煤与掘进之间的相互协调与配合的关系。按照生产过程中采煤工作面不断地从一个地点转移到另一个地点的需要，合理安排相应的巷道掘进工作，做到采掘并举、掘进先行，是矿井正常、均衡、稳定生产的基本保证。如果掘进工程滞后采煤，不能按时准备出采煤工作面，将造成缺少采煤工作地点、生产被动、产量下降的局面，称之为“采掘失调”；如果掘进工程超得过多，将造成巷道掘出后的长时间闲置不用，并要投入人力和物力维护，给矿井增加不必要的开支，带来一定的经济损失。因此，必须根据矿井生产规模、煤层间或煤层分层间允许的开采顺序及水平、阶段、采区（盘区或带区）、区段或分带间合理的开采顺序，安排好正常的采煤工作面接替和相应的巷道掘进工程，保证协调的矿井采掘关系。

## 二、矿井开拓延深

矿井开拓延深就是多水平开拓的生产矿井为生产接替而进行的下一开采水平的井巷布置及工程实施。

1. *矿井开拓延深特点及要求*

与新井建设相比，矿井开拓延深具有施工技术比较复杂、延深与生产相互干扰、施工工期要求紧、受现有装备和设施影响等特点。

根据矿井开拓延深的特点，延深工作必须满足如下几个方面的要求：

（1）不仅要充分、合理利用矿井原有设备设施和开拓巷道，而且要为下水平采用新设备、实现机械化与自动化创造条件。

（2）尽可能缩短施工工期，力求做到生产系统简单、临时性辅助工程量少、基建投资省、生产费用低。

（3）保持或扩大矿井生产能力。

（4）积极采用新技术、新工艺和新设备。

（5）加强生产管理、组织管理与技术管理，使延深工作与现有生产紧密配合，减少延深对生产的影响。

（6）一切技术上重大问题的决定要符合技术政策规定，满足安全施工和安全生产的要求，最大限度地开发煤炭资源。

2. *矿井开拓延深方案*

矿井在进行初步设计时，就已经考虑了矿井深部的开采以及延深方案，但在矿井投产若干年后，不仅对煤层赋存及地质条件掌握更准确，而且随着生产发展和技术进步，原设计中考虑的延深方案，往往不再适应最新发展的需要，所以在矿井需要开拓延深时，还要重新确定开拓延深方案，进行新水平开拓延深设计。

矿井新水平的开拓延深方案应包括井田开拓的全部内容，而从矿井延深的角度看，主要特点是井筒布置，有利于原井筒直接延深、暗井延深和由于深部提升或通风不能满足需要而增加新井筒等几种方式。

(1)直接延深主、副井

盘接延深原有主、副井方式,如图3-26所示。直接延深原有主、副井筒,可充分利用原有设备设施,提升系统单一,转运环节少,经营费低,管理较方便。除了井筒延深受地质、水文条件限制外,应首先考虑采用这种方案。其缺点是原有井筒同时担负生产和延深任务,施工与生产相互干扰;主井接产时技术难度大,矿井将造成短期停产;延深两个片筒的施工组织复杂,为延深井筒需掘凿一些临时工程;延深后提升长度增加,能力下降,需更换或改造提升设备。

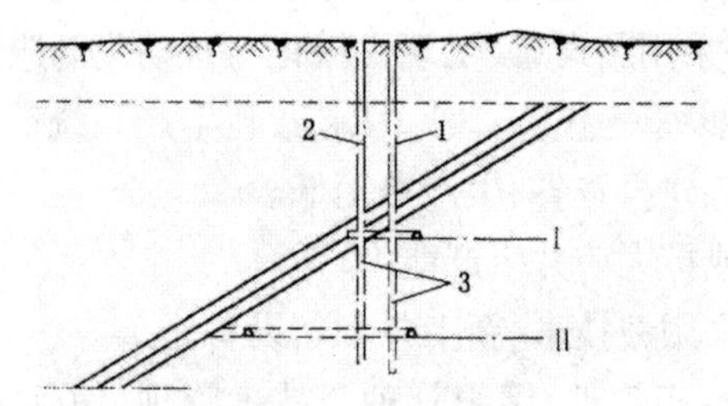


Ⅰ.第一水平;Ⅱ.第二水平;
1.主井;2.副井;3.延伸暗立井

图3-26　直接延伸原有主、副井方式

(2)暗井延深

当煤层底板有富含水层时,主、副井均不能采取直接延深或因直接延深造成石门工程量很大时,则可开掘暗立井或暗斜井通达下一开采水平,进行开拓准备与采煤工作该方案是我国矿井开拓延深应用较广的一种方法。

利用暗斜井延深如图3-27所示,其生产与延深互相干扰少,暗斜井的位置、方向、倾角以及提升方式均可不受原有井筒的限制,暗斜井做主井,系统简单且能力大,可充分利用原有井筒能力。这种方案的主要缺点是增加了提升、运输环节和设备,通风系统较复杂。

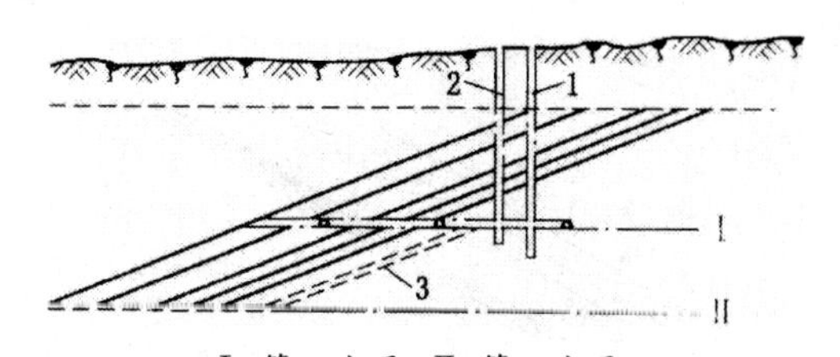


Ⅰ.第一水平；Ⅱ.第二水平；
1.主井；2.副井；3.延深的暗斜井

图3–27　暗斜井延伸方式

少数开采倾斜及急斜煤层的矿井，当井筒不采用直接延深时，可以采用暗立井延深。暗立井延深一般用于下列条件：

①受地质及水文条件限制，向下延深原井筒不安全（如有断层带、有突然涌水危险等）。

②原有提升设备不能满足新水平需要，又没有条件更换提升设备。

③延深原有井筒在技术经济上不合理。

④用平硐开拓的矿井，当生产水平以下不符合另开拓阶梯平硐的条件，上部开立井或斜井又不合理时，可以采用暗立井开拓新水平。

（3）直接延深与新打暗井相结合

该方案是延深原主井或副井井筒，另打一个暗副井或暗主井。施工时可先打暗井，然后反接主井或副井。该方案延深对生产干扰少，施工方便。其缺点是主井或副井两段提升，增加了运输环节与设备，还需要为暗井布置车场。所以，只有在主井或副井提升能力不均衡，而打个暗井方能满足新水平需要时，才考虑这种方案，如图3–28所示。

（4）直接延深与新建井相结合

该方案是在直接延深原有井筒的同时，从地面另打一个新井作为主井或副井，如图3–29所示。

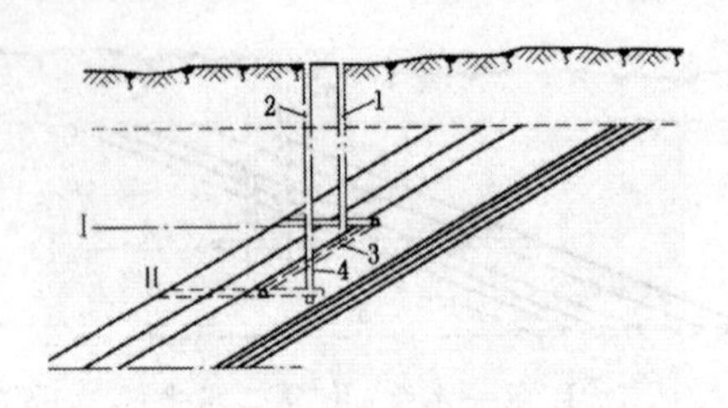


Ⅰ.第一水平;Ⅱ.第二水平;

1.主井;2.副井;3.暗斜井;4.延深副井

图3-28　直接延伸与新打暗井相结合方式

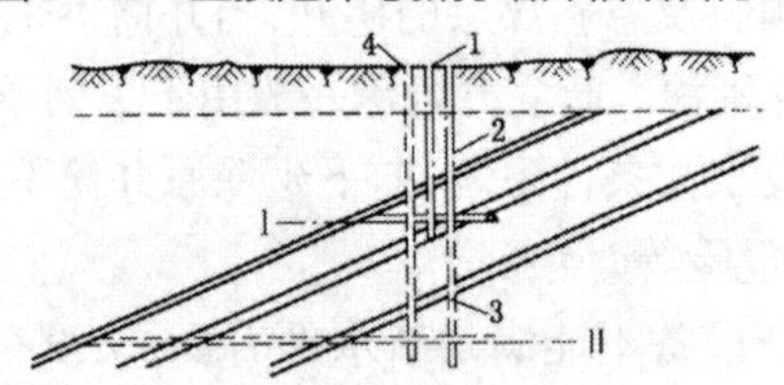


Ⅰ.第一水平;Ⅱ.第二水平;

1.原主井;2.副井;3.延深副井;4.新开主井

图3-29　直接延伸与新建井相结合方式

这种方案的延深与生产相互干扰少,可大大提高生产能力。其缺点是增加了井底车场工程量,还需要改造地面生产系统,总的基建工程投资大,适于扩大生产能力或要求分运分提不同煤种的大型矿井。

对于大型矿井,采用这种方案主要是为提高矿井提升能力及增大通风断面。对采用平硐开拓的矿井,工业场地附近有条件布置井筒时,可另打新立井或新斜井以开拓平硐水平以下的煤层。

(5)几个矿井联合开拓延深

当煤田浅部为小井群开采时,随着向深部发展,如果各个小井都各自向下延深,将造成井筒多,占用设备多,生产环节多,生产分散。所以,可将几个矿井联合起来进行开拓延深,如图3-30所示。该方案的实质是结合开拓延深,进行矿井合并改造,从开拓延深的角度分析,该方案的特点是将各小井的深部合并为一个井田,建立统一的开采水平，即延深水平，延深时不影响生产。

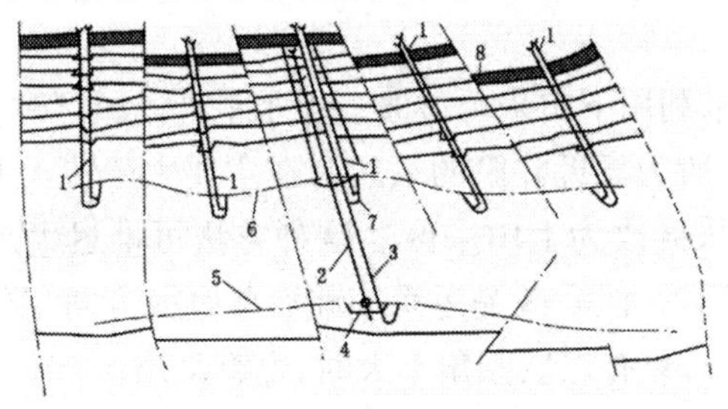


图3-30　多矿井深度联合中开拓延伸方式

3. 生产水平过渡时期的技术措施

矿井的某一个开采水平开始减产直到结束，其下一个开采水平投产到全部接替生产，是矿井生产水平过渡时期。在生产水平过渡时期内，上下两个水平同时生产，增加了提升、通风和排水的复杂性。

（1）生产水平过渡时期的提升

生产水平过渡时期，上下两个水平都出煤。对于采用暗斜井延深的矿井、新打井的矿井或多井筒多水平生产的矿井，分别由两套提升设备担负提升任务，一般没有困难。对于延深原有井筒的矿井，尤其是用箕斗提升的矿井，则必须采取下列有效的技术措施：

①利用通过式箕斗两个水平同时出煤。所谓通过式箕斗，其实是通过式装载设备，即将后闭上水平箕斗装载煤仓闸门的下部框架改装成可伸缩的悬臂，提上水平煤时，悬臂伸出；提下水平煤时，悬臂收回让箕斗通过。这种办法提升系统单一，并不增加提升工作量。但每变换一次提升水平时，都需要调整钢丝绳长度，经常打离合器，增加了故障概率。当水平过渡时期不长时，可采用这种方法。

②将上水平的煤经溜井放到下水平，主井在新水平集中提煤。这种方法提升系统单一，提升机运转维护条件好，但要增开溜

井,增加提升工程量和费用。上水平剩余煤量不多时,宜采用这种方法。

③上水平利用下山采区过渡。上水平开始减产时,开采1~2个下山采区(一般为靠近井筒的采区),在主要生产转入下一水平后,再将该下山采区改为上山采区。这种方法可推迟生产水平接替,有利于矿井延深,但采区提运系统前后要倒换方向,要多掘一些车场巷道。另外,只有煤层倾角不大时,方宜采用。

④利用副井提升部分煤炭。采用这种方式时,要适当地改建地面生产系统,增建卸煤设施。此外,如风井或主井有条件安装提升设备时,也可考虑增设一套提升设备,用来解决两个水平同时提煤问题。

(2)生产水平过渡时期的通风

生产水平过渡时期,要保证上水平的进风和下水平的回风互不干扰,关键在于安排好下水平的回风系统。通常,可以采取以下方法:

①维护上水平的采区上山为下水平的相应采区回风。

②利用上水平运输大巷的配风巷作为过渡时期下水平的回风巷。

③采用分组集中大巷的矿井,可利用上水平上部分组集中大巷为下水平上煤组回风。

(3)生产水平过渡时期的排水

生产水平过渡时期可采用下列排水方式:

①一段排水。上水平的流水引入下水平水仓,集中排至地面。

②两段分别排水。两个水平各有独立的排水系统直接排至地面。

③两段接力排水。下水平的水排到上水平水仓,然后由上水平集中排至地面。

④两段联合排水。上下两个水平的排水管路连成一套系统,

设三通阀门控制，上下水平均可排水至地面。

具体采用哪种方式，需根据矿井涌水量大小、水平过渡时期长短、设备情况等因素，经方案比较后确定。

**三、矿井技术改造**

矿井开采的是地下煤炭资源，服务年限一般要达几十年，甚至上百年。而科学技术的发展日新月异，为了使生产多年的矿井持续健康发展，发挥其生产潜力，改变技术面貌，提高经济效益，建设高产高效的现代化矿井，就要利用现代新技术、新装备、新工艺、新材料对矿井原有生产系统、设备、工艺等进行更新和改造，即矿井技术改造，这是用改善内涵的方式扩大矿井生产能力，也是煤矿生产发展的客观要求和必然规律。

1.技术改造的内容、目的与要求

(1)矿井技术改造的内容

①提高提升、运输、通风、排水、供电、压风和地面设施等各生产环节的机械化和自动化水平。

②改革井巷布置与开采部署，使其有利于集中生产，以适应生产条件和现代采矿装备的要求，同时，对井下生产系统和地面设施进行改建或扩建。

③改善井下生产条件和生产环境，对矿井各生产环节和井下环境进行监测和控制，特别是要利用计算机自动监测系统，进行信息的收集和处理，以提高安全生产的可靠程度。

(2)矿井技术改造的目的

①保持或增加煤炭产量，提高效益，增加企业收入。

②改善煤矿生产技术经济指标。

③提高资源采出率。煤炭是不可再生的矿产资源，提高资源采出率，可以延长矿井服务年限，降低吨煤的基建投资和万吨掘进率。

④提高环境保护和安全技术水平，为职工创造一个良好的工

作环境和工作条件，最大限度地减少人身伤亡事故。

⑤提高原煤的洗选加工水平，增加煤炭品种供应，提高煤炭质量。

⑥降低能源消耗，更新改造效率低、能耗大的旧式设备和系统。

(3)矿井技术改造的要求

为使矿井技术改造能够达到预期效果，应满足以下要求：

①查明矿井储量和地质条件，要求煤炭储量和地质条件准确可靠。

②有足够的资金，并能合理使用，使技术改造在较短时间内完成。

③尽量采用先进的技术和装备。围绕综合机械化，通过技术改造，大幅度提高综合机械化程度和工作面单产水平。在此基础上，改革井巷布置，更新提升、运输、通风设备，使地面辅助生产实现专业化和集中化。

④充分利用原有井巷、系统和设施。为了减少技术改造的工程量，节约资金，缩短工期，要充分利用矿井原有生产条件。

⑤各环节的生产能力要配套。经技术改造后的矿井各环节的生产能力必须相互适应，即采掘、运输、提升、通风和地面设施的能力要配套，有的环节上还要留有适当余地。

⑥选取适宜的技术改造内容和范围。根据矿井条件，合理选取单个矿井全面技术改造、邻近矿井合并改造或矿井主要生产系统薄弱环节的单项技术改造等内容。

2.技术改造的主要措施和途径

(1)提高矿井生产的机械化和集中化水平

①更新工艺、装备，提高掘机械化水平。进行矿井技术改造时，应力求提高掘进工作面机械化水平，同时改革巷道支护方式，积极发展锚杆支护新工艺，提高掘进工作面单产水平。

②提高矿井生产集中化程度，建设高产高效矿井。在提高采

掘工作面机械化水平，提高单产、单进水平的基础上，力求减少矿井同时生产的采煤工作面数目，提高矿井生产的集中化程度，简化矿井生产系统。生产条件好的矿井，力求基本实现用1~2个采煤工作面生产，来保证矿井产量。

(2)改进巷道布置

①加大工作面、采区、盘区或带区几何尺寸。

②降低岩石巷道比重，尽量取消或减少区段岩石集中平巷或分带岩石集中斜巷。

③区段间或分带间无煤柱开采，尽量采用沿空掘巷和沿空留巷技术。

④由原来的单组中央上下山或石门布置改为多组上下山或石门布置，其中一组可布置在采区或盘区边界，由双翼开采改为跨上下山或石门的单向连续推进开采，这样可增加采煤工作面的连续推进长度，减少工作面搬家次数。

⑤设置较大容量的煤仓。技术改造中多设置较大容量的采区、盘区或带区煤仓，综采工作面的采区煤仓容量应不小于200t。同时，在矿井技术改造中，还应增加井底缓冲煤仓，或扩大井底煤仓容量。

值得注意的是，有些生产矿井不设采区、盘区或带区煤仓，而是将采区、盘区或带区带式输送机直接与大巷带式输送机搭接，也取得了较好的技术经济效果。

(3)矿井改扩建

矿井改扩建也是矿井技术改造的一种类型。生产矿井进行改扩建，原则上应具备以下条件：

①煤层开采条件好，有足够的探明储量，改扩建后能够保持较长的服务年限，或者地处缺煤地区，迫切需要近期就地解决煤炭供应的矿井。

②生产矿井已经达到设计生产能力，部分生产环节仍有较大

的潜力,扩建所需要增加的工程、设备和投资较少。

③改扩建完成后,矿井能够很快达到扩建的生产规模,能够提高效率,降低生产成本。

④改扩建施工过程中,基本不影响矿井的正常生产。

3.生产系统技术改造

(1)提升系统的改造

在矿井产量或开采深度增加后,主、副井提升能力不足,往往成为技术改造后矿井增加产量的瓶颈。为提高矿井提升能力,需要对矿井提升系统进行改造。对提升系统的改造措施有加大箕斗容量或更换大容量箕斗,罐笼提升改为箕斗提升,斜井串车提升改为箕斗提升或带式输送机运输,提升绞车由单机拖动改为双机拖动,加大提升速度或减少辅助时间,缩短一次提升的时间或增加每日的提升时间,增加井筒数目和提升设备,以及斜井单钩提升改双钩提升,立井罐笼单层改双层,单车提升改双车提升等。

(2)井底车场的改造

对于大巷采用矿车运输的矿井,其井底车场的通过能力就是井底车场运输线路的通过能力和翻笼卸载能力。

运输线路通过能力的提高,主要是通过缩短列车进入井底车场的间隔时间来完成。为此,可改进调车方式,增设行车复线,增设井底缓冲煤仓等。

另外,也可改进井下运输方式,采用底卸式矿车运煤,为此需对井底车场进行较全面的改造。

(3)大巷运煤系统的改造

对于采用矿车轨道运输的大巷,提高大巷运输能力的措施有改善轨道维护质量,提高行车速度,减少运输事故;对采用单轨大巷的矿井,可增设错车场,减少调车时间;增加电机车的工作台数;加大电机车黏着质量或改用重型电机车;改用载质量大的矿车或底卸式矿车。

对于采用带式输送机运输的大巷，提高水平大巷运输能力的措施有改换或增加电机，加快带式输送机运行速度；改用能力大、强度高的带式输送机；采用大巷运输自动控制系统等。

（4）辅助运输环节的改造

辅助运输可采用新型的单轨吊车、卡轨车、齿轨车及无轨胶轮车，实现煤炭运输一条龙。

（5）通风安全系统的改造

当矿井改扩建增产幅度较大需增加风量，或通风系统不合理时，应根据不同情况，采取适当的措施。如采取增加进、回风井，改造回风巷道，以降低通风网路的通风阻力；改变通风方式；改换能力大、效率高的通风机等措施。

为保证矿井安全生产，技术改造中还应根据需要，针对防火灌浆、洒水降尘、预防煤与瓦斯突出、降低井下温度等采取相应的措施。为提高矿井通风安全管理水平和可靠程度，矿井技术改造中宜增设自动监控系统。

（6）地面生产系统的改造

地面生产系统的改造，主要是对煤炭地面运输、存储和装车，以及矸石排放系统进行改造，使井上下各生产环节的能力相配套。如改矿车运输为输送带运输，井口调车自动滚行，采用道岔联动化，扩建地面煤仓和储煤场，增加同时装车的线路数等。

设有选煤厂的矿井，洗选能力及矿井压气供应、供电、排水或充填能力不足时，也应根据需要进行相应的技术改造。

# 第四章　走向长壁采煤法采煤系统

## 第一节　概述

为建立采(盘、带)区完整的运煤、材料设备运输、通风、行人、动力供应和排水等生产系统,必须在已有开拓巷道的基础上,再开掘一系列准备巷道与回采巷道。为准备采区而掘进的主要巷道称之为准备巷道,如采区上下山及车场,区段(分带)集中巷,石门或斜巷,采区硐室(如绞车房、变电所、煤仓)等。

在一定的地质开采技术条件下,准备巷道的布置直接关系到矿井和工作面生产的技术经济效益。准备巷道的布置方式称准备方式。

### 一、按煤层赋存条件确定方式——采区式、盘区式与带区式准备

除近水平煤层外,一般将井田按一定标高划分为若干个阶段或水平。根据煤层倾角和井田走向尺寸大小,阶段内可有采区式、分段式和带区式3种准备方式。采区式准备是在阶段内沿煤层走向再划分为若干块段按一定顺序开采,每一块段具有独立的生产系统(即采区),采区式准备是我国目前常用的准备方式;分段式准备是在阶段内整段开采,一般只适用于走向尺寸较小、构造简单的井田,在我国很少应用;倾角在12°以下的煤层,可以采用在水平大巷两侧直接布置工作面的带区式准备,带区式准备有相邻两分带

组成一个采准系统的带区和多个分带组成一个采准系统的带区两种准备方式。

在近水平(倾角小于8°)煤层中,由于井田内标高差别小,煤层没有明显的走向,很难再划分为阶段,通常将井田直接划分为盘区或带区。盘区内准备可有上(下)山盘区与石门盘区等不同准备方式。井田直接划分为带区式准备方式,与阶段内带区式准备方式基本相同。

综上所述,根据我国实际应用情况,准备方式基本上可归纳为采区式、盘区式及带区式3种。

**二、按开采方式确定准备方式——上(下)开采区与上(下)山盘区准备**

当煤层倾角较小(一般小于16°)时,可利用开采水平大巷分别开采上下两个阶段,布置在开采水平以上的采区称之为上山采区,反之称之为下山采区;当煤层倾角较大时,一般只采用上山采区准备方式。

在近水平煤层,由布置在井田中部的大巷向其两侧布置盘区或带区式准备时,也可按煤层倾斜趋向分为上山盘区(或带区)、下山盘区(或带区)准备。上(下)山盘区与上(下)山采区准备方式基本相同。煤层倾角很小时,可以将盘区运输上山改为盘区运输石门,机车直接进入盘区石门进行装车,这种石门盘区准备方式简化了运煤生产系统。

**三、按区内巷道布置确定准备方式——单翼采区、双翼采区与跨多上山采区准备**

当受自然条件(如断层)及开采条件(如必需的保留煤柱)影响,采区的走向长度较短时,可采用将上(下)山布置在采区一侧边界的单翼采区准备方式。双翼采区准备是将上(下)山布置在采区中部,为采区的两翼服务,相对减少了上(下)山及车场的掘进工作量。跨多上山采区准备是沿煤层走向每隔一段距离(一台带式输送机长度)，在煤层底板岩层中布置一组上山，采煤工作面跨几组上山连续推进，相当于由多个单翼采区组成的准备方式，一般应用于地质构造较简单、采用综采或综放工艺开采的条件下，以减少工作面搬迁次数。

同样，盘区准备时也有单翼、双翼与跨多石门盘区准备之分。

**四、按煤层开采联系确定准备方式——单层布置准备与联合布置准备**

单层布置准备即在各开采煤层中均单独布置准备巷道，形成各自独立的生产系统。联合布置准备是在几个开采煤层中布置一组共用的集中准备巷道，如共用集中上山或集中平巷等。

## 第二节　单一薄及中厚煤层走向长壁采煤法采煤系统

单一指的是一次将整层煤采完，即整层开采。该采煤法主要用于近水平、缓倾斜和中倾斜薄及中厚煤层。20世纪80年代以来，由于采用了新型的综采设备，我国大多数煤矿对3.5~5.0m厚的近水平和缓倾斜煤层成功地实现了一次采全厚开采。单一煤层采区巷道布置图如图4-1所示

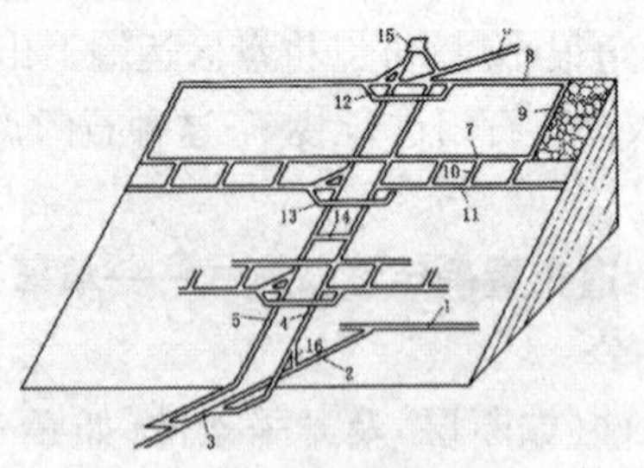

1.运输大巷；2.采区运输石门；3.采区下部车场；4.采区运输上山；5.采区轨道上山；6.采区回风石门；7.工作面运输巷；8.工作面回风巷；9.采煤工作面；10.联络巷；11.下区段工作面平巷；12.采区上部车场；13.采区中部车场；14.采区变电所；15.绞车房；16.采区煤仓

图4-1　单一薄及中厚煤层采区巷道布置图

## 一、概述

1.巷道掘进顺序

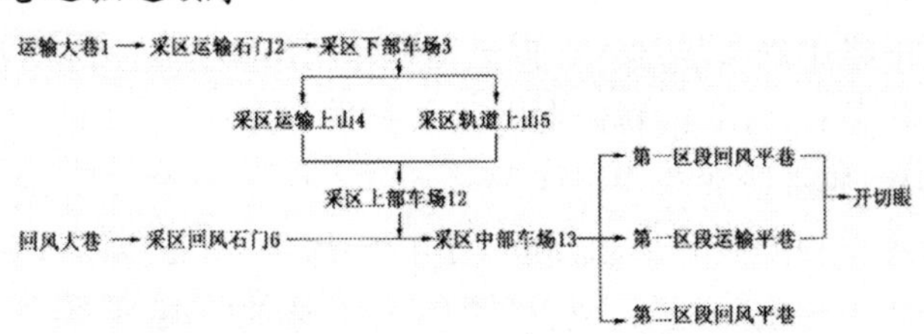


在掘进上述巷道的同时,还需开掘采区变电所、绞车房、采区煤仓等巷道。

待上述巷道和硐室全部掘完并检查其规格质量合格后,即可安装各种机电设备,形成完整的采区生产系统,采区第一个工作面即投入生产。

随着第一区段的采煤,应及时掘出第二区段的中部车场、第二区段运输平巷、第三区段回风平巷及第二区段开切眼,准备出第二区段的采煤工作面,以保证在上区段工作面采完之后及时接替生产。同样,在第二区段生产期间,准备出第三区段的中部车场和回采巷道。这种从上到下依次开采各区段的开采顺序,称作区段下行式开采顺序。

2.生产系统

(1)运煤系统

在运输平巷内多铺设带式输送机运煤。根据倾角不同,运输上山内可选用带式输送机、刮板输送机或自溜运输方式。

运到工作面下端的煤,经运输巷和运输上山到采区煤仓上口,由采区运输石门来的空矿车在采区煤仓下口装车,而后整列车驶向井底车场。采区石门中也可以铺设带式输送机运煤,与大巷带式输送机搭接。

(2)运料排矸系统

第一区段内采煤工作面所需的材料和设备由采区运输石门进

入下部车场,经轨道上山内绞车牵引到上部车场,然后经回风平巷送至两翼工作面。区段运输平巷和下区段回风平巷所需的物料自轨道上山经中部车场运入。掘进巷道时所出的煤和矸石一般利用矿车从各平巷运出,经轨道上山运至下部车场。

(3)通风系统

为排出和冲淡采煤和掘进工作面的煤尘、岩尘、烟雾以及由煤层和岩层中涌出的瓦斯,改善采掘工作面作业环境,必须源源不断地为采掘工作面和一些硐室供应新鲜风流。在采区上山没有与回风石门掘通之前,上山掘进通风只能靠局部通风机。

①采煤工作面。新鲜风流从采区运输石门进入,经下部车场、轨道上山、中部车场,分两翼经下区段的回风平巷、联络巷、运输平巷到达工作面。工作面出来的污风进入回风平巷,右翼直接进入采区回风石门,左翼经车场绕道进人采区回风石门。

②掘进工作面。新鲜风流从轨道上山经中部车场分两翼送至平巷,经平巷内的局部通风机通过风筒压入掘进工作面,污风流通过联络巷进入运输平巷,经运输上山排入采区回风石门。

③硐室。采区绞车房和变电所需要的新鲜风流由轨道上山直接供给,绞车房和变电所内的污风经调节风窗分别进入采区回风石门和运输上山。煤仓不通风,底部必须有余煤,煤仓上口直接由采区运输石门通过联络巷中的调节风窗供风。

(4)动力供应系统

高压电缆经采区运输石门、下部车场、运输上山至采区变电所,经降压后分别引向采掘工作面的配电点、绞车房和运输上山输送机等用电地点。掘进采区车场、硐室等岩石工程所需的压气由专用管道送至采区用气和用水地点。

(5)供水系统

掘进采区车场、硐室等岩石工程所需的喷雾降尘用水,工作面平巷以及上山输送机装载点所需的喷雾降尘用水由专用管道送至采区用气和用水地点。

**二、采区参数的确定**

1.采区走向长度

确定采区走向长度，需要考虑地质、开采、生产技术条件和经济因素。

煤矿地质构造对采区走向长度的划分影响很大，常以较大的地质构造作为采区边界。确定采区走向长度时，还要综合考虑煤层自然发火、瓦斯、水文地质等因素。

生产技术上的因素，主要考虑区段巷道的运输、掘进和供电问题。当区段平巷或集中巷采用带式输送机运煤时，一台输送机铺设长度可达500~1000m，所以采区一翼长度可达500~1000m，双翼采区的走向长度可达1000~2000m。条件优越的矿井，采区的走向长度可达3000~6000m。

区段平巷采用单巷掘进时，受掘进通风的影响，采区一翼长度不宜超过1000m。采区供电是影响采区走向长度的又一个因素，采区走向长度太大，将使供电距离增加。采用660V供电系统时，采区一翼供电距离可达700~1000m。如果供电距离超过1000m，必须采取升高电压的措施或采用移动变电站供电系统。

合理的采区走向长度，不仅要求在技术上切实可行，而且应在经济上合理，使吨煤费用降低。

考虑到我国各地煤矿的地质、煤层、开采技术、装备等条件，差异十分巨大这一实际情况，参考的采区走向长度取值如下：缓斜煤层双翼采区，走向长度一般不小于800~1000m；地质构造简单、煤层稳定的普采、炮采双翼采区，走向长度一般为1000~1200m，综采采区走向长一般为1600~2000m，甚至达2000m以上；条件优越的矿井，采区走向长度可达3000~6000m；当采用跨上山开采时，其走向长度一般为1000~1200m；对于顶板破碎、巷道维护困难、地质构造复杂或自然发火期短的煤层，以及机械化装备水平低的小型矿井,采区走向长度应适当缩短。

2. 采区区段数目及划分

在矿井开拓、确定开采水平垂高时已经考虑采区斜长,所以采区斜长基本上是个定值。划分区段时,应沿采区斜长划分整数个区段,并力求采区内各工作面都处于合理长度范围内。采用走向长壁采煤法开采时,区段斜长等于工作面长度加区段平巷和区段煤柱的宽度。工作面长度应有合理的范围。我国目前对于不同的采煤工艺,区段斜长的要求见表4-1。

表4-1 采煤工作面区段斜长要求 (单位:m)

| 采煤工艺 | 工作面长度 | 煤柱宽度 | 平巷宽度 |
| --- | --- | --- | --- |
| 炮采工艺 | 80~150 | 8~15 | 2.5~3.0 |
| 普采工艺 | >120(薄煤层)>140(中厚煤层) | 8~15 | 2.5~3.0 |
| 综采工艺 | >160 | 8~15 | 4.0~4.5 |

3. 采区生产能力

采区生产能力是指采区在单位时间内,同时生产的采煤工作面和掘进工作面的产量总和,是采区准备方式中的重要参数。它不仅对准备巷道布置有较大影响,而且是采煤方法、生产系统等技术、经济合理性的集中反映,同时也直接关系到矿井的生产、技术水平。

在确定采区生产能力时,要根据具体条件,综合考虑诸多因素,如煤层数目、厚度、倾角、地质构造、瓦斯涌出量、采区尺寸、巷道布置方式、机械化程度等,然后合理统筹采区产量。

采用综合机械化采煤时,采区生产能力一般为0.8~1Mt/a;采用大功率综采设备时,采区生产能力可达2Mt/a;采用普采采煤时,采区生产能力一般为0.45~0.6Mt/a;采用爆破采煤时,采区生产能力一般为0.3~0.45Mt/a。条件优越的矿井,采区设计生产能力有很大提高。例如,神华万利布尔台煤矿2-2煤层采煤工作面,平均煤厚

1.2m，最大采高2.2m，盘区生产能力2.31Mt/a；3-1煤层采煤工作面平均煤厚3.0m，最大采高3.6m，盘区生产能力6.95Mt/a；5-1煤层采煤工作面平均煤厚5.9m，最大采高6.0m，盘区生产能力11.58Mt/a。

## 三、采区上山的运输方式

1.煤炭运输

开采缓斜及倾斜煤层的矿井，其上（下）山的运输设备应根据采区运输量、上（下）山角度和运输设备的性能，选用带式输送机、刮板输送机、自溜运输、绞车或无极绳运输。

一般情况下，带式输送机用于上山倾角在15°（下山17°）以下，运输能力视设备而定，小时运输能力为350~800t。条件优越的矿井，常铺设大型带式输送机，小时运输能力可达2200t。

当上山倾角在15°~25°时，可以铺设刮板输送机运煤。

自溜运输设备简单，运输费用低，生产能力较大，适用于上山倾角大于30°的情况。当自溜运输采用铁溜槽、铸石溜槽或混凝土溜槽铁板衬底时，采区上山的倾斜角度以30°~35°为宜；采用搪瓷溜槽时，倾角不宜小于30°。

绞车串车或无极绳牵引的矿车运输方式，仅适用于工作面煤炭产量低、采区生产能力小、煤层倾角不大的采区。

2.辅助运输

采区辅助运输应与矿井辅助运输统一考虑。一般情况下，当辅助运输上山角度小于或等于6°时，可采用无轨胶轮车运输；辅助运输上山角度大于6°时，可采用绞车串车运输，也可根据情况，采用无极绳、齿轨车、卡轨车运输。

## 四、区段平巷的布置

单一煤层采区巷道布置。采煤工作面的运输平巷和回风平巷必须布置在煤层中，与工作面上下出口相连，断面要符合运输、通风、行人和安全等要求。运输平巷一般布置在工作面下端，主要用于运煤和引入新风，简称为机巷。根据工作面的采煤方法不同，应安设不同的运输设备。

在产量较小的炮采、普采工作面,可以安设多台刮板输送机串联运输,一台刮板输送机长度一般为100~150m;在产量较大的普采工作面,为适应工作面推进过程中缩减输送机长度的需要,在靠近工作面的一段设置一台刮板输送机,刮板输送机后铺设带式输送机;产量大的普采工作面也可以采用转载机和可伸缩带式输送机运输;在综合机械化采煤工作面,为适应产量大和工作面快速推进的需要,均设置有转载机和可伸缩带式输送机;为适应底板起伏不平,可铺设吊挂式带式输送机。

与工作面上端直接相连的回采巷道一般铺设轨道,采用矿车运送设备和材料,并用于工作面生产期间排放污浊风流,称为回风平巷或轨道平巷。

1. 区段平巷的坡度和方向

区段的回风巷、运输巷,这些巷道虽称为平巷,实际上并不是绝对水平的。在实际工作中为了便于排水和有利于矿车运输,它们都是按照一定坡度(0.5%~1.0%)布置和掘进的。但由于坡度很小,所以除在巷道施工方面需加以注明外,一般在进行巷道系统的布置和分析时,都以水平巷道对待。

区段平巷掘进时,用中线控制巷道的延伸方向,用腰线控制巷道的坡度。按中线掘出的巷道相当于铅垂面与煤层层面相交后的交线,按腰线掘出的巷道相当于水平面与煤层层面相交后的交线。如图4-2所示,当煤层走向不变时,按中线或腰线掘出的巷道是一致的。在煤层走向发生变化时,按中线或腰线掘出的巷道相差较大。前者在煤层底板等高线图上是直线,方向不变,但高低不平;后者随煤层底板等高线延伸的方向变化而变化,但坡度是一定的。

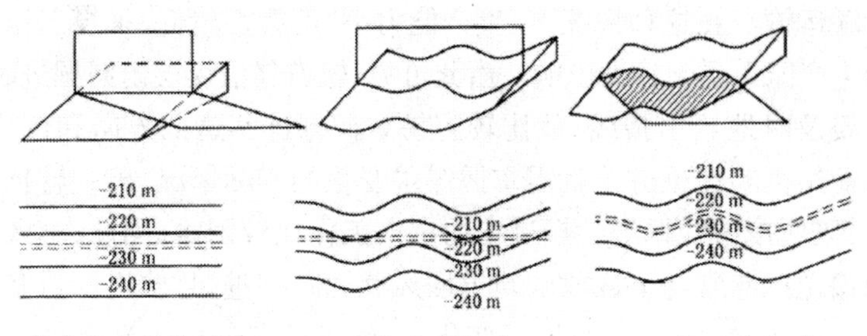


a.按中线或腰线掘进　　b.按中线掘进　　c.按腰线掘进

图4-2　回采巷道按中线或腰线掘进

(1)炮采、普采工作面区段平巷

在区段回风巷内铺设轨道用矿车运输时,要求巷道基本水平,只保持一定流水坡度,允许巷道有一定弯曲;运输巷中铺设输送机时,对于巷道坡度变化可有一定适应性,但要求巷道必须直,即使采用可弯曲刮板输送机也要尽量保持直线铺设,才能很好地发挥其效能。如果煤层沿走向的起伏变化小,上述不同运输设备对巷道布置的要求则比较容易满足。但是实际上煤层沿走向几百米的范围内,常常有起伏变化。为此,必须根据煤层底板等高线的变化布置和开掘区段平巷。

如图4-3所示,在煤层底板等高线上从A点掘区段平巷到D点,如果按腰线掘进平巷,沿煤层就成为与底板等高线同样弯曲的巷道,这时可铺设轨道使用矿车运输,而不适宜铺设输送机。为了适应输送机取直的需要,如果从D点按中线掘进巷道,即如图4-3b中虚线所示,这时巷道的起伏变化将会很大,有的地方甚至高出1.0m或低于1.2m,并且在垂直面上呈弯曲状,则不完全适于输送机的运转。所以,在实际生产中,常选取几个主要的转折点,同时考虑每台输送机有适当的长度,取折线布置,如图4-3c中点画线所示。这就是在现场巷道实测平面图上经常见到的区段回风巷呈弯曲状、区段运输巷呈折线形状,如图4-4a所示。对于走向变化较大的区段运输巷,铺设带式输送机有困难,只得采用多台刮板输送机串联运输。在这种情况下，生产能力小，可靠性较低，采煤工作面的生产能力受到较大影响。由此可见，轨道巷沿煤层走向掘进时，只要及时地给出腰线，就比较容易掌握掘进巷道的方向和位置。而输送机巷在掘进前就需掌握煤层变化的实际情况，确定转折地点，以便按中线掘进。掘进中的定向工作比较困难，因此，上区段的输送机巷常与下区段的轨道回风巷同时掘进，且轨道回风巷超前一段距离，用以探明煤层变化，为输送机巷定向创造条件。同时，输送机巷低洼处的积水，可通过联络巷由区段轨道巷排。

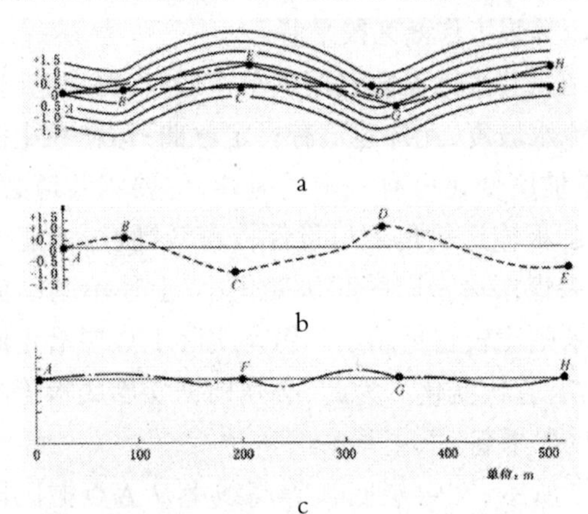


a

b

c

图4-3　区段平巷坡度变化示意图

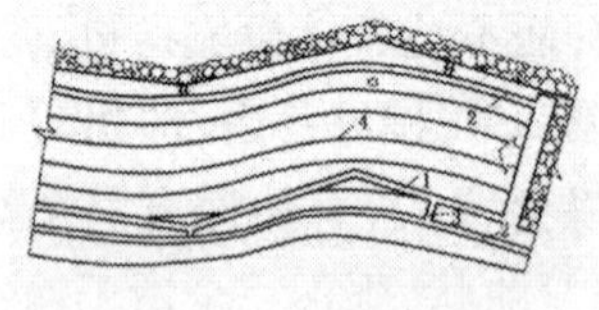

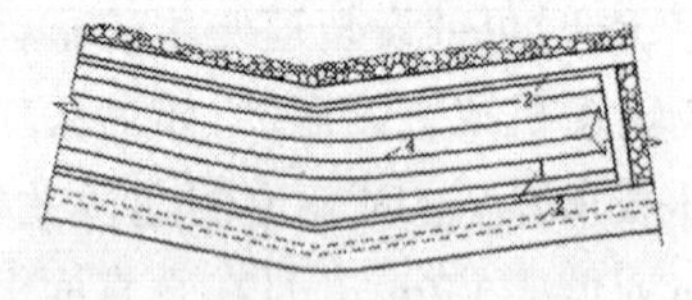

a.炮采、普采工作面　　b.综采工作面

1.区段运输平巷；2.区段回风平巷；3.联络巷；4.煤层底板等高线

图4-4　区段平巷的坡度及方向

对于炮采和普采工作面，工作面没有必须等长布置的要求，因此可以方便地通过增添或减少支架来适应工作面的长度变化。考虑运输设备，采用输送机运煤的运输平巷必须按中线掘进，或必须分段按中线掘进，为发挥带式输送机运煤的优势，也应使分段尽可能地长。对于轨道平巷，在坡度和方向上有两种选择：一是按腰线掘进，保持巷道坡度，这有利于排水和轨道矿车运输，但工作面不等长；二是按中线掘进，或分段按中线掘进，与运输平巷平行布置，使工作面等长，这与综采工作面巷道布置相同，有利于减少巷道掘进长度和煤柱损失，但巷道高低不平，要通过小水泵排水，且巷道中要设置多台绞车，目前，这种布置方式应用较多。

(2)综采工作面区段平巷

在运输巷内，为适应产量大的需要均设置了转载机和带式输送机，同时为减少增减支架的麻烦，要求工作面长度等长，因此对区段上下两平巷均应力求做到直线且互相平行布区段平巷采用直线或局部折线布置时，需注意采取措施解决巷道内局部地段的积水问题。必要时需设置专门小水泵排水。

在实际生产中，由于煤层倾角变化，综采工作面变长后要增添单体液压支柱支护，工作变短后可以将工作面调成伪倾斜或在巷道中扩帮。而在两巷布置时，应力求做到上下两平巷均保持直线，且互相平行布置，如图4-4b所示。

2.区段平巷的单巷布置、双巷布置和多巷布置

(1)单巷布置

单巷布置是指一条区段平巷单独掘进成巷的布置方式。

区段平巷单巷布置与掘进可以使下区段的回风平巷避免受上区段工作面开采期间的影响，缩短维护时间。巷道较长时，掘进通风比双巷布置困难，且不利于区段间工作面的接替，同时需要增大巷道断面，以满足生产需要。

在加强掘进通风管理、采用减少风筒漏风等措施后，单巷掘进长度一般可达1000m以上，根据下区段回风平巷与上区段工作面采空区之间的距离，下区段工作面回风平巷单巷布置与掘进可分为留煤柱护巷和沿空掘巷。

①留煤柱护巷。区段平巷单巷布置与掘进,同样也存在降低或避开侧向固定支承力对下区段工作面回风平巷影响的问题。通常,留煤柱护巷的区段煤柱宽度一般在8~20m留煤柱护巷增加了煤炭损失,受侧向固定支承压力影响,回风平巷维护仍比较困难,特别是在深矿井中,区段平巷单巷布置与掘进多用沿空掘巷。

②沿空掘巷就是沿着已采工作面的采空区边缘掘进区段平巷。这种方法利用采空区边缘压力较小的特点,沿着上覆岩层已垮落稳定的采空区边缘进行掘进,有利于区段平拐在掘进和生产期间的维护。它多用于开采缓斜、倾斜、厚度较大的中厚煤层或厚煤层。

沿空掘巷虽然没有减少区段平巷的数目,但是不留或少留煤柱,可减少煤炭损失,减少区段平巷之间的联络巷道,特别是可减少巷道维修工程量,对巷道支护要求也不太严格,易于推广。

在采用沿空掘巷时,需要根据煤层和顶板条件,通过观测和试验确定沿空巷道的位置和掘进与回采的间隔时间,在布置和掘进巷道时还需要采取一些措施。

沿空掘巷时的区段平巷布置与回采顺序有关,沿空掘巷时采煤工作面接替有两种方式:区段跳采接替和区段依次接替。

区段跳采接替时,工作面的回采顺序如图4-5a所示。由于在采空区上覆岩层尚未垮落稳定之前不能进行沿空掘巷,因此工作面接替要采用跳采方式。图中区段2在回采,区段4正在煤体中掘进上下两平巷,区段1、3、5将采用沿空掘巷,其回采顺序为1—3—5,采区内仅有一个采煤工作面生产时,有时也可在采区左、右翼进行跳采。与区段依次回采相比,跳采方式巷道掘进工程量少,在采区内区段数目较多时布置较方便,故采用较普遍。跳采方式的主要缺点是生产系统分散,相邻区段采空后回采中间区段时,出现“孤岛”现象,矿山压力显现强烈,在深部煤层开采时易出现冲击地压。

区段依次接替时,工作面的回采顺序如图4-5b所示。区段平巷采用双巷布置,为使下区段轨道平巷避开较大支承压力的影响,要留设区段煤柱。由于区段煤柱最终要回收,为便于巷道维护,煤柱尺寸可以较大(25~30m)。下区段工作面回采时,在区段煤柱上部超前采煤工作面沿采空区掘巷,并隔一定距离通过联络巷与区段轨道巷相通。沿空掘进的巷道主要用于工作面通风,运料仍利用原轨道巷,在轨道巷靠近工作面处设风帘挡风。这种方式主要适用于采区内区段数较少或由于矿山压力较大等原因不宜进行跳采的情况。其主要缺点是增加了平巷及联络巷的掘进工程量。

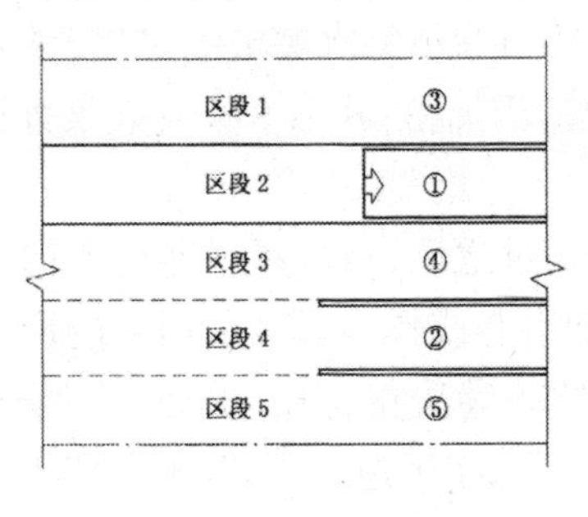


a.采区内多工作面生产,
区段跳采接替

b.采区内一个工作面生产,
区段依次接替

图4-5　沿空掘巷采煤工作面接替

按具体的巷道位置,沿空掘巷有完全沿空掘巷和留窄小煤柱沿空掘巷两种,如图4-6所示。沿空巷道位置的确定,主要考虑便于掘进施工等因素。当沿空掘进巷道受采空区矸石窜入的影响比较严重、掘进施工困难时,可采用留2~3m窄小煤柱的布置方法。一般情况下,以完全沿空掘巷为宜。

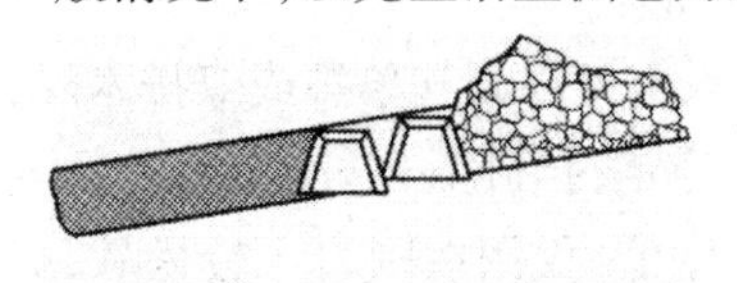

a.完全沿空掘巷

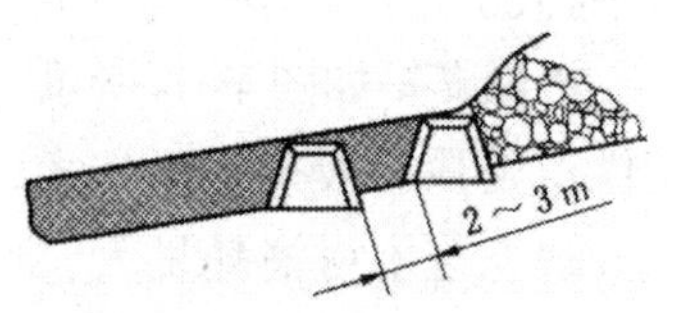


b.留窄小煤柱的沿空掘巷

图4-6　沿空掘巷的巷道布置图

沿空巷道必须在采空区顶板岩石活动稳定后开始掘进,否则受移动支承压力的剧烈影响,巷道掘进时就需要维修,甚至难以维护。因此,掌握好掘进滞后于回采的间隔时间是十分重要的。一般情况下,这一间隔时间通常为4~6个月,个别情况下要求8~10个月。坚硬顶板比软顶板需要的间隔时间长。

沿采空区掘进巷道要比沿煤层掘进巷道施工困难,需要采取一些措施防止采空区矸石窜入巷道和防止冒顶事故。具体措施如下:a.尽量减少掘进时的空顶面积,爆破前支架跟到掘进工作面顶头,爆破后及时打上临时支柱;b.适当缩小每次爆破的进度,并减少炮眼个数和装药量;c.巷道支架适当加密,并用木板或荆条等材料刹好顶帮。

沿空留巷就是在采煤工作面采过之后,将区段平巷用专门的支护材料进行维护,作为下区段的平巷或作为本区段回采的回风巷(Y形通风)。这种方法与留煤柱护巷法相比较,少掘了一条巷道,减少了煤柱损失。而且巷道处于采空区边缘,避开了固定支承压力的影响,巷道维护条件好。但是巷道要承受上下工作面开采时的两次采动影响。

沿空留巷的巷旁支护方法主要考虑以下几个方面:

a.巷道支架要有足够的支护强度和适当的可缩量;

b.采煤工作面与巷道连接的端头处要加强支护;

c.巷道靠采空区一侧采取适宜的支护方法。

巷旁支护的种类很多,应用较广的主要是木垛、密集支柱、矸石带、人工砌块和刚性充填带等支护形式。

木垛支护如图4-7a所示,在靠采空区一侧支单排或双排木垛,其优点是顶底板接触面积大,比较稳定,挡矸效果好,架设方便灵活。缺点是木材消耗量大,支护刚度低,仅用在围岩比较松软、煤层倾角较大的条件下。

密集支柱支护如图4-7b所示,在巷道靠采空区一侧支两排密集支柱，特点是架设方便，支护强度和刚度高，对采高适应性好，一般用于顶底板较坚硬的中厚煤层中。

矸石带巷旁支护如图4-7c所示，是一种经济型支护类型，但因为该方法不能及时有效支撑顶板，容易造成顶板过量下沉导致巷道不利于回采工作，一般适合于顶板比较稳定的中厚煤层和厚煤层中。

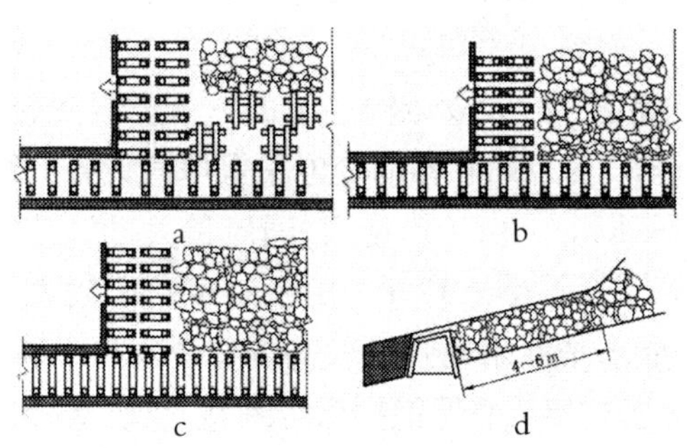


图4-7　巷道支护的几种类型

人工砌块是用料石、混凝土预制块、轻质砌块等材料代替矸石的支护类型，能够基本形成一道隔离采空区的密闭墙体。但该方法还是不能解决墙体与顶板的接顶问题，往往会造成顶板过量离层，使得支护效果不佳。

刚性充填带是采用水力或风力将遇水凝固的硬石膏和碎矸石等充填到巷旁，具有较好的性能和护巷效果，有利于机械化作业。但该支护方法一般使用材料强度低，用量大且不能有效控制直接顶的离层和及时切断直接顶，不利于保持巷道的稳定性。

为了解决上述支护问题，提出了现浇混凝土墙和封闭注浆砌筑等方法，目前主要有采用大型自移式沿空留巷充填支架、桶柱方式巷帮支护法、膏体混凝土、柔模支护技术等。

为减少沿空留巷的维护时间，在开采顺序上要求上区段采煤结束后应立即转入下区段进行回采。沿空留巷适用于厚度在2~3m以下的薄及中厚煤层，煤层顶板为易冒落或中等冒落，底板不发生产重底鼓的条件下。

④综采工作面单巷布置特点。综采工作面采用重型大功率的设备,工作面推进速度快。为缓解采掘衔接矛盾,利于平巷维护,减少平巷煤柱损失,可采用锚网支护技术和强力对旋式通风机通风,有效地解决了前述问题,区段平巷多采用单巷布置。在此情况下巷内的综采设备可集中布置在运输平巷中或分别布置在上下两条巷道中。

采用单巷布置时,区段运输巷中的一侧需设置转载机和带式输送机,另一侧设置泵站和移动变电站等电气设备,故巷道断面较大,一般达12m²以上。由于产量大、通风量大,区段回风巷断面基本与运输巷相同或不小于12m²。由于巷道断面较大,不利于巷道掘进和维护,要求平巷采用强度较高的支护材料。根据围岩条件可采用梯形金属支架或U形钢拱形可缩性支架,条件适宜时,也可采用锚杆支护。

在低瓦斯矿井,煤层倾角小于10°、允许采用下行风的条件下,也可采用将配电点及变电站布置在区段上部平巷中,这种布置方法又称为分巷布置法。区段上部平巷进风,区段运输巷回风。但是,应注意对瓦斯和煤尘的管理工作,以保证安全生产。

⑤高产高效综采工作面单巷加中切眼布置。采煤工作面的推进长度较大时,采用单巷掘进存在许多技术上的困难,其中掘进工作面的通风是制约单巷掘进长度的主要因素,尤其是在高瓦斯条件下,单巷掘进的长度受通风制约的现象更为明显。

如图4-8所示,中切眼是高产高效综采工作面沿推进方向中部开掘的,连通运输平巷、凹风平巷且与开切眼长度相近的联络巷。其位置要根据工作面连续推进长度及设备性能确定,要避开应力集中区,选择围岩稳定、无淋水的地段,并要与区段平巷有85°左右的交角。

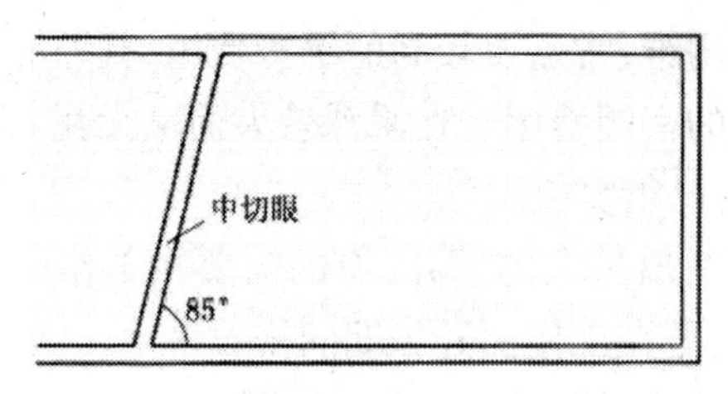


图4-8　综采工作面单巷加中切眼布置图

布置中切眼可以解决长距离单巷掘进的通风问题,利用中切眼可以缩短供风距离,减少风筒占用量,降低风阻,提高通风效率,还能加快巷道掘进速度。回风平巷掘进出煤可通过中切眼从机巷运出,而掘进所需材料又可由回风平巷运进,此外,还可将移动变电站放在中切眼附近,向综合掘进机进行高压供电;同时还增加了安全避灾通道。

(2)双巷布置

本区段的运输平巷与下区段的回风平巷同时掘进,两巷间一般留8~20m的区段煤柱,掘进期间下区段的回风平巷超前本区段的运输平巷。

采用双巷布置时,通常区段轨道平巷超前工作面运输平巷按腰线掘进,这既可探明煤位走向变化情况,又便于辅助运输及排水。同时在瓦斯含量较大、一翼走向长度较长的采区,采用双巷掘进有利于掘进通风及安全。在综合机械化采煤时,采用双巷布置还可将带式输送机和其他电气设备分别布置在两条巷道内。输送机平巷随采随弃,布置电气设备的平巷加以维护,作为下一区段的回风平巷。

采用双巷布置与掘进,上下区段工作面接替容易。生产期间工作面下方有两条通道与上山相连,通风、运料和行人均方便。由于留设了区段煤柱,双巷布置与掘进降低了采出率,本区段工作面开采对下区段回风平巷有一定影响,影响程度取决于采深、采高、煤柱宽度、煤层顶底板岩性。有些情况下虽有区段煤柱护巷,但巷道维护仍然较困难，常需要较高的维护费用，且增加了联络巷的掘进费用及相应的密闭费用。在采深较大而又无瓦斯抽放要求的条件下，双巷布置已很少使用。

对于瓦斯涌出量大的矿井，有的需要在工作面开采前预先抽放瓦斯，有的需要在工作面开采期间排放采空区的瓦斯，因此出现了增加瓦斯尾巷的区段平巷双巷布置图。

为了减少本区段工作面开采对下区段回风平巷的影响，改善巷道维护状况，有的矿井把区段煤柱加大到25~30m，甚至更大，所留的区段煤柱在下区段工作面生产期间用沿空掘巷的方法回收。这种布置方式的主要缺点是增加了一条平巷及联络巷的掘进工程量，工作面边生产边开掘巷道，存在采掘干扰，管理趋于复杂，已较少使用。

(3)多巷布置

在国内外一些采用连续采煤机掘进回采巷道的高产高效矿井中，为了充分发挥连续采煤机掘进巷道的优势，满足高产条件下通风安全要求，区段巷道采用了多巷布置，区段间留有煤柱，3条平巷和4条平巷布置。其掘进工艺和设备与房柱式盘区掘进相同。平巷均为矩形断面，宽度5.5~6.0m或4.5~5.5m，高度为煤层厚度，平巷之间的距离根据围岩条件和开采系统具体情况确定，一般为19~25m，平巷每隔31~55m以联络巷贯通。下侧平巷中，靠工作面的一条铺设带式输送机运煤，另一条作辅助运输兼进风，其余均进风和备用。上侧平巷一般作回风用。平巷数目依据工作面瓦斯涌出量及围岩条件而定，长壁工作面采后采用连续采煤机回收一部分煤柱。

3. 采煤工作面布置形式

采煤工作面布置有单工作面和双工作面两种形式。

单工作面布置形式就是在区段上部和下部各布置一条平巷，准备出一个采煤工作面。

双工作面也称作对拉工作面，就是利用3条区段平巷准备出两个采煤工作面。采煤过程中，中间的区段平巷铺设输送机作为区段运输平巷，上工作面煤炭向下运送到中间运输巷，下工作面煤炭向上运送到中间平巷，再集中由中间运输平巷运送到采区运输上山。上下两条平巷内铺设轨道，分别为两个工作面运送材料及设备。由于下工作面的煤炭是向上运输的，因此下工作面的长度应根据煤层倾角的大小及工作面输送机的能力而定。随着煤层倾角的增大，下工作面的长度应比上工作面的长度短一些。

上下工作面的通风方式主要有两种。一种是由中间运输平巷进风，分别清洗上下工作面之后，由上下区段轨道平巷回风，或者是从上下平巷进风，中间运输平巷回风。无论哪一种通风方式都存在一个工作面出现下行风的问题。这种通风方式只适用于煤层倾角不大的情况下。另一种是由下部区段轨道平巷及中间运输平巷进风，由上部轨道平巷集中回风的串联掺新风通风方式，这种方式存在上下区段工作面串联通风及上区段工作面风速可能超限的问题。双工作面通风方式，要根据煤层倾角和瓦斯涌出量情况，按有关规定选择合适的通风路线。

在采煤过程中，上下工作面之间一般要保持一定的错距，错距一般不超过5m，并在上下工作面与中间巷道交汇处用木垛加强支护，否则会造成靠采空区一侧的一段中间巷道维护困难。上下工作面的推进度应保持一致，上部工作面或下部工作面均可超前开采。当工作面有淋水时，一般采用下部工作面超前的方式。

双工作面的明显优点是可以减少区段平巷的掘进量和相应的维护量，提高采出率。两个工作面同采并共用一条运输平巷，可以减少设备，使生产集中，便于管理，提高效率，因而在实际生产中取得了良好效果。此形式一般是用于炮采、普采，煤层倾角小于15°，顶板中等稳定以上，瓦斯含量不大的条件下。

4.采煤工作面回采顺序

采煤工作面回采顺序有后退式、前进式、往复式及旋转式等几种。

工作面由采区边界向采区上山方向推进的回采顺序,称作后退式,如图4-9a所示。区段上下平巷和开切眼等回采巷道掘出并安装设备后,工作面才开始回采,采空区后方的区段平巷随工作面推进而报废垮落。后退式是最常用的一种回采顺序。

工作面由采区上山向采区边界方向推进回采,称前进式,如图4-9b所示。其区段平巷不需要预先掘出,只需在采空区留下上区段的运输平巷,以作为下区段的回风平巷。为保证工作面有通畅的生产系统,工作面采空区两侧必须留出两条区段平巷,即沿空留巷。前进式的优点是减少了掘进工作量,工作面准备时间短,采出率高。但巷道必须采取有效的支护措施和防止漏风措施。

往复式回采实质上是前进式和后退式的混合方式,如图4-9c所示。主要特点是一个区段采用后退式,另一个区段采用前进式,上区段工作面采煤结束后可直接搬迁到下区段工作面,缩短了设备搬运距离,节省搬迁时间。

旋转式回采是在上区段采煤工作面结束前,逐渐将工作面调斜,最后达到180。旋转状态直接推进到下一个区段工作面,实现工作面不搬迁而连续推进的回采顺序,如图4-9d所示。但旋转期间工作面调斜的顶板控制和采煤工艺比较复杂,旋转时的产量和效率低,边角煤损失较多。为提高综采设备的可靠性,必须加强设备维护,综采设备上井大修周期一般不超过两年,因此旋转式回采一般只宜旋转一次。

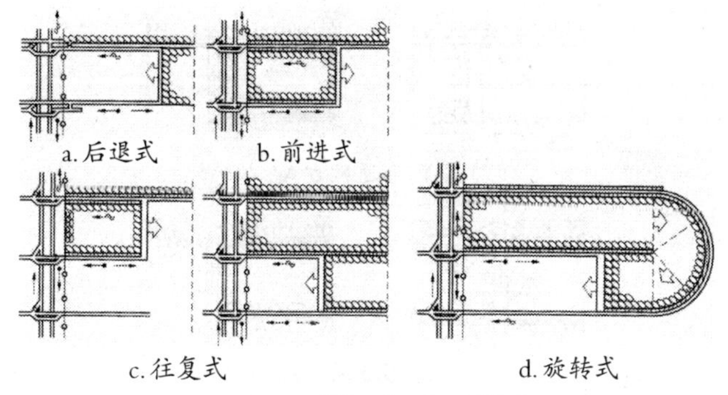


图4-9　采煤工作面回采顺序

5.工作面通风方式与巷道布置

工作面通风方式与回采巷道布置、通风能力和采面回采顺序密切相关。一般有U、Z、Y、H、W、U+L形几种，如图4-10所示。

（1）U形通风

新鲜风流由运输平巷进入工作面，清洗工作面后污风进入回风平巷排出，如图4-10a所示。但有部分风流由工作面下部漏入采空区，在工作面上部主要是上隅角附近流出，与工作面风流汇聚。漏采空遗煤自燃，造成矿井火灾；漏风携带采空区瓦斯汇聚工作面上隅角，使上隅角瓦斯超限。

（2）Z形通风

如图4-10b所示，由于进风流方向与回风流方向相同，也称为顺流通风方式。当采区有边界上山时，采用Z形通风方式配合沿空留巷可使区段通风路线长度稳定不变，漏风量小。

（3）Y形通风

如图4-10c所示，利用沿空留巷，形成两进一回的通风路线，适于瓦斯涌出量大、瓦斯经常超限的工作面采用，但要求采区设有边界上山。应用于综采工作面上下平巷，均可有新鲜风流，可保证工作面供风量，防止工作面上隅角瓦斯超限，并可将机电设备双巷布置，以减小巷道断面。

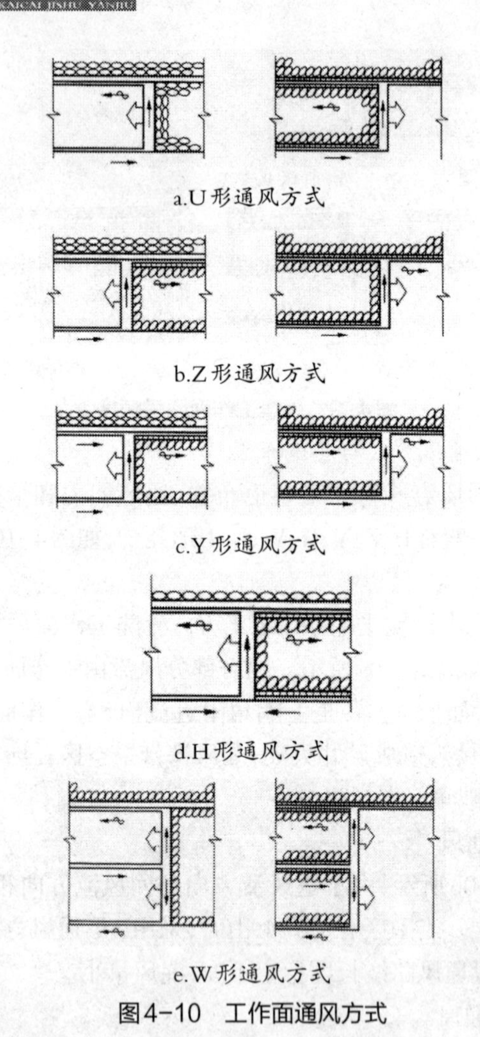

a.U形通风方式

b.Z形通风方式

c.Y形通风方式

d.H形通风方式

e.W形通风方式

图4-10　工作面通风方式

(4)H形通风

如图4-10d所示,工作面由一条平巷两端向工作面进风,清洗工作面后污物由另一条平巷两端排出。此通风方式,通风量大,有利于稀释瓦斯。但系统复杂,两平巷均要先掘后留,掘进维护工程量大,故较少采用。

(5)W形通风

如图4-10e所示，采用双工作面(对拉工作面)布置时，可采用上下平巷同时进风(或回风)，中间平巷回风(或进风)，目前采用较少。

6.受构造影响的区段平巷布置

地质构造(如断层、陷落柱、无煤带等)都会对区段平巷布置产生影响，这种条件下区段平巷布置应以不影响和少影响工作面正常开采为原则，并尽可能多回收资源。

当开采区内有断层时，为了减少断层的影响，利用断层切割的自然块段划分区段，如图4-11所示。区段平巷沿断层折线定向，分段取直，平行布置。有的开切眼沿断层布置，回采工作的初期进行扇形调向回采。折线布置使工作面伪斜向上或向下回采。这种布置既能增加综采工作面连续推进长度、减少综采搬迁次数、减少边角煤的损失、增加采区的可采储量，而且可以扩大综采的适用范围、提高技术经济效益，同时结合回采巷道布置，采用必要的探巷，可提前搞清采区内的地质情况，能为巷道的合理布置提供可靠依据，保证采区正常生产，为在复杂地质条件下使用综合机械化采煤创造条件。

当与区段内遇到陷落柱时，应根据陷落柱的分布范围合理布置区段平巷。若区段内局部有陷落柱，可采用绕过的方法，陷落柱

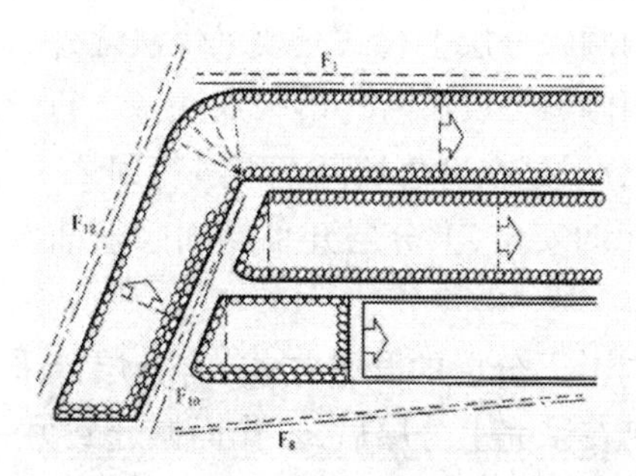

图4-11　受构造影响的区段平巷布置图

前方另开一短工作面开切眼，缩短工作面长度。沿陷落柱边缘重新掘进一段区段平巷，待工作面推过陷落柱后再将两个短工作面对接为一长工作面，如图4-12a和图4-12b所示。当区段内陷落柱范围较大时，则必须跳过陷落柱重新布置开切眼，如图4-12c所示。

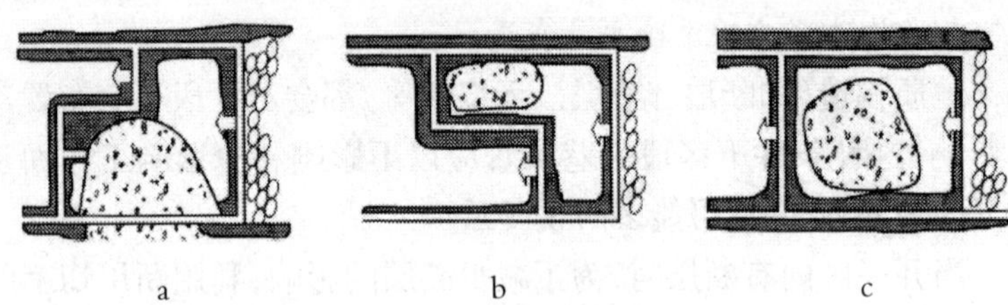


图4-12　工作面遇陷落时的巷道布置图

## 第三节　厚煤层倾斜分层走向长壁采煤法采煤系统

### 一、概述

缓斜和倾斜厚煤层，在一般技术条件下通常采用倾斜分层采煤法。所谓倾斜分层，就是将厚煤层沿倾斜分成几个平行于煤层层面的分层，在各分层分别布置采准巷道进行采煤。其分层厚度是按照煤层埋藏条件和开采技术的要求选取的。

分层开采顺序有下行式和上行式两种。下行式一般采用全部垮落法来控制顶板，上行式则采用充填法控制顶板。目前我国除了少数矿区采用倾斜分层上行式充填采煤法之外，绝大多数缓斜、倾斜厚煤层采用倾斜分层下行垮落采煤法。下行分层开采的第一分层回采后，下分层是在垮落的矸石下进行回采工作的，为保证下分层采煤工作面的安全，上分层开采期间必须铺设人工顶板或形成再生顶板。

同一区段内上下分层的开采方式，有分层分采和分层同采两种。分层分采是在采完上分层后，工作面搬迁到另一区段采煤，经过一段时间待顶板垮落基本稳定后，掘进下分层平巷再进行回采的方式。分层同采是在同一区段内上下分层之间保持一定错距的条件下同时进行采煤的方式。

## 二、采区巷道布置

### 1.分层分采

分层分采的各分层回采巷道布置与单一走向长壁工作面基本相同,即在采煤工作面上端布置回风平巷,下端布置运输平巷。分层分采的采区巷道布置如图4-13所示,将厚煤层分为3个分层,采区沿倾斜划分为3~5个区段。由于厚煤层中巷道维护较困难,所以运输大巷、回风大巷、采区运输上山、轨道上山均布置在煤层底板岩层中。回采巷道采用单巷布置,由上山附近开掘至采区边界,下区段各分层的回风平巷采用沿空掘巷方式。

各分层工作面运输平巷11、13通过区段运输石门和区段溜煤眼与采区运输上山相连,第一区段各分层工作面回风平巷12、14通过区段回风石门与回风大巷相连。

图4-13中留设了上山煤柱,两翼工作面推进至终采线后停采。也可以在采区一侧边界再布置一组上山或回采巷道,采用沿空留巷的方式,各分层工作面实现跨上山开采,采区一翼边界推进到另一翼边界。

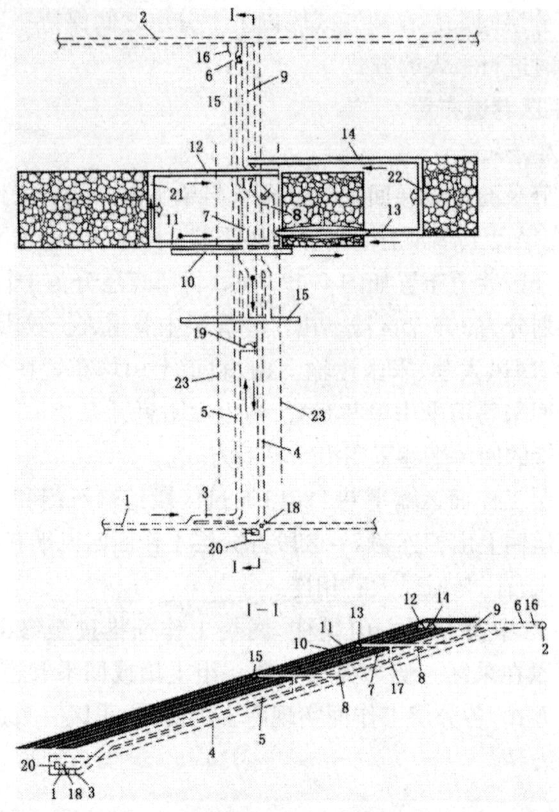


1. 运输大巷；2. 回风大巷；3. 采区下部车场；4. 采区运输上山；5. 采区轨道上山；6. 采区上部车场；7. 一区段进风石门；8. 区段运输石门；9. 第一区段回风石门；10. 二区段一分层回风平巷；11. 一区段一分层运输平巷；12. 二区段一分层回风平巷；13. 一区段二分层运输平巷；14. 一区段二分层回风单巷；15. 二区段一分层运输平巷；16. 采区绞车房；17. 区段溜煤眼；18. 采区煤仓；19. 一采区变电所；20. 行人斜巷；21. 分层工作面；22. 二分层工作面；23. 终采线

图4-13　倾斜分层走向长壁下行垮落采煤法分层分采巷道布置

第一区段底分层和第二区段顶分层同采期间生产系统如图4-14所示。

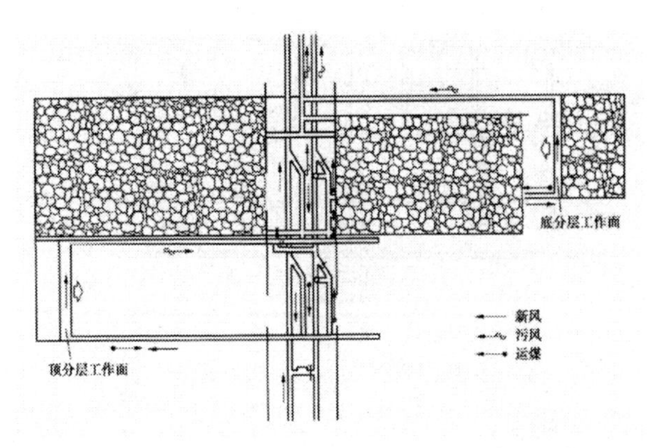


图4-14 倾斜分层走向长壁下行垮落采煤法上下区段同采时的生成系统

2.分层同采

倾斜分层走向长壁下行垮落采煤法分层同采时的巷道布置系统如图4-15所示,厚煤层分成3个分层,采区沿倾斜划分为3~5个区段。在煤层底板岩层中布置采区运输上山和轨道上山。由于上下分层同采,需在每一个区段布置各分层共用的区段运输集中平巷和区段轨道集中平巷,并通过联络石门、联络斜巷及溜煤眼与各分层平巷联系。各分层平巷通过最近的溜煤眼、联络巷超前于采煤工作面一定距离保持随采随掘,其超前距离要求始终有两个溜煤眼与分层平巷相通。分层平巷也称为分层超前平巷。

同一区段内上下分层同采时,上下分层工作面之间须保持一定的错距。错距的大小主要取决于上分层采后顶板垮落及其稳定情况。为减小下分层工作面承受的支承压力,保证安全生产,下分层工作面必须处在上分层采空区垮落稳定区域。通常下分层采煤工作面滞后时间不少于4个月。直接顶厚度较小而基本顶坚硬时,由于基本顶来压较强烈,上下分层工作面应有较大的错距。相反,若直接顶厚度较大且松软易落,基本顶又不十分坚硬时,可适当缩短错距和间隔时间。至于第二分层以下各分层工作面的错距,由于人工顶板为已松散的岩块易于稳定,上下错距也可适当缩短。

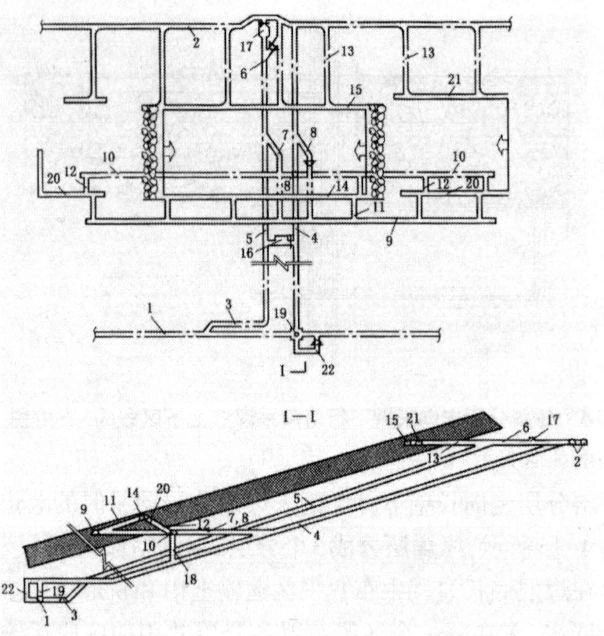


1.运输大巷;2.回风大巷;3.采区下部车场;4.采区运输上山;5.采区轨道上山;6.采区上部车场;7.甩车场;8.区段回风石门;9.区段轨道集中平巷;10.区段轨道集中平巷;11.一联络巷;12.溜煤眼;13.回风石门;14.上分层运输平巷;15.上分层回风平巷;16.采区变电所;17.绞车房;18.区段溜煤眼;19.采区煤仓;20.中分层运输平巷;21.中分层回风平巷;22.行人联络巷

图4-15　厚煤层倾斜分层走向长壁下行垮落采煤法分层同采巷道布置

## 三、区段集中平巷的布置

倾斜分层走向长壁下行垮落工作面的巷道布置系统,和单一走向长壁工作面基本相同,即在采煤工作面上端有回风平巷,下端有运输平巷。为了减少这些巷道的维护量(即减少巷道维护长度及缩短维护时间)和改善维护条件,并保证上下分层同采时有完善的生产系统,常需要布置区段集中平巷。区段集中巷是指为一个区段的几个煤层或几个分层服务的平巷。区段集中平巷包括区段轨道(回风)集中平巷及区段运输集中平巷。

区段集中平巷的布置方式一般有两种。

1.一煤一岩集中巷布置方式

这种布置方式如图4-15所示。区段轨道集中平巷9布置在煤层中，超前于区段运输集中平巷10掘进，可先探清煤层变化情况，为区段岩石运输集中平巷掘进定向。采完上区段后可作为下区段顶分层的回风平巷。区段运输集中平巷内，往往安装有运输能力较大的吊挂式带式输送机，为该区段所有的分层工作面服务。采完上区段后，及时拆除带式输送机并铺设轨道，作为下区段的回风集中平巷。

2."机轨合一"的集中巷布置方式

"机轨合一"的布置方式即是将区段轨道集中平巷及运输集中平巷合并为一条巷道，通常布置在底板岩层中。

**四、区段分层平巷的布置**

厚煤层倾斜分层开采时，各区段分层平巷的相互位置对于巷道的使用和维护状况影响较大。根据煤层倾角的大小和分层层数，各分层平巷的相互位置主要有以下2种基本布置形式。

1.水平式布置

各分层工作面运输平巷和回风平巷分别布置在同一标高上，区段煤柱呈平行四边形，如图4-16a所示。这种布置方式各分层之间用水平巷道联系，各分层工作面长度基本一致，避免出现下行污风，材料运输、行人和通风都比较方便，分层运输平巷处于上分层采空区之下，所受到的压力小，易于维护。但分层回风平巷正好处于区段煤柱之下，受到固定支承压力的作用，维护比较困难。在煤层倾角较小的情况下，各分层之间用水平巷道联系，掘进巷道长度较大，工程量大，区段煤柱较大。水平式布置一般适用于倾角大于20°~25°的煤层。

2.倾斜式布置

倾斜式布置分为内错式和外错式两种。

为了克服水平式布置带来的回风平巷维护困难的问题，可采用内错式布置。内错式布置就是使下分层工作面运输平巷和回风平巷置于上分层平巷的内侧，即处于上分层采空区下方，形成正梯形的区段煤柱。各分层平巷内错半个至一个巷道宽度，如图4-16b所示。内错式布置的下分层平巷处于上分层顶板垮落后形成的应力降低区，平巷容易维护，并且沿人工顶板掘进易于掌握巷道方向。但在分层数目较多的情况下，越往下面区段煤柱越大，而且各分层工作面运输和回风要用斜巷联系，掘进、行人均不方便。

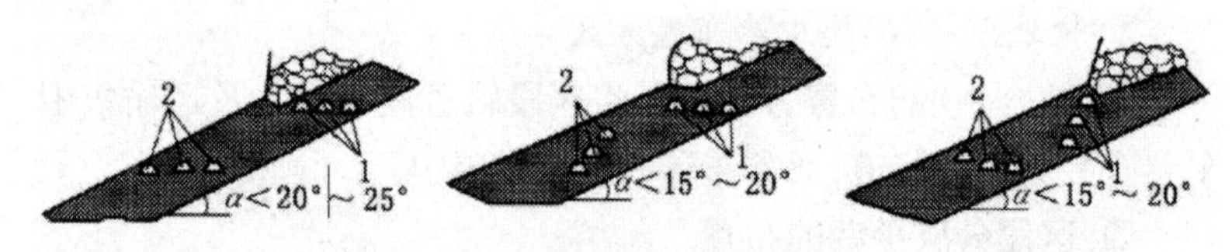


a. 水平式　　b. 倾斜内错式　　c. 倾斜外错式

1. 上区段的分层运输平巷；2. 下区段的分层回风平巷

图4-16分层平巷的基本布置方式

**五、分层平巷和区段集中平巷之间的联系方式**

分层平巷与区段集中平巷之间的联系方式，主要根据煤层倾角、层间距离、分层平巷的布置形式以及联络巷的用途和运输方式、掘进工程量的大小、采区巷道布置的合理性等因素来确定。一般有石门、斜巷和立眼3种基本方式。

当煤层倾角较大，分层工作面平巷为水平布置时，一般常采用石门联系，如图4-17所示。石门联系方式的优点是掘进施工、运料和行人比较方便。但当煤层倾角不大时，石门长度较长，掘进工程量大，而且石门用作运煤时不能实现煤炭重力运输，与立眼联系方式相比，石门中要铺设输送机，多占用设备。这种联系方式一般用于倾角大于15°~20°的煤层。

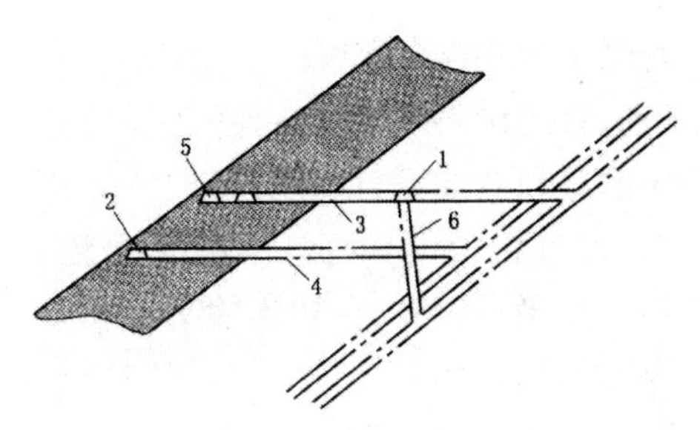


1. 运输集中平巷；2. 轨道集中平巷；3. 区段运输石门；4. 区段回风石门；5. 分层运输平巷；6. 溜煤眼

图4-17　石门联系方式

倾角较小(小于15°~20°)的缓斜厚煤层，为了减少掘进工程量和煤柱宽度，常采用斜巷联系方式，如图4-18所示。斜巷联系方式的优点是联络巷道工程量少，煤炭可以自溜下送，占用设备少。但掘进施工比较困难，辅助运输和行人不便。为便于排矸、运送材料设备和行人，斜巷坡度一般选用25°~30°，溜煤眼坡度为35°左右。

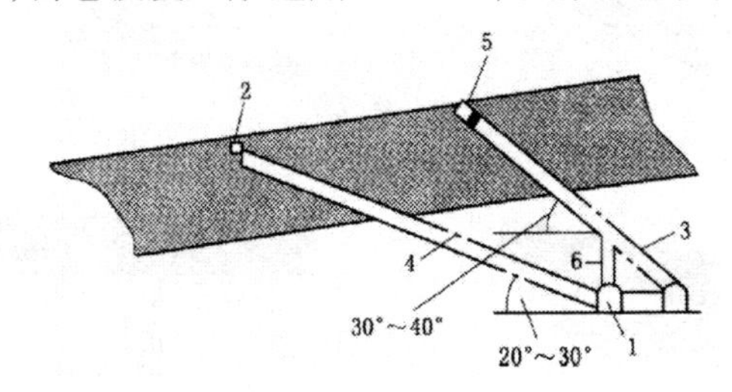


1. 运输集中平巷；2. 回风集中平巷；3. 溜煤斜巷；4. 运料斜巷；5. 分层运输平巷；6. 溜煤眼

图4-18　斜巷联系方式

当倾角很小或为近水平厚煤层，分层平巷采用垂直式布置时，分层平巷与集中平巷之间多采用立眼联系方式。其优点是煤炭可自溜，煤柱损失少。但立眼施工困难，为解决辅助运输，还要开掘运料、行人等斜巷。

在实际选择联络巷的形式时，往往要根据联络巷的用途、煤层倾角、地质条件、采区巷道布置的总体合理性等因素进行综合考虑,将上述的3种联系方式组合应用。

对煤层倾角适宜的缓斜厚煤层,可在分层运输平巷与运输集中平巷之间采用溜煤斜巷联系,而在分层回风平巷与集中平巷之间采用石门联系,如图4-19a所示。当煤层倾角较大、分层运输平巷和回风平巷均为水平布置时,分层运输平巷和集中平巷之间可采用石门与溜煤眼相结合的联系方式,分层回风平巷与集中平巷之间采用石门联系,如图4-19b所示。当煤层倾角较小、分层平巷均为倾斜式布置时,可采用倾斜溜煤眼重力运煤,采用石门和斜巷相结合的方式联系分层回风平巷与集中平巷,如图4-19c所示。当煤层倾角很小或为近水平厚煤层、分层平巷为垂直布置时,采用溜煤眼重力运煤,而运送材料、设备及行人采用斜巷联系,如图4-19d所示。斜巷的水平投影基本上与集中平巷相平行。

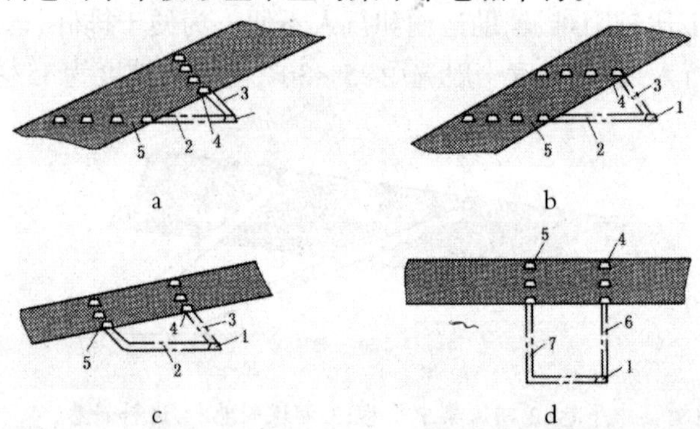


1.区段运输集中平巷;2.联络石门;3.运煤斜巷;4.分层运输平巷;
5.分层回风平巷;6.溜煤立眼;7.行人、通风、运料联络斜巷

图4-19　分层平巷与集中平巷的联系方式

## 第四节　煤层群走向长壁采煤法采煤系统

### 一、概述

煤层群开采时,根据各煤层的间距不同,采区准备方式可分为单层布置和联合布置两类。根据采区内煤层数目和层间距离不同,联合布置又可分为集中联合布置和分组集中联合布置。

影响单层布置、集中联合布置和分组集中联合布置选择的主要因素是煤层间距。在煤层间距较小、层间联系巷道的工作量不太大、采区生产能力较大的情况下,可以采用集中联合布置。单层布置同单一煤层采区巷道布置。

采区巷道联合布置的特点:生产集中,多煤层联合准备的采区可以布置较多的工作面同时生产;改善巷道维护条件,减少维护费用;改善运输条件,减少运输环节;提高采出率,减少煤炭损失;岩石巷道掘进工程量大;准备新采区时间长;巷道之间联系和通风系统复杂,要求煤炭企业具有较高的生产管理水平。

20世纪70年代以来,综采技术得到快速发展,单产迅速提高,矿井实现一矿一面或一矿两面高度集中化生产,采区又有单层布置的发展趋势。

煤层群及厚煤层分层开采采区巷道布置如图4-20所示。上煤层为中厚煤层,采用单一走向长壁采煤法,利用集中上山通过区段石门8、9、10在本煤层中布置区段平巷。下煤层为厚煤层,采用倾斜分层走向长壁下行垮落采煤法,利用运输集中平巷和联络斜巷同下煤层各分层平巷联系。两煤层共用一组上山,但不共用区段集中平巷。采区生产系统如下:

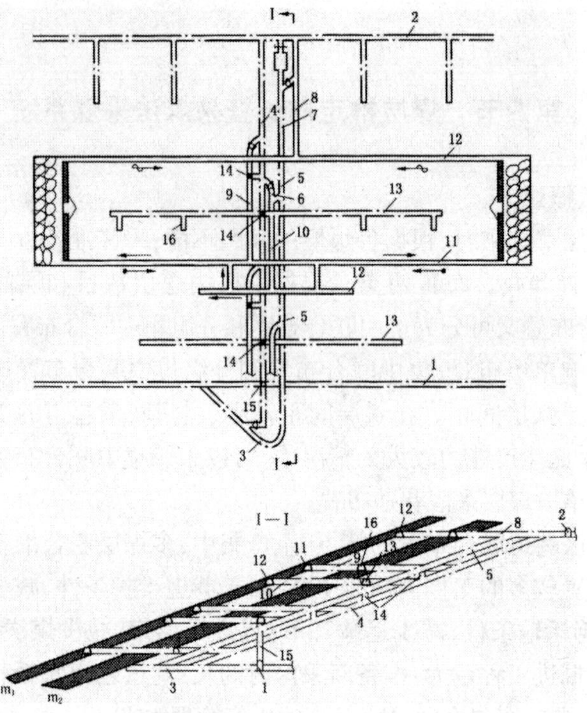


1. 运输大巷；2. 回风大巷；3. 采区下部车场；4. 采区运输上山；5. 采区轨道上山；6. 采区中部车场；7. 采区上部车场；8. 采区回风石门；9. 区段运输石门；10. 区段轨道石门；11. $m_1$区段运输平巷；12. $m_1$区段回风平巷；13. $m_2$区段运输集中平巷；14. 溜煤眼；15. 采区煤仓；16. 联络斜巷

图4-20　煤层群及厚煤层分层开采采区巷道布置

1. 运煤系统

上煤层工作面采出的煤经区段运输平巷—区段运输石门—溜煤眼—采区运输上山—采区煤仓—运输大巷—井底车场—主井—地面。

下煤层分层工作面采出的煤经分层超前运输平巷—联络斜巷—区段运输集中平巷—溜煤眼—采区运输上山—采区煤仓—运输大巷—井底车场—主井—地面。

2. 通风系统

上煤层工作面新鲜风流从运输大巷—采区轨道上山—区段轨道石门—上煤层区段回风平巷—联络巷—区段运输平巷—工作面，污风由区段回风平巷—采区回风石门—回风大巷—风井—地面。

下煤层采煤工作面的新风从运输大巷—采区轨道上山—采区中部车场—区段轨道石门　联络斜巷—分层超前运输平巷—工作面，污风从分层超前回风平巷—回风石门—回风大巷—风井—地面。

## 二、采区上山的布置

1.采区上山的数目

采区上山至少要有两条，即一条运输上山，一条轨道上山。但在下列生产条件下，可以增设第3条上山：

(1)生产能力大的厚煤层采区或联合布置区。

(2)煤炭产量大，瓦斯涌出量也很大的采区。

(3)经常出现上下区段同采，便于安排通风系统的采区。

(4)需要探明煤层变化或为了便于准备其他巷道时，应将运输上山、轨道上山均布置在煤层底板岩石中。

采区中除了在中部设置一组上山外，有的煤矿在采区一侧或两侧边界，各设置了1~2条边界上山。边界上山单翼采区布置在采区受自然条件及开采条件影响、走向长度较短时采用，分为前上山单翼布置和后上山单翼布置两种，如图4-21所示。在下列情况下，需设置采区边界上山：①当采区瓦斯涌出量大，采区采用Z、Y形等通风方式时，采区边界需要设置1条回风上山；②当采用往复式开采，又无应用沿空留巷条件时，可采用区段有煤柱护巷的往复式开采，这种情况下，一般要求在采区一翼开掘两条上山。

如开滦范各庄煤矿将原来走向较短的相邻两个采区合并，布置综采工作面，两个采区的两对上山互为边界上山，进行往复式开采,取得了较好的效果。

2.采区上山的层位

采区上山既可以布置在煤层中,也可以布置在岩层内。

对于单一特厚煤层(煤厚大于6m),或不具备煤层上山条件的煤层群联合布置采区,应把采区集中上山布置在煤层底板岩石中。为了减轻或避免采煤工作面对岩石上山的采动影响,要求岩石上山必须与煤层底板有一定距离,一般岩石上山与煤层底板间法线距离为10~20m,但也要根据底板岩层情况,使岩石上山布置在较稳定的岩层中。

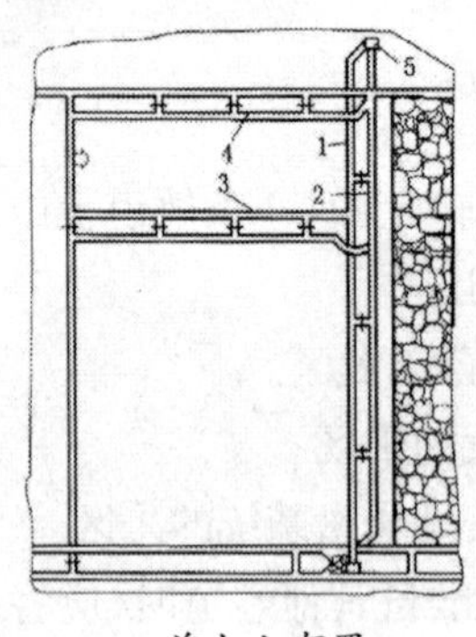

a.前上山布置

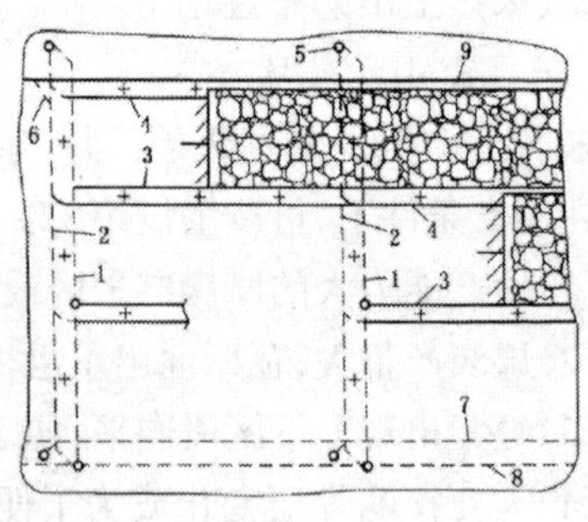

b.后上山布置

1.运煤上山;2.轨道上山;3.区段运输平巷;4.区段回风平巷;5.绞车房;6.斜巷;7.阶段运输大巷;8.辅助巷(回风);9.残留煤柱

图4-21　边界上山采区布置

联合布置的采区集中上山通常布置在煤层组的下部薄煤层中或底板岩石中。当下部煤层的底板岩层距涌水量特别大的岩层很近时,可考虑将集中上山布置在煤组的中部或上部。

单一煤层的采(盘)区上山可布置在煤层中或岩层中。对于煤层群联合布置的采区,可布置在煤组的上部、中部和下部。

采区上山沿煤层布置时,掘进容易,费用低,速度快,联络巷道工程量少,生产系统较简单:其主要问题是煤层上山受工作面采动影响较大,生产期间上山的维护比较困难,改进支护、加大煤柱尺寸可以改善上山维护，但会增加一定的煤炭损失。在下列条件下应尽量采用煤层上山：

（1）开采薄或中厚煤层的单一煤层采区，采区服务年限短。

（2）开采只有两个分层的单一厚煤层采区，煤层顶底板岩层比较稳固，煤质在中硬以上，上山不难维护。

（3）煤层群联合准备的采区，下部有维护条件较好的薄及中厚煤层。

（4）为部分煤层服务的、维护期限不长的专用于通风或运煤的上山。

3.采区上山的布置类型

采区上山的布置类型一般有一岩一煤、两岩、两煤、两岩一煤、三岩或两岩两煤、三岩一煤等多种。

（1）一岩一煤上山

当煤层群最下一层为维护条件较好的薄及中厚煤层时，可将轨道上山布置在该煤层中，运输上山布置在底板岩层中，如图4-22a所示。这种布置可减少一些岩石上山工程量，适用于产量不大、瓦斯涌出量不大、服务期不太长的采区。

（2）两条岩石上山或两条煤层上山

在煤层底板岩层中布置两条岩石上山，如图4-22b所示。它多用于煤层群最下一层为厚煤层，或开采单一厚煤层的采区。当煤层群的最下一层为薄煤层或煤线时，可将两条上山均布置在该薄煤层中，如图4-22c所示。两条岩石上山的布置形式，在瓦斯涌出量不大的联合准备采区中应用较为普遍，两条煤层上山也可以在单层准备时应用。

（3）两岩一煤上山

为了进一步弄清地质构造和煤层情况，在煤层中增设一条通风行人上山，如图4-22d所示。它一般是先掘煤层上山，为两条岩石上山导向。在生产中，煤层上山可用作通风与行人。

(4)三条岩石上山

在煤层底板中布置三条上山，如图4-22e所示。它适用于开采煤层层数多、厚度大、储量丰富的采区，以及瓦斯大、通风系统复杂的采区。

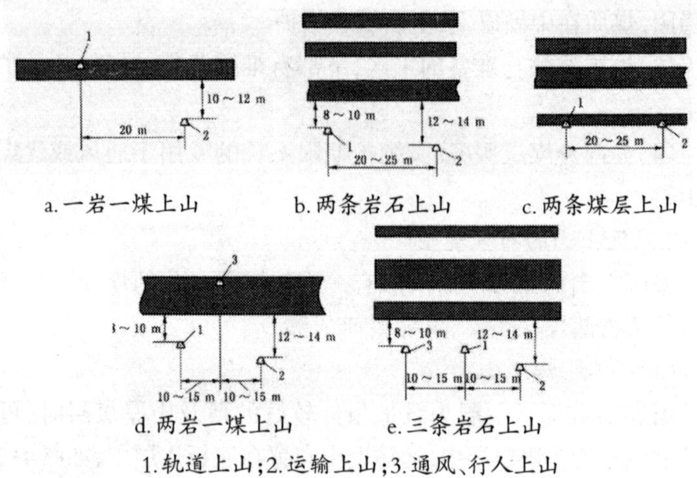


a.一岩一煤上山　　b.两条岩石上山　　c.两条煤层上山

d.两岩一煤上山　　e.三条岩石上山

1.轨道上山;2.运输上山;3.通风、行人上山

图4-22　采区上山的位置

4.采区上山间的相互位置关系

采区上山之间在层面上需要保持一定的距离。当采用两条岩石上山布置时，其间距一般取20~25m；采用三条岩石上山布置时，其间距可缩小到10~15m。若上山间距过大，将会使上山间联络巷长度增大，煤层上山还要相应地增大煤柱宽度；若上山间距过小，则不利于保证施工质量和上山维护，也不便于利用上山间的联络巷作采区机电硐室，而且中部车场的布置也会遇到困难。

采区上山之间在层面上的相互位置，既可以在同一层位上，也可使两条上山之间在层位上保持一定高差，如图4-22所示。为便于运煤，可把运输上山设在比轨道上山层位低3~5m处；如果采区涌水量较大，为使运输上山不流水，同时也便于布置中部车场，则可将轨道上山布置在低于运输上山层位的位置；若适于布置上山的稳固的岩层厚度不大，使两条上山保持一定高差就会造成其中的一条处于软弱破碎的岩层中时，则需采用在同一层位布置上山的方式；当两条上山都布置在同一煤层中，而煤层厚度又大于上山断面高度时，一般都是轨道上山沿煤层顶板布置，运输上山沿煤层底板布置，以便于处理区段平巷上山的交叉关系。

**三、区段集中巷的布置**

煤层群采用集中平巷联合准备时，需要设置区段集中平巷为区段内各煤层服务。其布置原则基本上与单一厚煤层分层同采时相同，但在煤层群条件下有一定的特点。

根据煤层赋存条件和生产需要，煤层群区段集中平巷的布置方式大致有以下几种。

1.机轨分煤岩巷布置

将运输集中平巷布置在煤层底板岩层中，轨道集中平巷布置在煤层之中，如图4-23所示这种方式比双岩集中平巷布置少掘一条岩石平巷，而且轨道集中平巷沿煤层超前掘进，还可探明煤层的变化情况，为岩石运输集中平巷的掘进取直提供保证条件，在煤层顶板淋水较大的情况下，可利用轨道集中平巷泄水，以不影响运输集中平巷的正常运输。但轨道集中平巷布置在煤层中，易受多次采动影响，维护比较困难，因此可将轨道集中平巷布置在围岩条件好的薄及中厚煤层中。

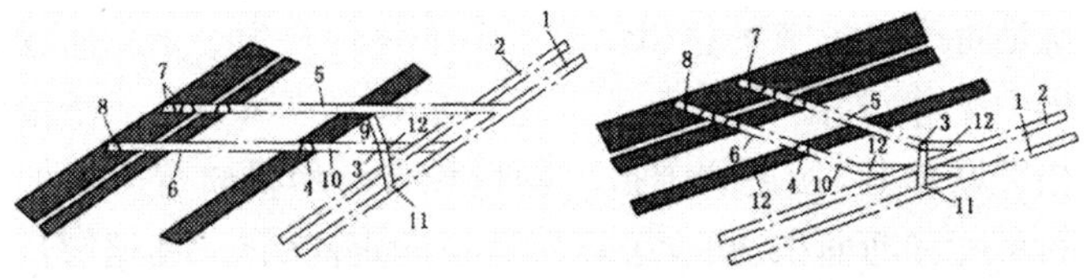

1.运输上山；2.轨道上山；3.运输集中平巷；4.轨道集中平巷；5.层间运输联络石门（或斜巷）；6.层间轨道联络石门（或斜巷）；7.上区段分层超前运输平巷；8.下区段分层超前轨道平巷；9.层间溜煤眼；10.区段轨道石门（或斜巷）；11.区段溜煤眼；12.中部甩车场

图4-23　机轨分煤岩巷布置

区段集中平巷必须每隔一定距离开掘一条联络巷道，以与各煤层的超前平巷相联系区段集中平巷与各分层超前平巷的联系方式，有石门联系、斜巷联系和立眼联系3种。

2.机轨双岩巷布置

即将运输集中平巷和轨道集中平巷均布置在煤层底板岩层中，如图4-24所示。

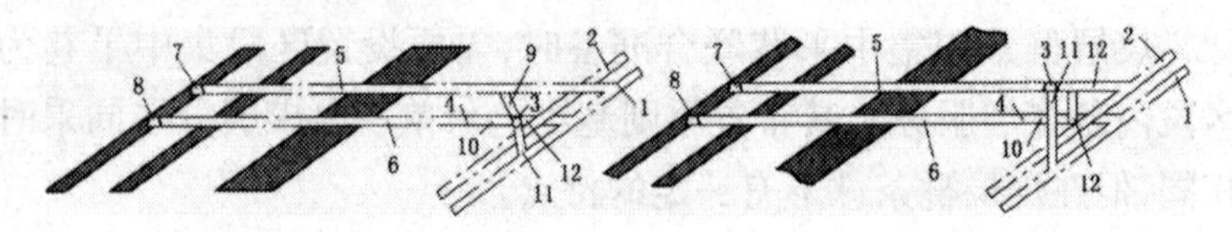


1.运输上山；2.轨道上山；3.运输集中平巷；4.轨道集中平巷；5.层间运输联络石门(或斜巷)；6.层间轨道联络石门(或斜巷)；7.上区段分层超前运输平巷；8.下区段分层超前轨道平巷；9.层间溜煤眼；10.区段轨道石门(或斜巷)；11.区段溜煤眼；12.中部甩车场

图4-24 机轨双岩巷布置

双岩巷布置的优点是巷道受到的支承压力小，可大幅度减少巷道维护费用，且有利于上下区段的同时开采，有利于增大采区生产能力。但岩石巷道掘进工程量大，掘进费用高，采区准备时间长。适用于在煤层数目较多或煤层厚度大、区段生产时间长，以及布置煤层集中平巷难以维护等条件下采用。

3.机轨合一巷布置

就是将运输集中平巷和轨道集中平巷合并为一条断面较大的岩石集中平巷，如图4-25所示。这种布置方式减少了一条集中平巷及相关联络巷，掘进和维护工程量较少。但机轨合一巷加大了巷道的跨度和断面积，缺少了煤层巷道的定向引导，巷道层位不好控制，而且施工相对比较困难，施工进度慢。尤其是机轨合一巷与采区上山的连接处，在与通往分层超前平巷的联络巷道连接处，存在着轨道运输和输送机运输的交叉穿越问题，造成运煤和运料极其不方便。为解决轨道运输和输送机运输的交叉问题，需要对巷道和线路、设备进行复杂的设计、布置和施工。

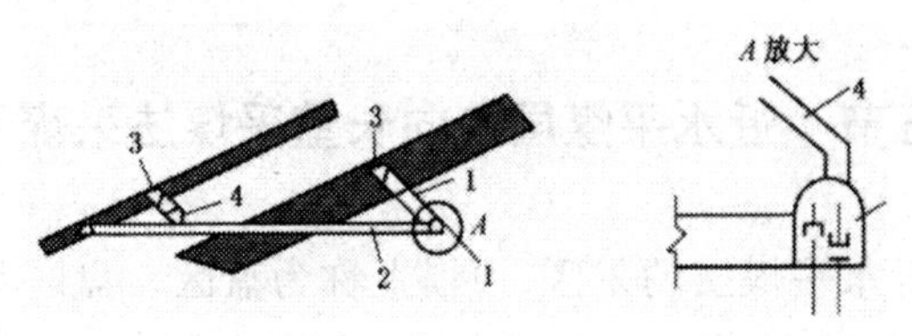


1. 区段岩石集中巷；2. 区段运输石门；3. 区段运输平巷；4. 溜煤眼

图4-25　机轨一巷布置

机轨合一巷布置适用于煤层底板岩层较好、煤层稳定、采区生产能力不大的采区。

4. 机轨双煤巷布置

采用机轨双煤巷布置时将运输集中平巷和轨道集中平巷均布置在煤层当中，如图4-26所示。这种布置方式的优点是岩巷工程量少，掘进容易，速度快，掘进费用低廉，可缩短采区准备时间，而且有利于上下区段之间的同时回采，扩大采区生产能力。但在煤层中布置集中平巷，受采动影响大，特别是在煤层层数多、间距小的情况下，集中平巷要受多次采动影响，再加上集中平巷服务期较长，造成巷道维护量大，巷道围岩变形破坏严重时，还会影响安全正常生产。

联合布置的采区，若煤层群最下部有围岩稳定性好的薄及中厚煤层时，可以考虑采用双煤集中平巷布置。

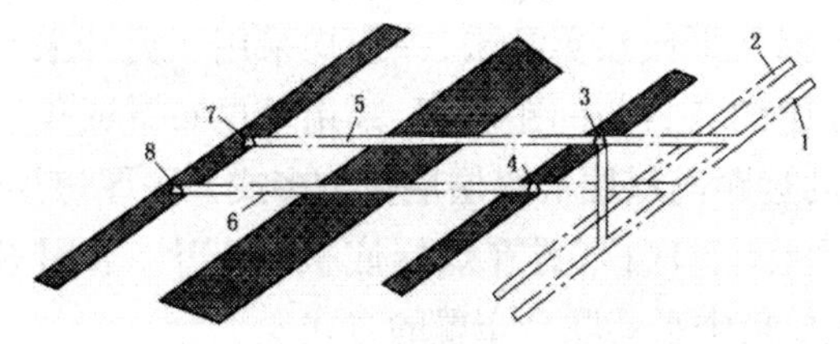


1. 运输上山；2. 轨道上山；3. 运输集中平巷；4. 轨道集中平巷；5. 层间运输联络石门（或斜巷）；6. 层间轨道联络石门（或斜巷）；7. 上区段分层超前运输平巷；8. 下区段分层超前轨道平巷

图4-26　机轨双煤巷布置

## 第五节　近水平煤层走向长壁采煤法采煤系统

开采近水平煤层的采区，习惯上称为盘区。盘区巷道布置类型主要有上(下)山盘区和石门盘区。根据盘区内可采煤层数目的多少及层间距大小，又分为单层布置盘区和联合布置盘区。

### 一、盘区巷道布置特点

(1)由于煤层倾角小，区段一般不按等高线划分，而布置成规则的矩形。区段平巷沿中线掘进，使工作面长度保持不变。

(2)盘区内同一煤层开采顺序不受限制，可以采用上行、下行开采或跳采。

(3)对瓦斯涌出量大的矿井，可在适当位置增设一条或多条通风巷道。

(4)由于辅助运输上山角度小，在条件合适时，可采用无轨胶轮车，也可以根据情况，采用无极绳、齿轨车、卡轨车、小绞车提升。

(5)盘区中联络巷多采用立眼和斜巷联系。

### 二、上(下)山盘区

上(下)山盘区巷道布置和采区巷道布置一样，在盘区内布置若干条上山，包括运煤上山、轨道上山与通风行人上山等。盘区内可以采用单翼开采或双翼开采，一般均采用双翼开采。盘区巷道布置根据煤层的数目与间距不同，采用单层布置或煤层群联合布置，当开采的近距离煤层群煤层层数较多或开采厚煤层时，可根据条件将盘区上(下)山布置在煤层底板岩石中，采用盘区集中上(下)山和区段集中平巷联合布置的方式。

#### 1.单层准备

开采近水平薄及中厚煤层，可采用上(下)山盘区走向长壁采煤法。一般情况下，将盘区上(下)山布置在围岩条件好的稳定煤层中，两条上(下)山之间相距15~20m，两侧各留20~30m宽的煤柱。由于上(下)山的坡度小，运输上(下)山可铺设带式输送机或刮板输送机，也可采用无极绳矿车运煤。为了便于无极绳轨道运输，中部车场处将铺设道岔的一段轨道上山调成平坡并与区段平巷顺向连接，形成顺向平车场。

在工作面产量大的高产高效矿井中，单层准备盘区的辅助运输可以采用无轨胶轮车。晋城寺河煤矿近水平厚煤层盘区单层准备如图4-27所示。工作面采用大采高综采工艺，一次采全高5.2m，盘区沿煤层布置4条相当于上下山的主要巷道，一条运煤，一条辅助运输，两条回风。辅助运输采用无轨胶轮车，材料、设备和人员由井底车场直接运至工作地点。由于产量大，瓦斯涌出量高，回采巷道布置5条，由连续采煤机掘进，工作面采用3条进风、2条回风的通风方式。

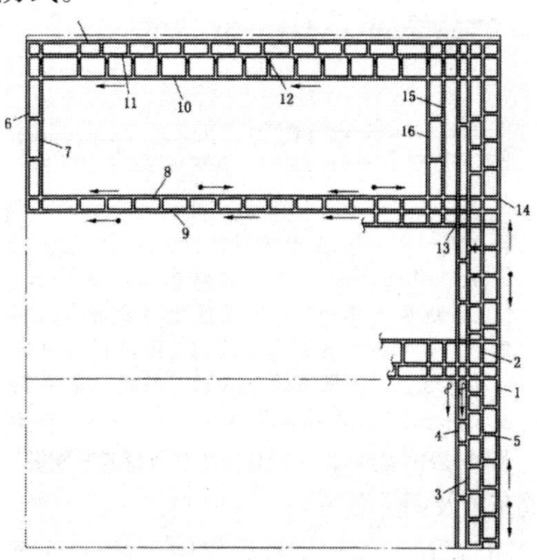


1.盘区运输巷；2.盘区运料巷；3、4.盘区回风巷；5.联络巷；6.调车尾巷；7.开切眼；8、9、10.工作面运输巷(进风巷)；11.工作面回风巷；12.风墙；13.风桥；14.机头硐室；15、16.拆架通道

图4-27　近水平厚煤层盘区单层准备

2.联合准备

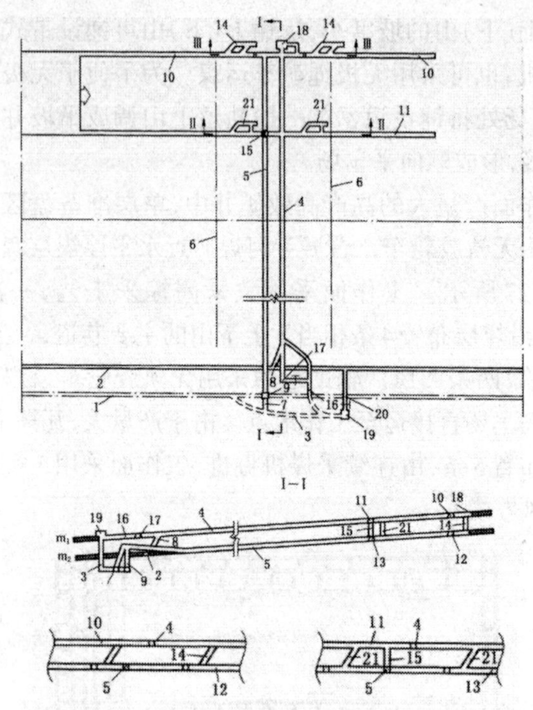

1.运输大巷;2.总回风大巷;3.盘区材料斜巷;4.盘区轨道上山;5.盘区运输上山;6.工作面终采线;7.进风斜巷;8.回风斜巷;9.盘区煤仓;10.煤层区段进风平巷;11.$m_1$煤层区段运输平巷;12.$m_2$煤层区段进风平巷;13.$m_2$煤层区段运输平巷;14.区段材料斜巷;15.区段溜煤眼;16.甩车道;17.无极绳绞车房;18.无极绳尾轮硐室;19.盘区材料斜巷绞车房;20.绞车房回风巷;21.下煤层回风斜巷

图4-28 盘区集中上山联合准备巷道布置图

(1)巷道布置及掘进顺序

运输大巷布置在$m_2$煤层底板岩层中,总回风大巷和盘区运输上山布置在$m_1$煤层中,盘区轨道上山布置在$m_1$煤层中。盘区运输上山通过盘区煤仓、进风斜巷与运输大巷相连,盘区轨道上山既通过回风斜巷与总回风大巷相连,又通过甩车道、盘区材料斜巷与运输大巷相连。盘区运输上山直接与$m_2$煤层中的区段平巷12、13相连，与$m_1$煤层中的区段运输平巷通过区段溜煤眼相连。盘区轨道上山直接与$m_1$煤层中的区段平巷10、11相连，通过区段材料斜巷与$m_2$煤层中的区段进风平巷相连。$m_1$煤层采完，$m_2$煤层开采时，为形成通风系统，还需要开掘为$m_2$煤层工作面回风的斜巷。

煤层较厚时，可以单工作面布置，煤层较薄时，可以布置成对拉工作面。

（2）生产系统

①$m_1$煤层工作面

运煤系统：$m_1$煤层工作面—区段运输平巷—区段溜煤眼—盘区运输上山—盘区煤仓—运输大巷—主井—地面。

通风系统：新风—运输大巷—进风斜巷—盘区运输上山—区段材料斜巷—区段进风平巷—工作面—区段运输平巷—盘区轨道上山—回风斜巷—总回风大巷—风井—地面。

运料系统：材料与设备—运输大巷—盘区材料斜巷—甩车道—盘区轨道上山—区段进风平巷—工作面。

②$m_2$煤层工作面

运煤系统：$m_2$煤层工作面—区段运输平巷—运输上山—盘区煤仓—运输大巷—主井—地面。

通风系统：新风—运输大巷—进风斜巷—盘区运输上山—区段进风平巷—工作面—区段运输平巷—下层煤回风斜巷—区段运输平巷—盘区轨道上山—回风斜巷—总回风大巷—风井—地面。

运料系统：材料与设备—运输大巷—材料斜巷甩车道—盘区轨道上山—区段运输平巷—区段材料斜巷—区段进风平巷—工作面。

**三、石门盘区**

用盘区石门代替盘区运输上山，这种盘区称为石门盘区。石门盘区的区段平巷布置、层间联系等问题与上山盘区基本相同。

石门盘区布置方式与上山盘区布置方式的差别主要是将盘区运煤上山的倾斜运输改为盘区的水平运输。盘区石门内可采用电机车运输,各工作面采出的煤炭通过区段煤仓在石门内装车外运。石门盘区布置方式的缺点是石门和溜煤眼的岩石工作量大,盘区准备时间长。

下面以近距离煤层群联合布置为例,说明石门盘区的巷道布置方式及其生产系统,如图4-29所示。

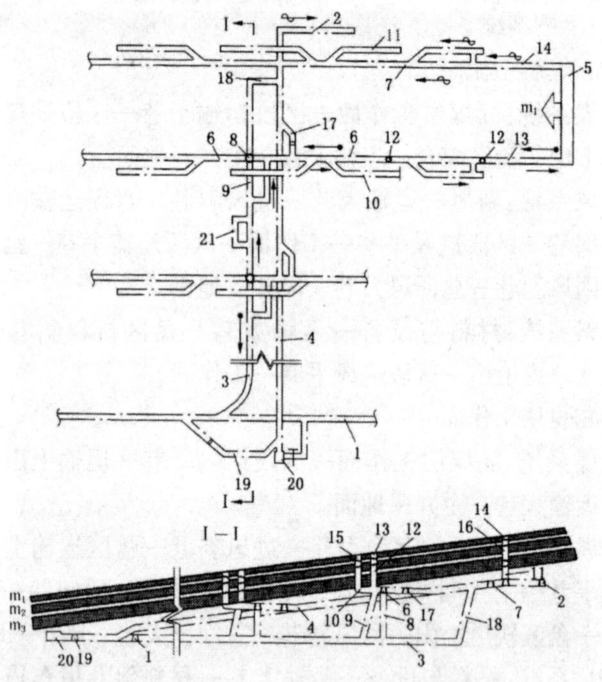


1.运输大巷;2.盘区回风大巷;3.盘区石门;4.盘区轨道上山;5.$m_1$煤层采煤工作面;6.区段运输集中平巷;7.区段轨道集中平巷;8.区段煤仓;9.进风斜巷;10.进风行人斜巷;11.回风运料斜巷;12.区段溜煤眼;13.$m_1$煤层超前运输平巷;14.$m_1$煤层超前回风平巷;15.$m_2$煤层上分层超前运输平巷;16.$m_2$煤层上分层超前回风平巷;17.材料绕道;18.盘区石门尽头回风斜巷;19.车场绕道;20.绞车房;21.变电所

图4-29 煤层群石门盘区联合布置图

1.盘区巷道布置及掘进顺序

在盘区走向的中部，自运输大巷开掘盘区石门（按+3%坡度）；在煤层群底板岩层中开掘盘区下部车场绕道；由此沿倾斜向上，在距煤层约10m的底板岩层中，掘进盘区轨道上山。在区段上下边界距$m_3$煤层底板约8m的岩层中分别开掘区段运输集中平巷和区段轨道集中平巷，区段集中运输平巷与轨道上山用材料绕道连通。自区段集中平巷每隔一定距离（100~150m），分别掘进风行人斜巷、回风运料斜巷和区段溜煤眼，这3种巷道均从集中平巷穿透3个煤层。与此同时，开掘区段煤仓、变电所和绞车房等硐室。然后，从距盘区边界最近的进风行人斜巷和回风运料斜巷分别开掘叫煤层超前运输平巷、超前回风平巷及开切眼，待盘区构成完整的巷道系统并安装好设备后，即可在$m_1$煤层工作面进行采煤。

当$m_1$煤层工作面采过靠近盘区第一个进风行人斜巷和回风运料斜巷之后，即可准备$m_2$煤层上分层的超前运输平巷、超前回风平巷和开切眼，随后在$m_1$煤层上分层工作面进行采煤同样可依次准备出$m_2$煤层下分层及$m_3$煤层各分层的采煤工作面。

待第一区段采完之后，及时拆除运输集中平巷内的输送机等设备，铺设轨道作为第二区段的集中回风平巷。

2.盘区生产系统

（1）运煤系统

各煤层采煤工作面—煤层或分层工作面超前运输平巷13（或15）—区段溜煤眼—区段运输集中平巷—区段煤仓—盘区石门，装车运出盘区。

（2）运料系统

（工作面所需的材料和设备）运输大巷—盘区下部车场绕道—盘区轨道上山—区段轨道集中平巷—回风运料斜巷—各煤层（或分层）工作面超前回风平巷14（或16）—采煤工作面。

(3)通风系统

(新鲜风流)运输大巷—盘区石门—进风斜巷—区段运输集中平巷—进风行人斜巷—各煤层(或分层)超前运输平巷13(或15)—采煤工作面—(污风)煤层(或分层)超前回风平巷14(或16)—回风运料斜巷—区段轨道集中平巷—盘区轨道上山—盘区回风大巷—风井—地面。

3.上山盘区与石门盘区的选择

石门盘区主要是改善了盘区上山的运输和维护条件,具有以下优点:

(1)将盘区上山的倾斜运输变为盘区石门的水平运输,给使用电机车创造了条件,简化了运输系统;减少了运输环节,运输能力大,而且不受运输长度的限制,运输费用低,如图4-30所示。

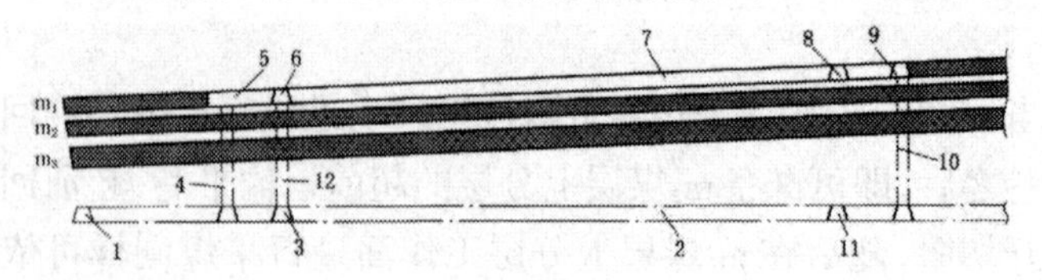


1.岩石运输大巷;2.盘区石门;3.区段岩石运输集中巷;4.进风行人斜巷;5.进风联络巷;6.煤层运输平巷;7.采煤工作面;8.煤层回风平巷;9.回风联络巷;10.回风运料斜巷;11.区段岩石轨道集中巷;12.溜煤眼

图4-30 电机车进入区段集中巷时的巷道布置图

(2)采用盘区石门后,各工作面的煤运至溜煤眼,后又入区段煤仓,可起到缓冲和调节运输的作用,加之石门中电机车运输又不易发生故障,几个煤仓即使同时装车也不互相干扰,有利于工作面连续生产。

(3)岩石巷道维护工作量小,维护费用低,有利于改善工作条件和降低煤柱损失。石门盘区的主要问题是岩巷掘进工程量较大,掘进速度较慢,掘进费用较高。特别是在煤层倾角相对稍大、盘区倾斜长度大时,上部区段溜煤眼的高度也要随之增加(高度较大的溜煤眼，仅在下部一段设煤仓）。因此，它仅适用于倾角很缓的近水平煤层。

采用石门盘区时，应特别注意溜煤眼的高度不宜过大。当煤层倾角变化比较大，采用石门盘区致使部分溜煤眼高度过大时，可采用石门与上山混合布置的方式，如图4-31所示。

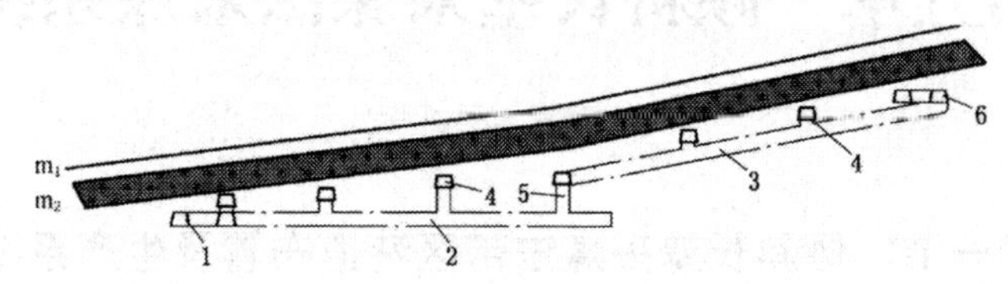


1. 运输大巷；2. 盘区石门；3. 盘区上山；4. 区段集中平巷；5. 煤仓；6. 回风大巷

图4-31　盘区石门与盘区上山混合布置

# 第五章　倾斜长壁采煤法采煤系统

## 第一节　倾斜长壁采煤法带区巷道布置及生产系统

倾斜长壁采煤法就是长壁工作面沿走向布置、沿倾斜推进的采煤方法，主要用于倾角小于12°的煤层，可以选择炮采、普采和综采工艺。与走向长壁采煤法的主要区别在于回采巷道布置的方向不同，相当于走向长壁采煤法中的区段转了90°，原区段变为倾斜分带，原区段平巷变为分带斜巷。

### 一、带区巷道布置

由相邻较近的若干分带组成，并具有独立生产系统的区域叫带区。

单一煤层倾斜长壁采煤法的带区巷道布置十分简单，一般是在开采水平，沿煤层走向方向在煤层中掘进水平运输大巷和回风大巷，有时回风大巷也可布置在开采水平的上部边界。

图5-1所示为单一薄及中厚煤层倾斜长壁采煤法巷道布置。对于上山部分，巷道掘进顺序是自水平运输大巷开掘带区下部车场、进风行人斜巷、煤仓，然后在煤层中沿倾斜掘进工作面运输斜巷至上部边界。由于水平运输大巷布置在煤层中，为了达到需要的煤仓高度，分带工作面运输斜巷在接近煤仓处应向上抬起，抬起后变为石门进入煤层顶板。同时，向水平运输大巷沿煤层倾斜向上掘进分带工作面回风斜巷，与水平回风大巷平面相交。掘进至

上部边界后,即可沿煤层掘进开切眼,贯通工作面运输斜巷和回风斜巷,在开切眼内安装工作面设备,并调试后即可进行采煤。对于下山部分,则可由水平大巷向下俯斜开掘分带斜巷,至下部边界后,掘出开切眼,布置沿仰斜推进的长壁工作面。

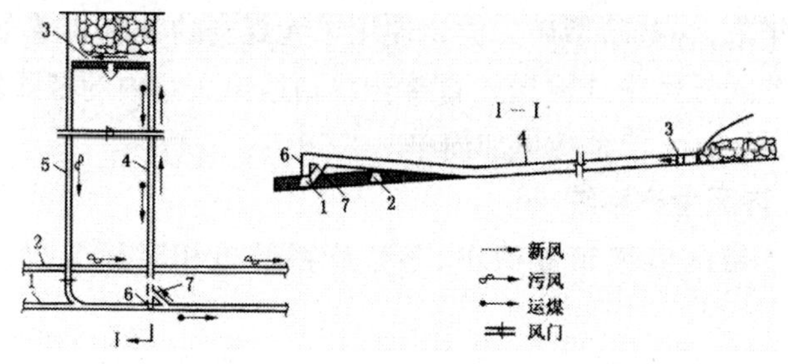


1.水平运输大巷;2.水平回风大巷;3.采煤工作面;4.工作面运输斜巷;5.工作面回风斜巷;6.煤仓;7.进风行人斜巷

图5-1　单一薄及中厚煤层倾斜长壁采煤法巷道布置图

近距离煤层群联合布置带区,各煤层回采巷道与水平运输大巷的联系方式有两种:一种是在大巷装车站附近开掘一套煤仓和材料斜巷,联系各煤层的回采巷道,如图5-2所示;另一种是开掘为各煤层共用的集中巷道,由集中巷道每隔一定距离开掘联络巷,联系各煤层的回采巷道。近距离煤层群巷道布置与厚煤层分层开采的巷道布置相似。

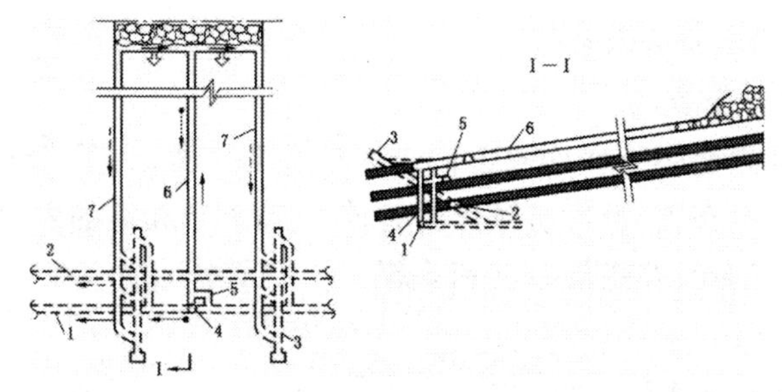


1.运输大巷;2.回风大巷;3.材料斜巷;4.煤仓;5.进风行人斜巷;6.分带运输斜巷;7.分带回风斜巷

图5-2　近距离煤层群联合布置带区

由于第一种联系方式,巷道掘进工程量小,掘进费用低。所以,当工作面单产较高时,不需要多工作面同时生产,比较容易解决采掘衔接问题,而且生产系统简单,管理方便,因此被多数矿井采用。各煤层可依次开采,也可以保持一定错距同时开采。

近年来,一些新型矿井尝试使用了无煤仓的带区巷道布置,即运输斜巷的煤经带式输送机直接转载到运输大巷内的带式输送机上,取消了煤仓,使系统更加简单。

**二、带区生产系统**

由于带区巷道布置简单,各生产系统也相对简单,如图5-1所示。

运煤系统:采煤工作面—运输斜巷—煤仓—运输大巷—主井—地面。

通风系统:运输大巷—进风行人斜巷—运输斜巷—采煤工作面—回风斜巷—回风大巷—风井—地面。

运料系统:运输大巷—回风斜巷—采煤工作面。

辅助运输可采用小绞车,将其置于巷道一侧运输。

## 第二节 带区参数及工作面布置

**一、带区及分带参数**

1.工作面长度

带区内分带工作面长度同走向长壁工作面,由于工作面呈水平或小角度布置,且煤层倾角相对较小,有利于先进的采煤设备发挥优势。因而,在煤层厚度和采煤工艺方式相同时,倾斜长壁工作面相对较长。

2.分带的倾斜长度

分带工作面的倾斜长度就是工作面连续推进距离,相当于上山或下山的阶段斜长。上山部分的倾斜长度宜为1000~1500m,或者更长；下山部分的倾斜长度宜为700~1200m。

## 二、带区工作面布置

### 1.单工作面和双工作面

倾斜长壁采煤法也可分单工作面布置和双工作面布置。单工作面布置时，每个采煤工作面布置有两条分带斜巷，一条进风运煤，另一条回风运料。双工作面布置只需两条分带斜巷，中间斜巷为两个工作面共用，担负运输、进风任务。

由于工作面沿煤层走向近似于水平布置，不存在走向长壁双工作面向下运煤和向上拉煤的问题，两个工作面可以等长布置。另外，工作面风流也不存在上行与下行的问题，两个工作面的通风状况几乎完全相同。

双工作面布置减少了一条运煤斜巷，并节省了一套运煤设备，生产比较集中，在顶板比较稳定的薄及中厚煤层中，特别是采用炮采或普采工艺时，双工作面布置能够取得较好的技术经济效果。

综采工作面同样也可采用分带对拉的巷道布置形式，并可加长工作面，由于产量较大，一般两工作面不同采，仍是一面两巷，只是共用一个分带煤仓。

### 2.后退式、前进式和混合式工作面回采顺序

图5-3所示为后退式、前进式和混合式工作面回采顺序。当倾斜长壁工作面从运输大巷附近向上部或下部边界方向推进时，称前进式回采顺序；反之，工作面从上部或下部边界向大巷方向推进

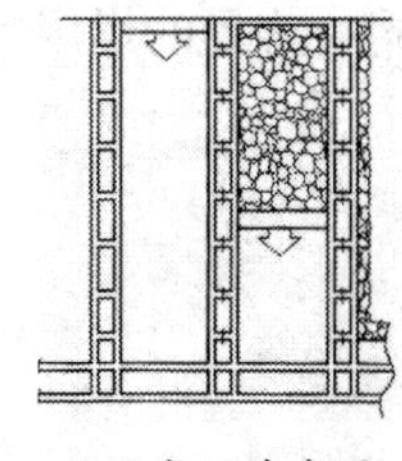

a.后退式双巷布置

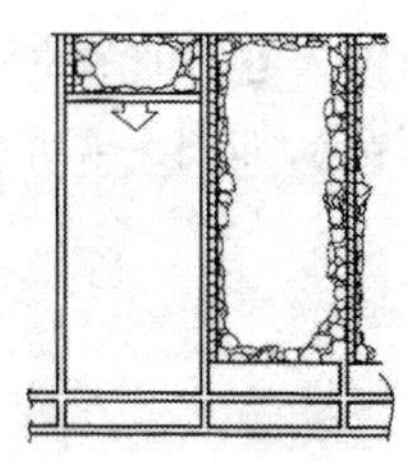

b.前进式沿空留巷

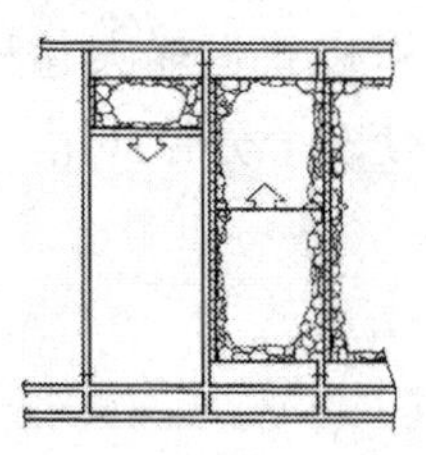

c.混合式沿空留巷

图5-3　工作面回采顺序

时，则称后退式回采顺序；两者相结合时则称混合式回采顺序。不同回采顺序的优缺点与走向长壁采煤法基本相同。目前我国大多采用后退式回采顺序。

在开采薄及中厚煤层的条件下，当上部边界设有大巷时，则为往复式回采顺序创造了条件。

3.仰斜开采与俯斜开采

对于采用单水平开采的近水平煤层或倾角较小的煤层，阶段进风大巷和回风大巷一般并列布置在井田倾斜中央。根据煤层厚度和硬度，阶段大巷可布置在煤层或岩石中，在煤层条件无特殊要求的情况下，倾斜长壁工作面可采用仰斜和俯斜相结合的方式。一般运输大巷以上部分采用俯斜开采，以下部分采用仰斜开采，采煤工作面一般由井田上部或下部边界向大巷方向后退式推进，这样，对于运输、通风和巷道维护均比较有利。俯斜开采与仰斜开采对应部分可以同时开采，也可以相错一定时间开采。

4.回采巷道布置

倾斜长壁工作面的回采巷道仍可采用双巷布置与掘进、多巷布置与掘进、单巷布置与掘进及沿空留巷，分带斜巷间可设分带煤柱，也可采用无煤柱护巷，其选择原则同走向长壁工作面。沿空留巷、双巷布置与掘进如图5-3所示。

5.多分带巷道布置

针对每2~4个分带布置一个煤仓与大巷联系，大巷装车点较多，可以将运输大巷和回风大巷布置在带区同一边界的煤层底板中，使多个分带共用一个煤仓，如图5-4所示。

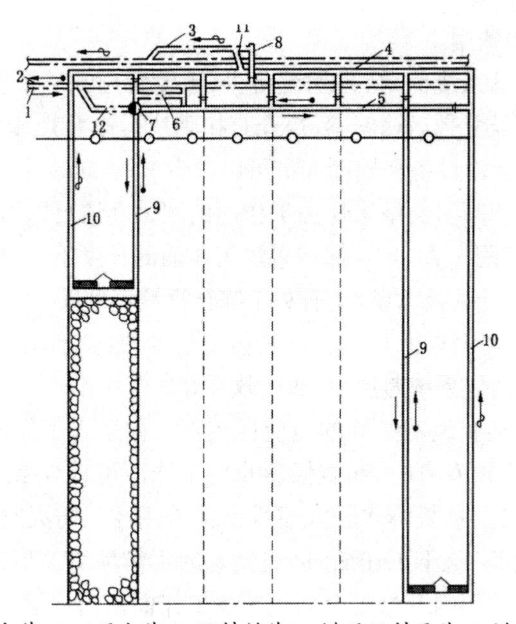

1.运输大巷;2.回风大巷;3.运料斜巷;4.煤层运料平巷;5.煤层运煤平巷;6.进风行人斜巷;7.带区煤仓;8.绞车房风巷;9.分带运输巷;10.分带回风巷;11.回风石门;12.车场

图5-4　多分带巷道布置图

## 第三节　倾斜长壁采煤法的特点、适用条件及发展

### 一、倾斜长壁采煤法特点

在地质条件适宜的煤层中,采用倾斜长壁采煤法比走向长壁采煤法具有以下一些优点:

(1)巷道布置简单,巷道掘进和维护费用低,准备时间短,投产快。由于取消了采区上下山等一些准备巷道,使得巷道工程量减少了近15%。当井底车场和少量水平大巷工程完毕后,就可以很快地准备出采煤工作面投入生产。在生产期间,由于减少了巷道工程量,工作面接续也比较容易掌握。同时还减少了巷道维护工

程量和维护费用。

(2)运输系统简单,占用设备少,运输费用低。采煤工作面生产的煤炭,经分带运输斜巷、煤仓直接到达运输大巷,运输环节少,系统简单,运输设备和辅助人员可以减少30%~40%。

(3)由于倾斜长壁采煤法工作面的回采巷道可以沿煤层掘进,又能够保持固定方向,可保持采煤工作面的长度不变,给工作面创造了优良的开采技术条件,有利于综合机械化采煤。

(4)通风路线短,风流方向转折变化少,减少了风桥、风门等通风构筑物,通风系统漏风少,通风效果好。

(5)对某些地质条件的适应性较强。如采煤工作面的倾斜和斜交断层比较发育时,布置倾斜长壁工作面可减少断层对开采的影响。当煤层顶板淋水较大或采空区采用注浆防火时,采用仰斜开采则有利于疏干工作面,创造良好的工作环境。当瓦斯涌出量较大时,采用俯斜开采则有利于减少工作面瓦斯含量,防止工作面瓦斯积聚。

(6)技术经济效果好,工作面单产、巷道掘进率、煤炭采出率和劳动生产率、吨煤成本等指标,都比走向长壁采煤法有明显的改善和提高。

带区式准备的不足之处主要体现在以下方面:长距离的倾斜巷道,使得掘进、辅助运输、行人比较困难;现有的采煤工作面设备都是按走向长壁工作面的开采条件设计和制造的,不能完全适应倾斜长壁工作面的生产要求;每2~4个分带布置一个煤仓与大巷联系,大巷装车点较多,特别是当同时开采的工作面数目较多时,相邻分带之间的大巷运输干扰较大;有时还存在着污风下行的问题。

这些问题,在采取相应措施后可逐步得到解决。例如,采用先进的辅助运输设备,改善工作面运料的不便;改进现有工作面设备,以适应工作面倾斜推进和较大倾角的需要;加强通风管理,加强对瓦斯的检查,消除污风下行的不利影响等。

**二、倾斜长壁采煤法适用条件**

(1)倾斜长壁采煤法一般应用于煤层倾角小于12°的煤层。煤层倾角越小越有利。

(2)当对采煤工作面设备采取有效的技术措施之后，倾斜长壁采煤法可适用于12°~17°的煤层，也有少数矿井在倾角为20°的煤层中试用该方法。

(3)对于倾斜或斜交断层比较发育的煤层，在能大致划分成比较规则带区的情况下，可采用倾斜长壁采煤法或伪斜长壁采煤法。

(4)对于不同开采深度、顶底板岩石性质及其稳定性、矿井瓦斯涌出量和矿井涌水量的条件，均可采用倾斜长壁采煤法。

由于倾斜长壁采煤法具有诸多方面的优点，因此在条件适宜的情况下，应优先考虑。

**三、倾斜长壁采煤法的发展**

近年来，设计或投产的特大型矿井，因地质、煤层、开采、装备等条件优越，采用从大巷两翼直接布置长条带的方式，在条件允许的情况下，工作面推进长度直达井田开采边界，省去了大量的岩石开拓巷道和采区准备巷道，这种方式称为条带准备方式，是带区式准备的扩展形式。例如，神东煤炭集团榆家梁煤矿技术改造后的工作面就采用了条带准备方式。

榆家梁煤矿是在原生产能力为0.21Mt/a小矿井的基础上改建的。新建的榆家梁煤矿设计生产能力为8Mt/a，矿井采用长壁式综合机械化采煤工艺。矿井主要生产系统均重新布置，建设工期为10个月，吨煤投资为49.3元。

根据井田主采煤层赋存标高与工业广场标高一致的特点，结合所选定的工业广场位置，矿井采用斜硐—斜井联合开拓方式。即在榆树口西岸开凿主斜井，在榆树沟以东约500m处的原矿井工业广场上开凿一条副斜硐，延深到大巷位置后再开凿小坡度辅助运输下山，进入主采煤层。一号回风平硐利用原矿井巷道，并在井口新增风硐及安全出口，形成完善的通风系统。榆家梁煤矿开拓系统平面布置图如图5-5所示。

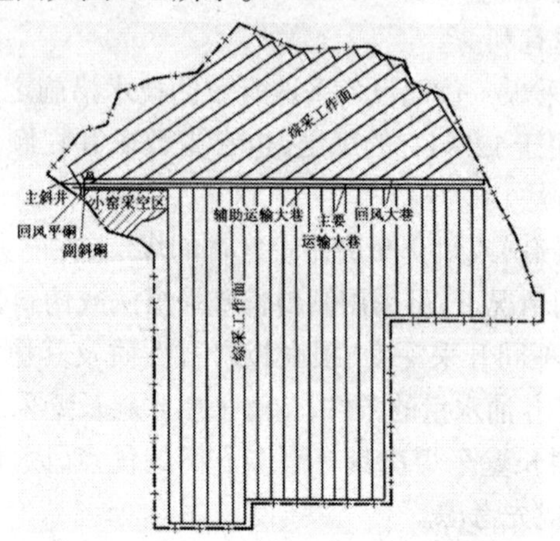


图5-5　榆家梁煤矿开拓系统平面布置图

神东宁煤矿区利用自身煤层赋存的有利条件，大幅度简化矿井的生产环节，广泛采用条带式准备方式，从而提高了矿井的集中化生产程度。

1.无盘区划分特点及优越性

（1）高效的连续采煤机采掘及其配套的运输设备，使条带的几何尺寸有了根本性的改变（增大）。条带中辅助运输巷应用无轨胶轮车后，不但对巷道坡度有很强的适应性，而且扩大了巷道长度，为加大工作面推进长度创造了条件，彻底解决了过去辅助运输平巷的长度主要受辅助运输设备能力和巷道坡度限制的问题。

神东煤炭集团引进先进的综采设备，并将连采设备应用于煤巷掘进中。工作面推进速度每月达612m（大柳塔煤矿），掘进速度一般为2200m，最高每月达4656m（上湾煤矿）。因此，神东矿区将条带工作面推进长度，由过去的1000~2000m加大到3000~6000m，采煤工作面的长度为300m左右。

（2）工作面推进长度加大，减少了工作面搬家次数。与过去相比，推进长度增加1倍，综采工作面搬家次数减少。同时，采煤工作面的连续快速推进为工作面年产超10Mt提供了保障。

(3)系统简单，工程量少，费用低。大巷条带式布置方式，使矿井减少了生产环节，降低了岩巷、井巷工程量，从而降低了吨煤投资，提高了建井速度。生产系统简单，降低了生产经营费用，提高了矿井效益。

2. 全煤巷布置特点及效果分析

(1)神东矿区煤质坚硬，围岩稳定，煤层为近水平煤层，煤层倾角变化小，适宜布区煤层巷道，且巷道易维护。

(2)神东煤炭集团将连续采煤机应用于煤巷掘进中，提高了成巷速度。2003年，大柳塔煤矿年产煤10.5Mt，其中，综采工作面产煤8.5Mt，掘进出煤2Mt。从投入和产出分析比较可知，巷道布置在煤层中，吨煤收入大于支出，而且还给快速采煤准备了必要的巷道。

(3)由于快速采煤，巷道维护时间短，降低了巷道维护费用。

(4)与岩石大巷相比，煤层大巷不出矸石，省去了地面排矸占地。

# 第六章 采煤工艺

由于开采条件以及地区资源赋存条件和经济发展的不平衡，我国长壁工作面的采煤工艺主要有爆破采煤工艺、普通机械化采煤工艺和综合机械化采煤工艺三种。

爆破采煤工艺，简称“炮采”，其特点是爆破落煤，爆破及人工装煤，机械化运煤，用单体液压支柱支护工作空间顶板。随着技术装备的发展，我国炮采工艺经历了3个主要发展阶段：新中国成立初期改革采煤方法，推行长壁采煤工艺，工作面采用拆移式刮板输送机运煤、木支柱支护顶板，生产效率很低，工作极为繁重，劳动条件差；20世纪60年代中期开始，采用能力较大、能整体前移的可弯曲刮板输送机运煤，用摩擦式金属支柱和铰接顶梁支护顶板，使工作面单产和效率有较大提高，劳动强度有所降低；进入20世纪80年代，炮采工作面的装备和技术手段更新速度加快，用防炮崩单体液压支柱代替摩擦式金属支柱，工作空间顶板得到有效控制，生产更加安全，支护工作效率提高，而且工作面输送机装上铲煤板和可移动挡煤板，使80%~90%的煤在爆破和推移输送机时自行装入输送机，同时工作面采用大功率或双速刮板输送机运煤和毫秒爆破技术，进一步提高了生产效率。

普通机械化采煤工艺，简称“普采”，其特点是用采煤机械同时完成落煤和装煤工序，而运煤、顶板支护和采空区处理与炮采工艺基本相同。20世纪50年代，曾采用深截式采煤机（截深为1.5~

1.6m)落煤和装煤、拆移式刮板输送机运煤、木支柱支护顶板。由于顶板悬露面积大且得不到及时支护,单产和效率低,安全生产条件差,这种技术装备已被淘汰。20世纪60年代以来,普遍采用了浅截式(截深0.6~1.0m)采煤机械。按照技术装备的发展,我国浅截式普采经历了3个发展阶段。20世纪60年代初采用浅截式采煤机械、整体移置的可弯曲刮板输送机、摩擦式金属支柱和铰接顶梁相配套的采煤机组,使普采单产和效率有较大提高,安全生产有所改善。这种第一代浅截式普采设备目前在国有重点煤矿已被淘汰,在某些地方煤矿仍在使用。20世纪70年代后期采用第二代普采装备,即对第一代浅截式普采设备进行技术更新,提高配套水平,主要是采用了单体液压支柱控制顶板,使普采生产出现了新的面貌。20世纪80年代中期开始,对第二代普采设备实行进一步更新换代,即第三代普采,采用了无链牵引双滚筒采煤机,双速、侧卸、封底式刮板输送机以及Ⅱ型长钢梁支护顶板等新设备和新工艺,使普采的单产、效率和效益又上了一个新台阶。

综合机械化采煤工艺,简称"综采",即破、装、运、支、处5个主要生产工序全部实现机械化,因此综采是目前最先进的采煤工艺。世界先进的煤炭生产国,凡以长壁开采为主的都已全部或大部分实现综合机械化采煤。

## 第一节　爆破采煤工艺

爆破采煤的工艺过程包括打眼、爆破落煤和装煤、人工装煤、刮板输送机运煤、移置输送机、人工支架和回柱放顶等工序。

爆破落煤由打眼、装药、填炮泥、连炮线及爆破等作业组成。炮采工作面在爆破落煤中要求做到"七不、二少、三高"。"七不":①不发生爆破伤亡事故,不发生引燃、引爆瓦斯和煤尘事故;②不崩倒支柱,防止发生冒顶事故;③不崩破顶板,便于支护,降低含矸率;④不留底煤和伞檐,便于攉煤和支护;⑤使工作面平、直、齐,保证循环进度;⑥不崩翻刮板输送机、不崩坏油管和电缆等;⑦块度均匀,不出大块煤,减少人工二次破碎工作量。“二少”:①减少爆破次数,增加一次爆破的炮眼个数,缩短爆破时间;②材料消耗少,合理布置炮眼,装药量适中,降低炸药雷管消耗。“三高”:①块煤率高;②采出率高;③自装率高。

因此,要根据煤层的硬度、厚度、节理和裂隙的发育程度及顶板的状况,正确地确定钻眼爆破参数,包括炮眼排列、角度、深度、装药量、一次起爆的炮眼数量以及爆破次序等。

## 一、炮眼布置

### 1.炮眼布置方式

常用的炮眼布置有单排眼、双排眼和三排眼3种。单排眼如图6-1a所示,一般用于薄煤层或煤质软、节理发育的煤层。双排眼如图6-1b所示,其布置形式又有对眼、三花眼及三角眼等,一般适用于采高较小的中厚煤层。煤质中硬时可用对眼,煤质软时可用三花眼,煤层上部煤质软或顶板较破碎时可用三角眼。三排眼如图6-1c所示,亦称五花眼,用于煤质坚硬或采高较大的中厚煤层。

### 2.炮眼参数

(1)炮眼角度

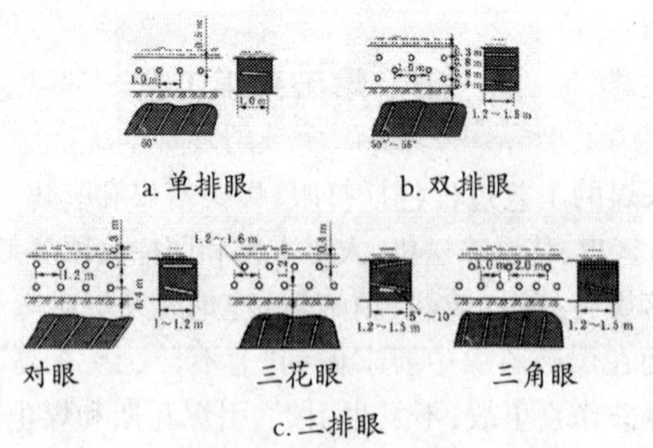


图6-1 炮眼布置图

炮眼角度应满足的要求是炮眼与煤壁的水平夹角一般为50°~80°,软煤取大值,硬煤取小值。为了不崩倒支架,应使水平方向的最小抵抗线朝向两柱之间的空当;顶眼在垂直面上向顶板方向仰起5°~10°,要视煤质软硬和黏顶情况而定,应保证不破坏顶板的完整性;底眼在垂直面上向底板方向保持10°~20°的俯角,眼底接近底板,以不丢底煤和不崩翻输送机为原则。

(2)炮眼深度

采煤工作面的炮眼深度取决于一次推进度和回采工艺要求。炮采工作面一般多采用小进度,一次推进度为0.8~1.2m。采用金属支柱、铰接顶梁的炮采工作面,每次进度应根据顶梁长度而定,而炮眼深度要大于每次进度0.2m。目前炮采工作面推进度较小,每个炮眼装药量少,可实行一次多炮作业方式,能较好地提高爆破装煤率。顶板受震动小,悬顶面积小,有利于顶板控制。顶板较好的工作面,炮眼深度可为1.6~1.8m。

目前炮采工作面提高单产的措施很多,其中包括加大一次开帮深度,缩短爆破、准备、回收、放顶等辅助作业时间等。总之,采煤工作面的炮眼深度,应结合顶板状况、支护设计、装运能力、回采工艺及劳动组织等因素综合考虑。

(3)炮眼间距

炮眼的间距可根据煤的硬度、厚度和块度要求而定。采煤工作面的炮眼间距一般为1.0~1.2m。顶眼与顶板距离,在一次采全高时,一般为0.3~0.5m;分层开采,采顶层煤时,一般为0.3~0.5m;采中层、底层煤时,一般以0.4~0.6m为宜,底眼一般应高出刮板输送机0.2m。

**二、爆破作业**

根据爆破落煤所用电雷管不同,可以分瞬发雷管爆破、毫秒雷管爆破两种。近年来推广毫秒爆破,使炮采工艺发生深刻变化。从使用瞬发电雷管分段(次)发爆,发展到使用毫秒电雷管一次多发爆,使发爆次数减少,在极短的时间内,爆破产生的震波互相干扰、削减,从而减少了对顶板的震动,有利于顶板控制,并可提高爆破装煤率。

1.爆破器材

(1)炸药

根据2011年版的《煤矿安全规程》第三百二十条的规定,低瓦斯矿井的岩石掘进工作面必须使用安全等级不低于一级的煤矿许用炸药;低瓦斯矿井的煤层采掘工作面、半煤岩掘进工作面必须使用安全等级不低于二级的煤矿许用炸药;高瓦斯矿井、低瓦斯矿井的高瓦斯区域,必须使用安全等级不低于三级的煤矿许用炸药。有煤(岩)与瓦斯突出危险的工作面,必须使用安全等级不低于三级的煤矿许用炸药。

常用煤矿许用炸药品种有硝酸铵类炸药、乳化炸药和水胶炸药三大类,目前多采用水胶炸药。

(2)毫秒雷管

选用1~5段煤矿合格的许用毫秒雷管,桥丝为镍铬丝,电阻一般为5.5~6.0Ω。

2.装药量及装药结构

采煤工作面的炮眼装药量是指单位长度炮眼的炸药用量。它是依据煤层硬度、炮眼数目、炮眼深度而定的,并与工作面的采高、循环进度有关。

一般顶眼、中间眼的装药量比底眼要少,采用双排眼、三花眼布置时,底眼与顶眼的装药量可按1:0.5~1:0.7的比例分配;采用三排眼、五花眼布置时,底眼、中间眼、顶眼的装药量可按1:0.75:0.5的比例分配。

多装药比少装药好的观点是不正确的,这不仅会浪费大量的炸药,还会给安全生产带来以下隐患。

(1)装药量过大,会不同程度地破坏围岩的稳定性,易崩倒支架，造成工作面冒顶事故。

(2)装药量过大，容易造成煤、岩过度粉碎，且抛掷距离远。在采煤工作面会把煤崩入采空区，降低了采出率和块煤率，增加了吨煤成本，同时又会产生大量煤(岩)尘，影响职工健康，威胁安全生产。

(3)装药量过大，会使炮泥充填长度减小，不但降低爆破效果，而且易使爆破火焰冲出炮眼口，可能引燃瓦斯、煤尘，导致瓦斯和煤尘爆炸事故。

(4)装药量过大，爆炸后产生的炮烟和有害气体相应增加，延长了排烟时间，不利于职工健康。

(5)装药量过大，往往会崩坏采煤工作面的电气、机械设备，造成工作面停电停产。所以，炮眼内装药量过大，从经济上和安全上都是有害的。炮眼内装药量必须根据顶底板岩性、煤的软硬程度合理确定。

工作面炮眼装药结构有正向装药和反向装药两种。起爆药卷位于柱状装药的外端，靠近炮眼口，雷管底部朝向眼底的起爆方法为正向起爆；起爆药卷位于柱状装药的里端，靠近或在炮眼底，雷管底部朝向炮眼口的起爆方法为反向起爆，如图6-2所示。

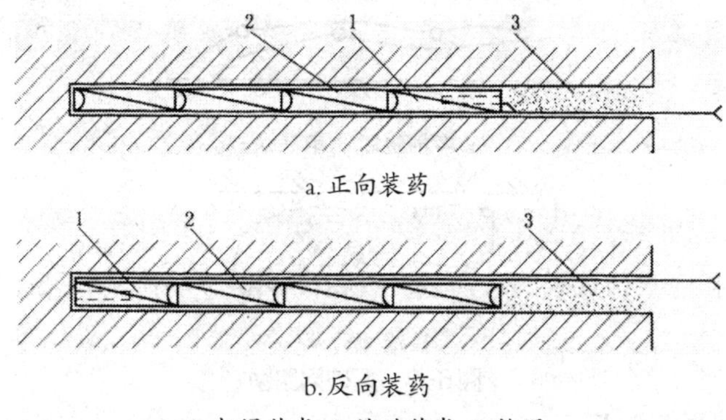


1. 起爆药卷；2. 被动药卷；3. 炮泥

图6-2　正向装药与反向装药

反向起爆时，炸药的爆轰波和固体颗粒的传递与飞散方向是向着眼口的。当这些微粒飞过预先被气态爆炸产物所加热的瓦斯时，就很容易引爆瓦斯。而正向起爆则不同，飞散的炸药颗粒是向炮眼内部飞散的，不易引爆瓦斯，所以，在瓦斯煤尘爆炸危险的工作面，正向起爆比反向起爆安全性高。

但是，反向起爆具有比正向起爆的爆破效果好、炮眼利用率高的优点。这是由于反向起爆的爆轰波方向与爆破岩石方向一致，能充分发挥炸药的爆炸能量。起爆药卷在炮眼最里端，容易保证药卷衔接，电雷管不易从药卷中拽出来。所以在低瓦斯矿井中多采用反向起爆。

3. 连线方式

毫秒爆破网路的连线方式有串联、并联和混合联3种，一般采用串联。串联具有接线简单、不易漏接或接错、接线速度快、便于检查等优点。但有一个雷管不导通或其中任一处断开，则全部雷管拒爆，因此必须对爆破网路进行导通检查。爆破网路如图6-3所示。若单排眼且眼距大、雷管脚线长度不够，就需另铺设一条爆破母线。

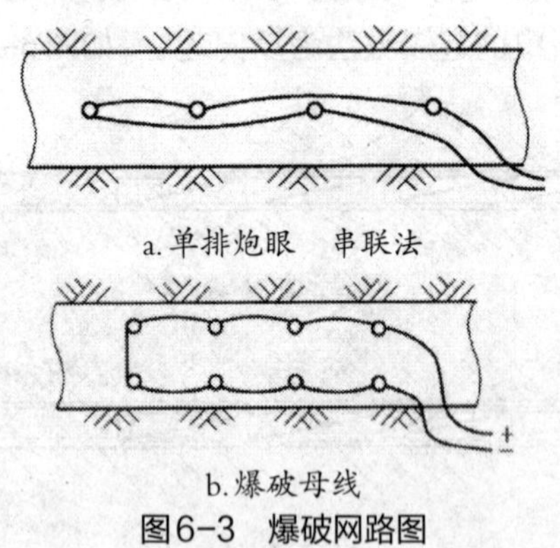


图6-3　爆破网路图

4. 起爆方式

在炮采工作面，应采用一次多爆破，以缩短爆破时间，提高劳动生产率。但应注意以下两点：

(1)同时爆破的炮眼数,特别是顶眼,应在顶板悬露面积允许的范围内,因此,小进度爆破为一次多爆破创造了有利条件。

(2)一次多爆破会使大量煤压在输送机上,为便于输送机启动,在爆破前,可预先在运输槽上铺盖板或在安全的条件下采用开机爆破。

5.起爆顺序

徐州矿区和淮北矿区在缓倾斜和倾斜中厚煤层使用毫秒爆破,其炮眼布置为煤层厚度小于2m时布置成三花眼;大于2m时布置成五花眼。炮眼间距1.1~1.3m。起爆顺序有4种方式,如图6-4所示。图中炮眼标号为起爆顺序。

起爆顺序合理与否,是直接影响到毫秒爆破效果好坏的关键因素之一。

图6-4a所示为斜切起爆,这种起爆顺序是前段炮眼爆破后,对后段炮眼相当于增加一个应力自由面,爆破效果较好如图6-4b所示起爆顺序,顶眼5段同时起爆,较图6-4a起爆形式爆破对顶板震动大。从现场试验可知,如图6-4a所示的起爆顺序,爆破装煤率明显高于如图6-4b所示的起爆形式,崩入工作面采空区侧的煤炭少,同时对顶板的摇动也小,因此选定如图6-4a所示的起爆顺序。

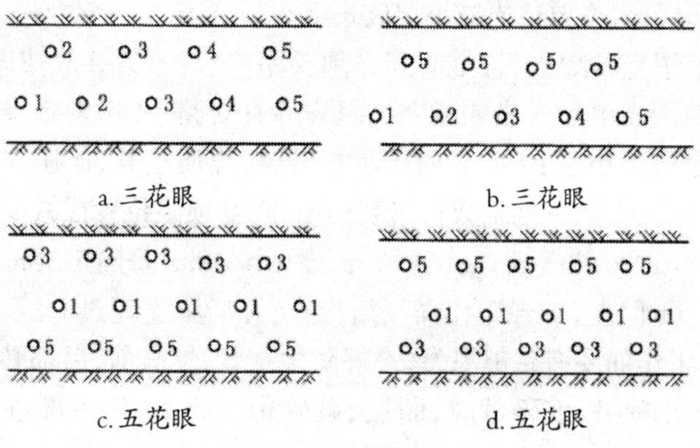


图6-4　起爆顺序

如图6-4c心所示的起爆顺序，中排眼先爆起掏槽作用，而后先爆顶眼后爆底眼。如图6-4d所示的起爆顺序，同样是中排眼先爆，而后先爆底眼后爆顶眼。通过观测，如图6-4c所示的起爆顺序在大倾角工作面时，崩移崩倒支柱数量明显减少并可取得较好的爆破效果，因此选定如图6-4c所示的起爆顺序。

6.一次起爆长度

一次起爆长度不仅受工作面刮板输送机运输能力、顶板状况以及煤层条件所限制，而且还与拨爆器的能力以及工作面的风量等因素有关。对于缓倾斜煤层工作面，工作面一次起爆长度与爆破地点与机头的距离即运距有关。运距短，一次爆破长度长；运距长，则一次爆破长度短，正常情况下为10~25m。

毫秒爆破的一次起爆长度受顶板状况和输送机能力的限制，一次爆破长度应使新暴露出来的顶板保持一定的稳定时间，且不发生落煤压死输送机的事故。只要上作面运输能力和顶板允许，通风满足要求，瓦斯不超限，一次起爆长度可以加长，毫秒爆破对顶板的影响也较小制约倾斜煤层工作面一次爆破长度的主要因素有3个方面：一是顶板状况，二是工作面风量，三是运输平巷刮板输送机能力。此外还要考虑到工作面中、上部爆破落煤多不能及时溜完而堵面，亦要适当减小爆破长度。

采用毫秒爆破时，炮眼间必须要用串联，不得并联或串关联；爆破前用光电导通表或数字电阻表检查线路；使用发爆器要保证起爆电流不小于1.5~2A；对于顶板破碎、煤质松软、矿压较大的工作面，应适当减少炮眼数目与装药量，降低顶眼位置或减少顶眼数目；工作面分茬爆破，一次爆破长度为5~30m，每隔5~15m留一煤垛，长3m以上；加强工作面瓦斯检查，瓦斯浓度超过1%不得装药爆破；工作面要有足够风量，设好防尘水管，爆破前、后都必须洒水降尘；过断层、破碎带时，断层、破碎带上下2m内不准进行大型爆破。

## 三、装煤及运煤

1.爆破装煤

炮采工作面大多采用可弯曲刮板输送机运煤，在单体液压支柱及铰接顶梁所构成的悬臂支架掩护下，输送机贴近煤壁，进行爆破装煤，爆破装煤率一般可达31%~37%，对于不同的爆破方式，装煤效果也不同，如图6-5所示。

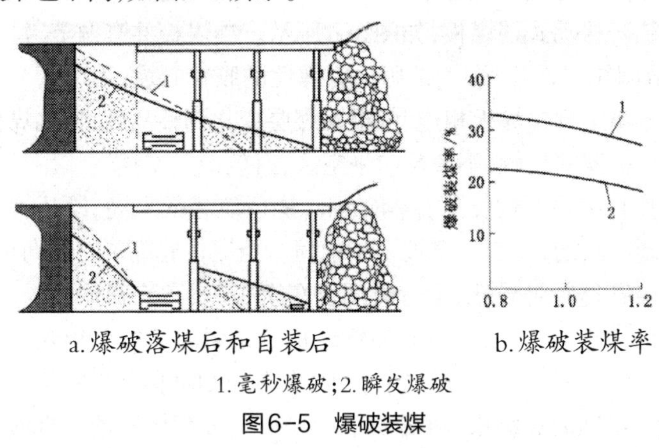


a.爆破落煤后和自装后　　b.爆破装煤率

1.毫秒爆破；2.瞬发爆破

图6-5　爆破装煤

2.人工装煤

炮采工作面人工装煤量主要由两部分构成：输送机与新煤壁之间松散煤（安息角线以下的煤）和崩落或撒落到输送机采空侧的煤。因此，浅进度可减少煤壁处人工装煤量，提高爆破技术水平，也可以减少人工装煤量。

3.机械装煤

人工装煤是炮采工作面各工序中的薄弱环节，为此我国各矿区研制了多种装煤机械。目前使用最多的是在输送机煤壁侧装上铲煤板，爆破后部分煤自行装入输送机，然后工人用锹将部分煤装入输送机，余下的部分底部松散煤靠大推力千斤顶的推移用铲煤板将其装入输送机。

近年来，随着大功率带铲煤板、挡煤板的可弯曲输送机和液压移输送机器及液压切顶支柱的发展,爆破采煤技术又有了新的进展。兖州矿区和枣庄矿区根据所采煤层赋存硫化铁、坚硬夹矸的特点,炮采输送机铲装工艺试验成功,装煤效果较好,不剩浮煤,实现了全部机械化装煤的要求。

枣庄矿区枣庄矿开采16号煤层,工作面设备由输送机、铲煤板、挡煤板、移输送机器和切顶支柱(墩柱)组成,挡煤板为全封闭刚柔结合移动式挡煤板,如图6-6所示。挡煤板共有两节,每节长3m,节间用锚链连接,上部用具有弹性的胶带制成,由可调节长度的锚链与下部挡煤板相连,可根据煤层变化调整高度,使挡煤板始终与顶板紧密接触,不会翻向采空区,有效地起到挡煤作用。下部挡煤板有两根刚性支架,高400mm,能适应最低采高,既达到了竖向限制的目的,又使挡煤板牢靠稳固。挡煤板底部装有导向爪,利用导向管作行走导轨,上行时用绞车牵引,绞车连在输送机上,随输送机推进而移动;下行时用输送机链条牵引。每节挡煤板上装有两个洒水喷头,由专用水泵供水,在爆破和推移装煤时均可喷雾洒水。爆破装煤结束,可启动千斤顶推动带铲板的输送机前移装煤,直到铲煤板靠近煤壁为止。

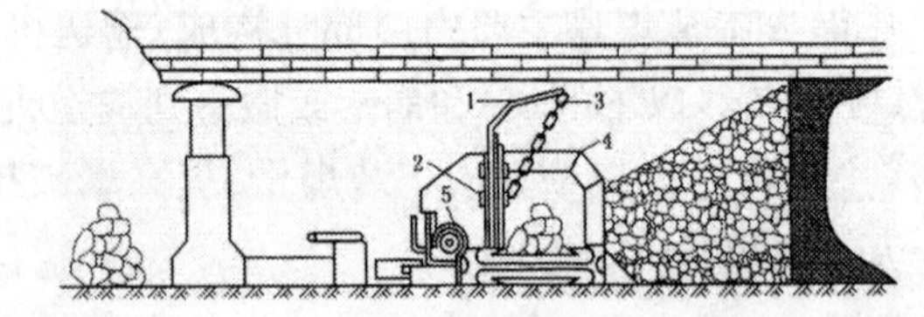

1. 上部挡煤板;2. 下部挡煤板;3. 锚链;4. 刚性支架;5. 导向管

图6-6 全封闭移动式挡煤板

兖州矿区唐村矿开采16和17两个薄煤层,研制并使用了柔性挡煤板,如图6-7所示。胶带挡煤板沿工作面全长设置,其下部通过螺栓弹簧连接装置与铁护板连接,允许在爆破时摆动,上部用链环挂钩与固定在机头、机尾的钢丝绳相连接,防止挡煤板在爆破落煤时向采空区翻转,为增加挡煤板的刚性,在其上下固定部分钢板。其工作面布置如图6-8所示的唐村矿薄煤层工作面月产1.7×$10^4$t以上，回采工效5.2~5.4t/工，最高工效达8.21t/工，而且采用了防止炮崩金属支柱，经济效益显著。

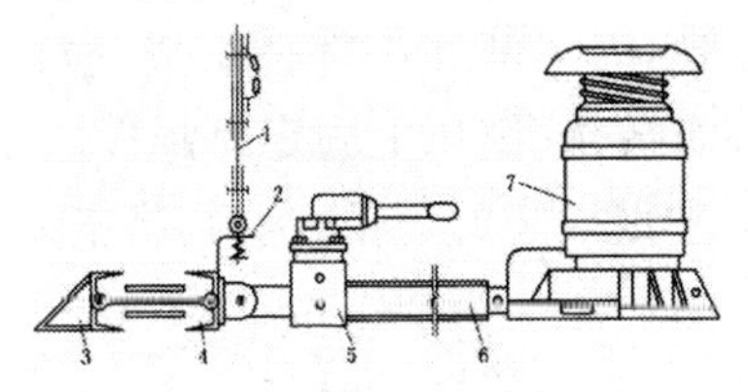


1.胶带挡煤板；2.铁护板；3.产煤板；4.刮板输送机；5.操纵阀；6.千斤顶；7.切顶支柱

图6-7　柔性挡煤板

4.运煤及推移刮板输送机

炮采工作面运煤，取决于工作面的坡度与煤的湿度及块度。一般倾角在25°以下的湿煤可采用普通刮板输送机或可弯曲刮板输运机。倾角在25°~30°时采用搪瓷溜槽，大于30°时采用铸石溜槽自溜运煤。

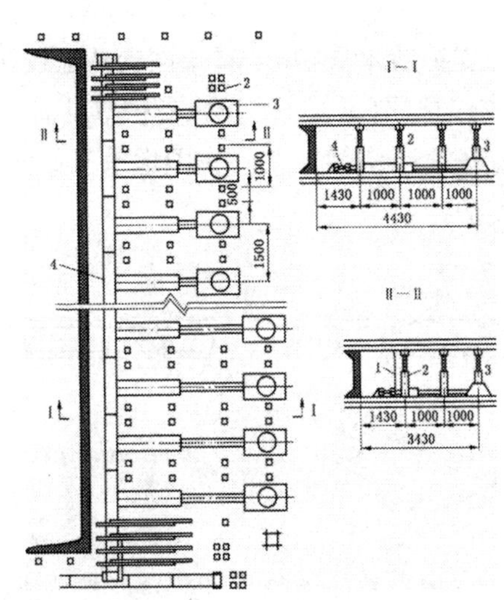


1.柔性挡煤板；2.金属支柱；3.放顶支柱；4.刮板输送机

图6-8　铲装工作面布置图

在近水平和缓倾斜煤层中,采煤工作面的爆破落煤一般由沿工作面全长铺设的可弯曲刮板输送机运出。可弯曲刮板输送机的应用,使长壁采煤工艺发生了重要变革。如图6-9所示,可弯曲刮板输送机由机头部、机尾部和中部槽组成。每节中部槽一般长1.5m,中部槽内铺有链条,链条上固定有刮板。运煤时,电动机带动链轮,链轮带动中部槽中的链条、刮板,将中部槽中的煤炭运向工作面下端。

可弯曲刮板输送机的移置,即称"推移"。输送机移置器多为液压式推移千斤顶,其布置如图6-10a所示。工作面内每6m设一台千斤顶,输送机机头、机尾各设3台千斤顶。某些装备水平较低的炮采工作面,可使用电钻改装的机械移置器。如图6-10b所示。移置输送机时,应从工作面的一端向另一端依次推移,以防输送机槽拱起而损坏。推移时中间槽间弯度不大于3°~5°,弯曲段长度不小于15m。

## 四、支护作业

炮采工作面支护有木支护、金属摩擦支柱配铰接顶梁支护、单体液压支柱配铰接顶梁(Ⅱ型长钢梁)支护等几种,目前木支护和金属摩擦支柱支护属于淘汰工艺。我国炮采工作面都已采用单体液压支柱进行支护。

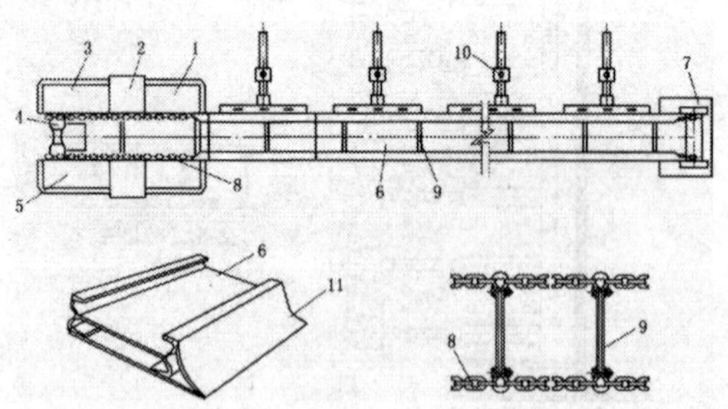


1.电动机;2.液力联轴器;3.减速器;4.链轮;5.机头部;6.中部槽;7.机尾;8.链条;9.刮板;10.推移千斤顶;11.铲煤板

图6-9 可弯曲刮板输送机

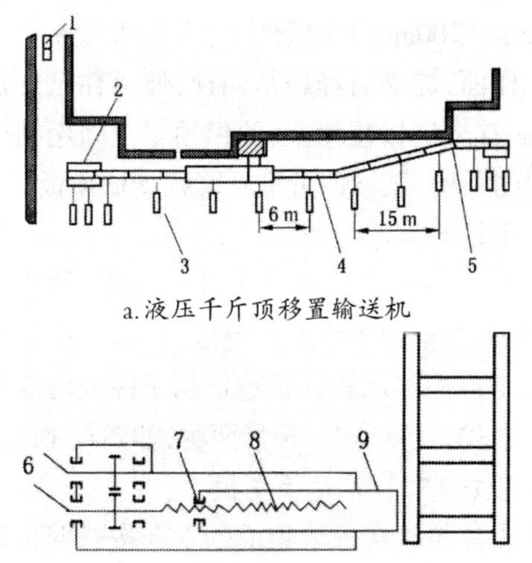


a.液压千斤顶移置输送机

b.利用改装的电钻移置输送机

1.系站;2.输送机机头;3.千斤顶;4.输送机;5.机尾;6.轴;7.螺母;8.丝杆;9.套筒

图6-10 移置输送机示意图

单体液压支柱是以高压液体为动力的一种单体支柱,分外注液式DZ型及内注液式DZ型两种。内注液式单体液压支柱在地面即将油液注入柱内,支柱工作时,像千斤顶一样,靠液压升缩。外注液式单体液压支柱的工作液是从外部供给的,其结构如图6-11所示一般是由工作面运输平巷内的泵站经高压软管供给工作液,在高压液体作用下使支柱升起并支撑顶板,外注液式单体液压支柱工作面管路系统如图6-12所示。一般外注液式单体液压支柱用于采高较大(2.2m以上)、走向较长的长壁工作面,与采煤机配套可进行高效率采煤。内注液式单体液压支柱用于采高较小、倾角较大或地质条件变化较大的工作面,往返拉液压枪有困难的场所及用作端头支护或临时支护。目前,炮采工作面常采用外注液式单体液压支柱。

HDJA塑金属铰接顶梁由梁体、左右耳子、接头、销子和调角楔子等部件组成,其结构如图6-13所示,根据销孔中心距长度,有

800mm、1000mm、1200mm三种型号。

在炮采工作面，爆破后经敲帮问顶，便可在已支护顶板的顶梁前端，沿工作面挂金属铰接顶梁，两根顶梁之间用销子连接并用水平楔插入梁间的耳槽，顶梁即可呈悬臂状支护顶板。

1. 戴帽点柱支护

戴帽点柱是由一根支柱和一个柱帽组成，柱帽一般由长0.3~0.6m、厚50~100m的半圆木或木板制成，柱帽受压后具有较大的可缩性。一般用于直接顶比较完整稳定的条件或薄煤层工作面。戴帽点柱的布置形式有矩形和三角形两种，如图6-14所示。

2. 单体液压支柱配铰接顶梁支护

单体液压支柱与铰接顶梁组成的支架按悬臂顶梁与支柱的关系，可分为正悬臂与倒悬臂两种，如图6-15所示。正悬臂支架悬臂的长段在立柱的煤壁侧，有利于支护机道上方顶板，短段在立柱的采空侧，故顶梁不易被折损。倒悬臂支架则相反，由于其长段伸向采空区，立柱不易被碎矸石埋住，但易损坏顶梁。

炮采工作面使用单体液压支柱和铰接顶梁的支架布置形式主要有正悬臂齐梁直线柱（图6-16a）和正悬臂错梁三角柱（图6-16b）两种，但后者现在较少采用。落煤时，爆深应与图6-11外注液式单体液压支柱结构示意图铰接顶梁长度相等。最小控顶距时应有3排支柱，以保证有足够的工作空间，最大控顶距时一般不宜超过5排支柱。通常推进一或两排柱放一次顶，即“三四”排控顶或“三五”排控顶。在有周期来压的工作面中，当工作空间达到最大控顶距时，为了加强对放顶处顶板的支撑作用，回柱之前常在放顶排处另外架设一些加强支架，称为工作面的特种支架。特种支架的形式很多，有丛柱、密集支柱、木垛、斜撑支架（图6-17），以及切顶墩柱等。

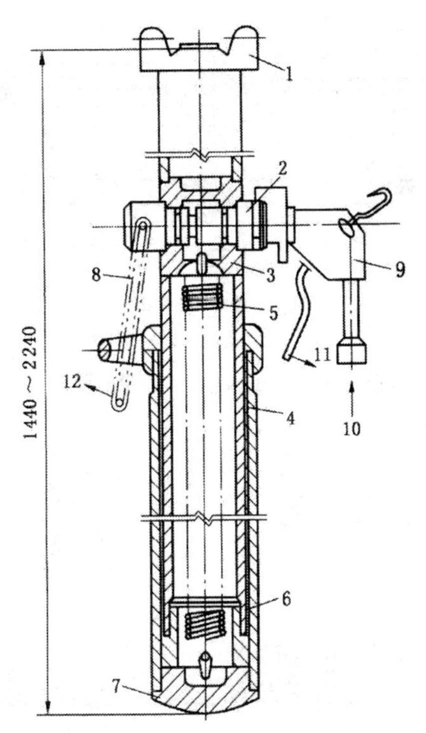


1. 顶盖；2. 三通阀；3. 活柱体；4. 液压缸；5. 复位弹簧；6. 活塞；7. 底座；8. 卸载手把；9. 注液枪；10. 泵站供液；11. 注液时操作手把方向；12. 卸载时动作方向

图6-11　外注式单体液压支柱结构示意图

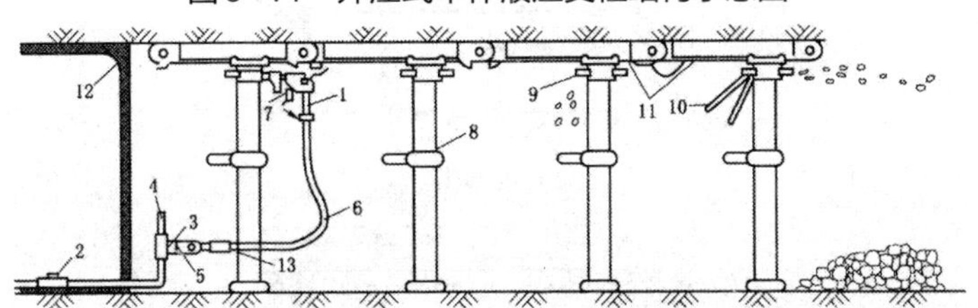


1. 泵站系统；2. 主管截止阀；3. 主管三通；4. 主管路；5. 支管截止阀；6. 注液枪胶管；7. 注液枪；8. 单体液压支柱；9. 三用阀；10. 卸载手把；11. 顶梁；12. 煤壁；13. 过滤器

图6-12　外注液式单体液压支柱工作面管路系统

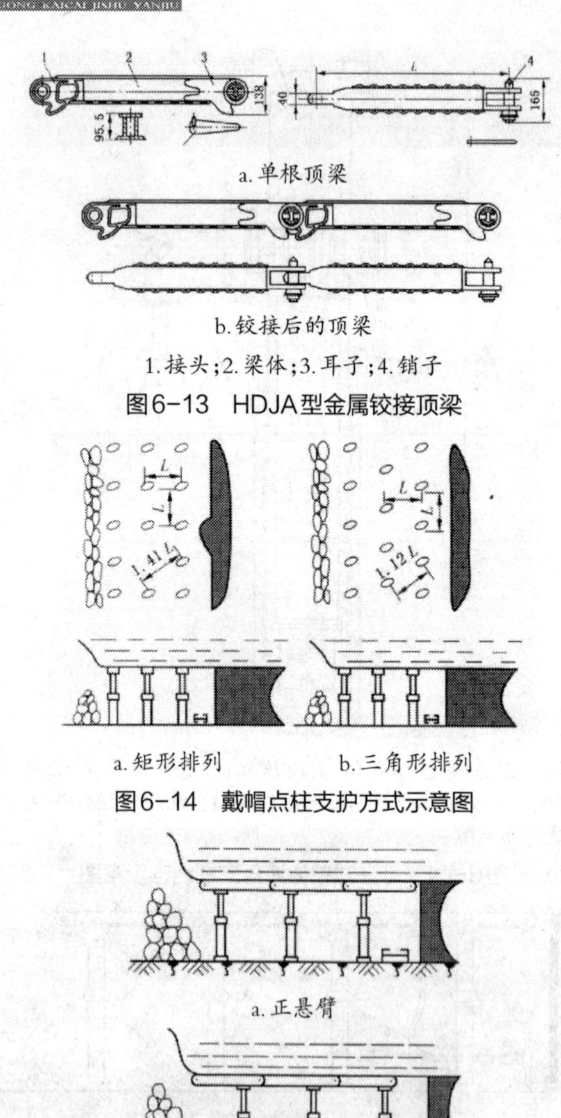


a. 单根顶梁

b. 铰接后的顶梁

1. 接头;2. 梁体;3. 耳子;4. 销子

图6-13　HDJA型金属铰接顶梁

a. 矩形排列　　b. 三角形排列

图6-14　戴帽点柱支护方式示意图

a. 正悬臂

b. 倒悬臂

图6-15　悬臂顶梁与支柱关系图

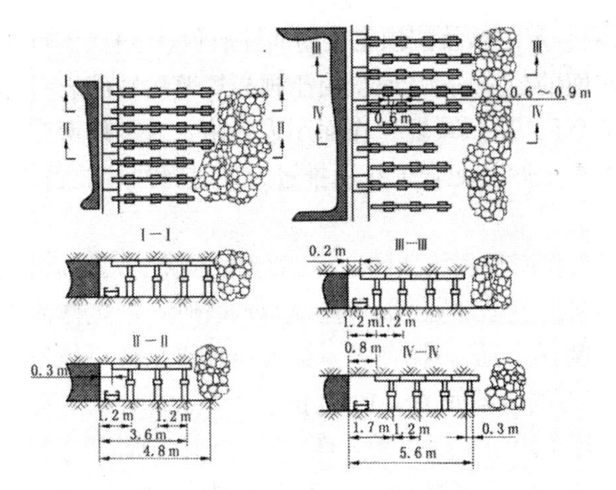


a. 正悬臂齐梁直线柱布置　　b. 正悬臂错梁三角柱布置

图6-16　炮采工作面使用单体液压支柱和铰接顶梁的支架布置形式

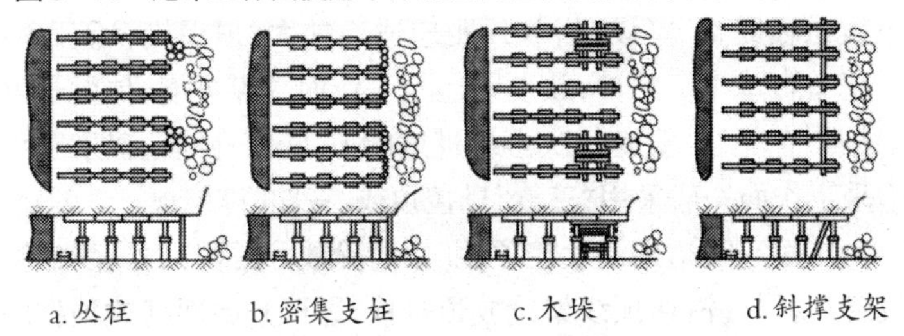

a. 丛柱　　b. 密集支柱　　c. 木垛　　d. 斜撑支架

图6-17　炮采工作面各种特种支架形式

## 五、回柱放顶

随着采煤工作面不断向前推进，顶板悬露面积越来越大，为了工作面的安全和正常生产，就需要及时对采空区进行处理。由于顶板特征、煤层厚度和保护地表的特殊要求等条件不同，采空区处理方法有全部垮落法、全部充填法、局部充填法、缓慢下沉法和煤柱支撑法等，但最常用的是全部垮落法。

全部垮落法，通常适用于直接顶易于垮落或具有中等稳定性的顶板。其方法是当工作面从开切眼推进一定距离后，主动撤除采煤工作空间以外的支架，使直接顶自然垮落。以后随着工作面推进，每隔一定距离就按预定计划回柱放顶。这样，不仅可以及时减小工作面的控顶面积，而且由于顶板垮落后破碎岩石体积膨胀而充填采空区，从而减轻工作面压力和防止对工作面产生不良影响。其主要工序是配合工作面推进定期进行回柱放顶工作，如图6-18所示。

采煤工作面每次放顶的宽度，称为放顶距；放顶前沿工作面推进方向的最大宽度，称为最大控顶距；放顶后，沿工作面推进方向的最小宽度，称为最小控顶距。最大控顶距是最小控顶距与放顶距之和，三者的关系如图6-19所示。

最小控顶距要根据顶板岩性、工作面采煤所需空间而定，要保证工作面通过的风速符合《煤矿安全规程》的规定，一般应由机道、人行道和材料道三部分组成。放顶距与顶板岩层的稳定性有关，当顶板比较完整、坚硬时，放顶距应适当加大；顶板松软破碎时放顶距应适当减小。此外，放顶距还与工作面落煤进度、顶梁长度及支架排距有关，一般为每次落煤进度的1~2倍。目前，普采工作面和炮采工作面一般采用“三五”排控顶或“三四”排控顶。

工作面空间达到最大控顶距时，清除放顶区内的浮煤，撤移采煤设备和材料，沿切顶线架设放顶排柱，即可开始回柱放顶柱顺序是由采空区侧向工作面煤壁方向，即由里向外；沿倾斜由下而上进行，并要遵守《煤矿安全规程》的有关规定，当工作面长度较大时，可分段同向进行回柱。单体液压支柱工作面的回柱方法有人工同柱和机械回柱两种。当工作面使用木支柱时，采用回柱绞车回撤支柱；当工作面使用金属摩擦支柱或单体液压支柱时，通常用人工回柱。若支柱有钻底或被垮落矸石埋住，则需辅以拔柱器等回柱机械。对顶板比较坚硬、回柱后顶板不能自行垮落时，可采用爆破、高压注水软化顶板等方法，进行强制放顶。

采用全部垮落法处理采空区简单可靠、费用少，所以，凡是条件合适时均应采用这种方法。我国开采薄及中厚煤层和大部分厚煤层时，几乎都采用全部垮落法。

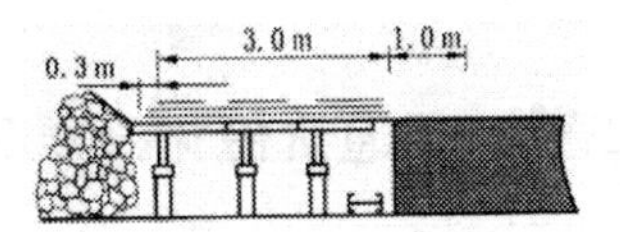


a.最小控顶距时支架形式

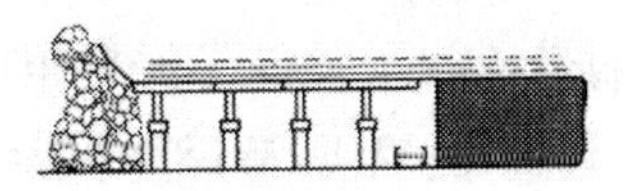

b.第一次推进后支架形式

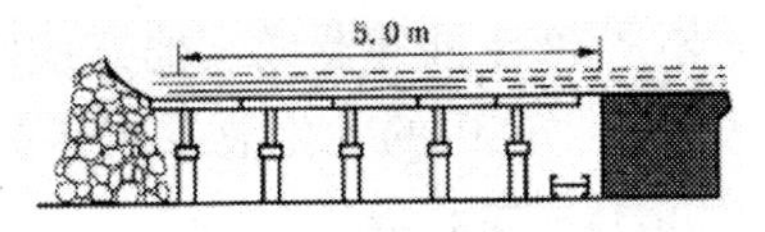


c.放顶前(最大控顶距)支架形式

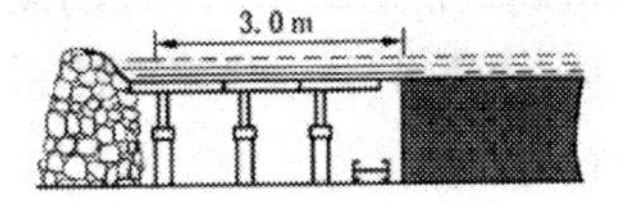


d.放顶后恢复到最小控顶状态

图6-18　全部垮落法回柱放顶工序

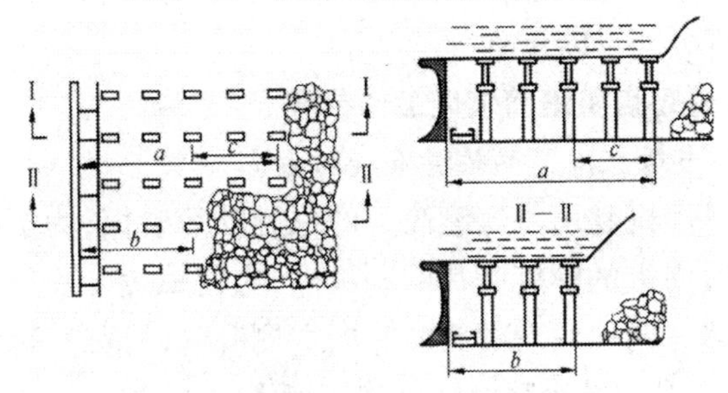


a.最大控顶距；b.最小控顶距；c.放顶距

图6-19控顶距与放顶距示意图

## 第二节　普通机械化采煤工艺

普通机械化采煤与爆破采煤工艺的区别在于破煤和装煤实现了机械化。普通机械化采煤工作面一般采用单滚筒采煤机(少数条件下用双滚筒采煤机或刨煤机)落煤和装煤、可弯曲大型刮板输运机运煤、金属摩擦支柱或单体液压支柱铰接顶梁(个别用Ⅱ型钢顶梁或不用顶梁)支护、液压推移器或其他方式推移刮板输送机。液压推移器可用设置在平巷内的乳化液泵通过管路进行集中供液控制,也可用手动的液压式推移器。

普采工作面上下区段平巷断面不大,刮板输送机的机头、机尾通常都设在工作面内,故工作面上下两端都需要用人工打眼爆破开切口,上切口长为6~10m,下切口为3~4m。

普采工作面采煤工艺中落煤和装煤与炮采完全不同,其运煤、支护和采空区处理等基本上与炮采相同,现将普采工作面采煤工艺主要内容分别予以介绍。

### 一、滚筒采煤机滚筒破煤工作参数

1.滚筒采煤机滚筒的位置及旋转方向

滚筒采煤机利用割煤滚筒上的螺旋叶片装煤,为了能够将割落的煤沿滚筒上的螺旋叶片顺利推出,应使螺旋叶片升角的方向与滚筒旋转方向一致。螺旋叶片向左侧升起的滚筒,称为左螺旋滚筒;向右侧升起的滚筒,称为右螺旋滚筒。

滚筒采煤机包括单滚筒采煤机和双滚筒采煤机两种。

(1)单滚筒采煤机

普采工作面单滚筒采煤机的滚筒一般位于机体靠近输送机平巷一端,这样可缩短工作面下切口的长度,使煤流尽量不通过机体下方,有利于工作面技术管理。

滚筒采煤机滚筒的旋转方向对采煤机运行中的稳定性、装煤效果、煤尘产生量及安全生产影响很大。单滚筒采煤机的滚筒旋转方向与工作面方向有关。当人面向回风平巷站在工作面时，若煤壁在右手方向，则为右工作面；反之，则为左工作面。右工作面的单滚筒采煤机应安装左螺旋滚筒，割煤时滚筒逆时针旋转；左工作面应安装右螺旋滚筒，割煤时滚筒顺时针旋转，如图6-20所示。这样的滚筒旋转方向，有利于采煤机稳定运行。当采煤机上行割顶煤时，其滚筒截齿自上而下运行，煤体对截齿的反力是向上的，但因滚筒的上方是顶板，无自由面，故煤体反力不会引起机器振动。当机器下行割底煤时，煤体反力向下，不会引起振动，下行时负荷小，不容易产生"啃底"现象。这样的转向还有利于装煤，产生煤尘少，煤块不抛向司机位置。

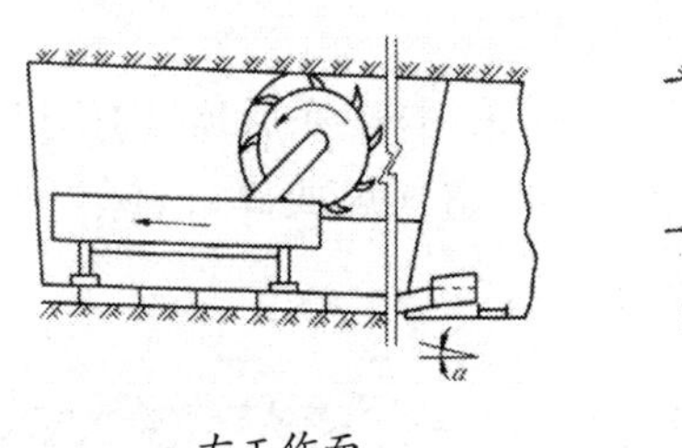


a. 右工作面

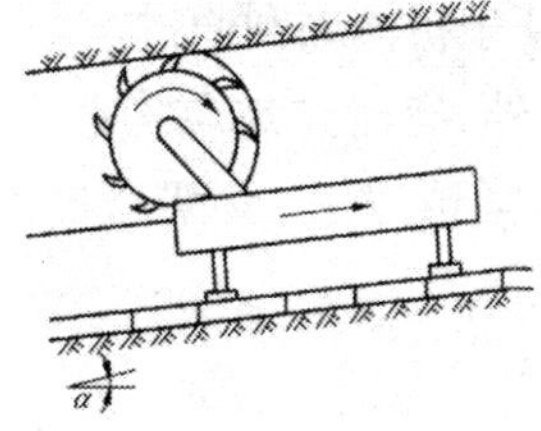


b. 左工作面

图6-20　单滚筒采煤机的滚筒旋转方向

(2)双滚筒采煤机

在中厚煤层内，使用双滚筒采煤机采煤大多为一次采全高。一般情况下，前滚筒沿顶板割顶煤，割下的煤量占60%以上，有的达到90%以上；后滚筒割底煤及清理浮煤。

双滚筒采煤机的两个滚筒永远是向相反的方向旋转，因为两个滚筒同向旋转的切削方向相同，叠加的切削力会使采煤机运行不稳定。

不同的条件下，双滚筒采煤机两个滚筒的合理旋转方向不同。

①在工作面正常条件下，采用双滚筒采煤机的前滚筒为右螺

旋，顺时针旋转，沿顶板割煤；后滚筒为左螺旋，逆时针旋转，沿底板割煤，如图6-21a所示。其优点是位置较高的滚筒自上而下切割，碎煤抛出伤人的危险性较小，煤尘也较少；沿底板的后滚筒是自下而上切割，能量消耗较低，装煤效果较好。

②在某些特殊条件下，如煤层中含硬夹矸时，采用双滚筒采煤机的前滚筒为左螺旋，逆时针旋转，沿底板割煤；后滚筒为右螺旋，顺时针旋转，沿顶板割煤，如图6-21b所示。运行中，前滚筒割底煤，后滚筒割顶煤，在下部采空的情况下，中部夹矸易被后滚筒破落下来。

③在薄煤层条件下，对于滚筒与机体在一轴线上的薄煤层采煤机采用前滚筒为右螺旋，顺时针旋转，沿底板割煤；后滚筒为左螺旋，逆时针旋转，沿顶板割煤，如图6-21c所示，这样前滚筒割底煤后，便于机体顺利通过。

此外，有时过地质构造带，也需采用"前底后顶"的割煤方式，后滚筒割顶煤后，支架立即前移，以防顶煤或碎矸冒落，如图6-21d示。

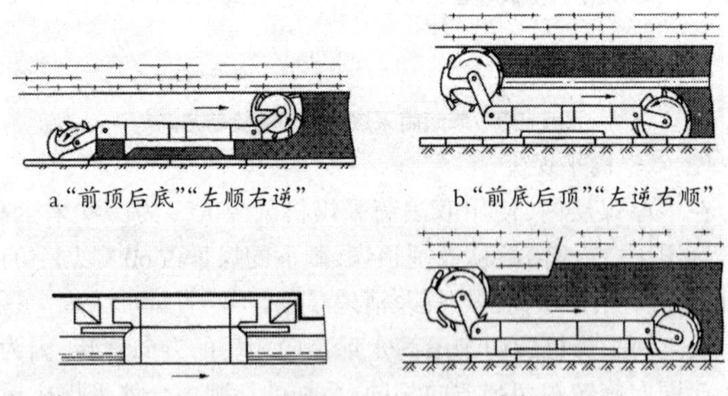

a."前顶后底""左顺右逆"　　b."前底后顶""左逆右顺"

c.薄煤层"前底后顶"(俯视图)　　d."前底后顶""右顺左逆"

图6-21　双滚筒采煤机滚筒的位置和转向

2.滚筒的旋转速度及牵引速度

滚筒采煤机滚筒结构尺寸给定后，滚筒旋转速度实质是指截齿刀尖的切向速度，即截齿的截割速度。大多数采煤机，滚筒旋转速度是一定的。在这种情况下，若采煤机牵引速度较低，则截齿吃刀深度较小，导致低效截割、煤尘增多、能耗不合理；若采煤机牵引速度过高，则截齿吃刀深度过大，使齿座磨损，能耗急剧增加。因此，选择合理的牵引速度是实现高效截割、降低煤尘、能耗合理的重要措施，一般来说，割硬煤时，采煤机牵引速度应适当降低，截割速度相对提高；割软煤时，则应提高采煤机的牵引速度。

我国综合机械化采煤工作面，由于受其他工序和煤层赋存条件的影响，采煤机的牵引速度一般在3~5m/min范围内，目前电牵引采煤机的牵引速度一般为8~12m/min，最大可达25m/min，在普通机械化采煤工作面只有2~3m/min，与采煤机技术特征表上牵引速度调整范围出人较大。

3.滚筒直径

滚筒直径即从滚筒上截齿齿尖算起的截割直径。我国生产的双滚筒采煤机，其滚筒直径等于或稍大于最大采高的1/2，这样有利于必要时截割顶底板岩层。可调高的单滚筒采煤机的最大采高除与滚筒直径有关外，还与摇臂长度、摇臂摆角、机体高度等因素有关。

4.滚筒宽度与截深

滚筒宽度是由端面截齿齿尖至滚筒另一端的长度。截深是指采煤机滚筒割煤一次切入煤壁的深度，滚筒采煤机的截深是根据煤层顶板稳定性、硬度等因素来选取，一般等于或小于滚筒的宽度。我国生产的采煤机滚筒标准截深绝大多数为0.6m、0.8m、1.0m，实际使用中可根据不同条件加工成不同宽度的滚筒。国外生产的滚筒采煤机滚筒截深绝大多数为0.8~1.0m和0.85~1.2m。通常厚度在1.2m以下的薄煤层，煤层片帮不严重，易于控制顶板，滚筒截深可选用0.8~1.0m；厚度在1.2~2.5m的煤层，滚筒截深可选用0.6m左右，其中，顶板稳定、中硬以下煤层，滚筒截深可适当加大为0.8~1.0m，反之，可适当减少至0.5m；厚度在2.5~3.5m以上的煤层，煤壁容易片帮，片帮后增大了空顶范围，滚筒截深宜选为0.5m左右，其中，地质条件好的工作面可适当加大至0.6~0.7m。

## 二、普采工作面单滚筒采煤机工作方式

### 1.单滚筒采煤机的割煤方式

普采工作面的生产是以采煤机为中心的。采煤机割煤以及与其他工序的合理配合，称为采煤机割煤方式。采煤机割煤方式选择是否合理，直接关系到工作面产量和效率的提高。

(1)双向割煤(往返一刀)

即采煤机沿工作面倾斜方向由下而上割顶煤，随机挂梁，到工作面一端后，采煤机翻转弧形挡煤板，下放滚筒由上而下割底煤，清理浮煤，机后10~15m推移输送机，支单体液压支柱，直至下部切口，采煤机往返一次，煤壁推进一个截深，挂一排顶梁，打一排支柱。

一般中厚煤层单滚筒采煤机普采工作面采用这种由下向上割顶煤的方式。当煤层倾角较大时，为了补偿输送机下滑量，推移输送机必须从工作面下端开始，为此可采用下行割顶煤、随机挂梁，上行割底煤、清浮煤、推移输送机和支柱的工艺顺序，如图6-22所示。

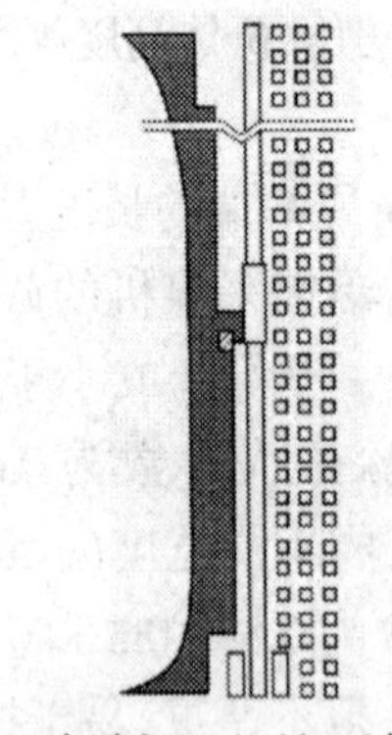

a.采煤机下行割顶煤、随机挂梁

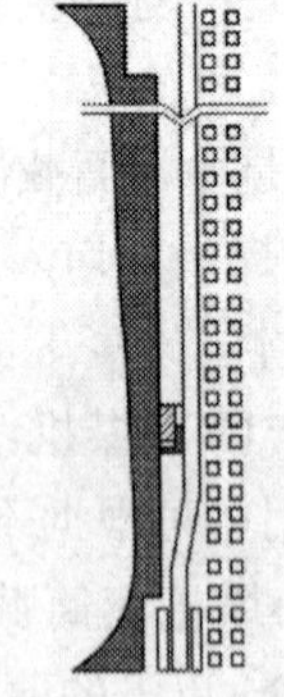

b.采煤机上行割底煤、轻浮煤、推移输送机和支柱

图6-22 双向割煤方式

双向割煤(往返一刀)割煤方式适应性强，在煤层黏顶、厚度变

化较大的工作面均可采用,无须人工清浮煤。但割顶煤时无立柱控顶(即只挂上顶梁而无立柱支撑)时间长,不利于控顶;实行分段作业时,工人的工作量不均衡,工时不能得到充分利用。

(2)"∞"字形割煤(往返一刀)

即将工作面分为两段,中部斜切进刀,采煤机在上半段割煤时,下半段推移输送机;采煤机在下半段割煤时,上半段推移输送机(也称半工作面采煤方式)。"∞"字形割煤方式如图6-23所示。其特点是在工作面中部输送机设弯曲段,其过程为在如图6-23a所示的状态下,采煤机从工作面中部向上牵引,滚筒逐步升高,其割煤轨迹为A—B—C;在如图6-23b所示的状态下,采煤机割至上平巷后,滚筒割煤轨迹改为C—D—E—A,同时全工作面输送机移直;在如图6-23c所示的状态下,滚筒割煤轨迹为A—E—B—F,工作面上端开始移输送机;在如图6-23d所示的状态下,滚筒割煤轨迹为F—G—A,全工作面煤壁割直,而输送机机槽在工作面中部出现弯曲段,回复到如图6-23a所示的状态:

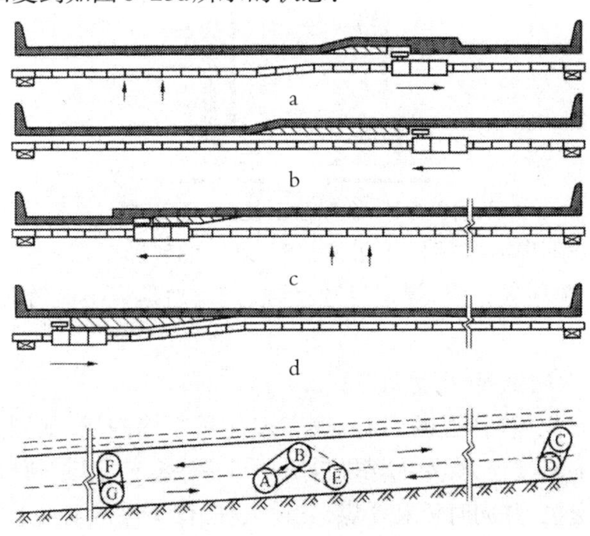


图6-23　"∞"字形割煤方式

这种割煤方式可以克服工作面一端无立柱控顶时间过长、工人的工作量不均衡等缺点,并且割煤过程中采煤机自行进刀,无须另外安排进刀时间,在中厚煤层单滚筒采煤机普采工作面中常采用。

(3)单向割煤(往返一刀)

单向割煤(往返一刀)割煤方式,如图6-24所示。其工艺过程为采煤机自工作面下(或上)切口向上(或下)沿底割煤,随机清理顶煤、挂梁,必要时可打临时支柱。采煤机割至上(或下)切口后,翻转弧形挡煤板,快速下(或上)行装煤及清理机道丢失的底煤,并随机推移输送机、支设单体液压支柱,直至工作面下(或上)切口。

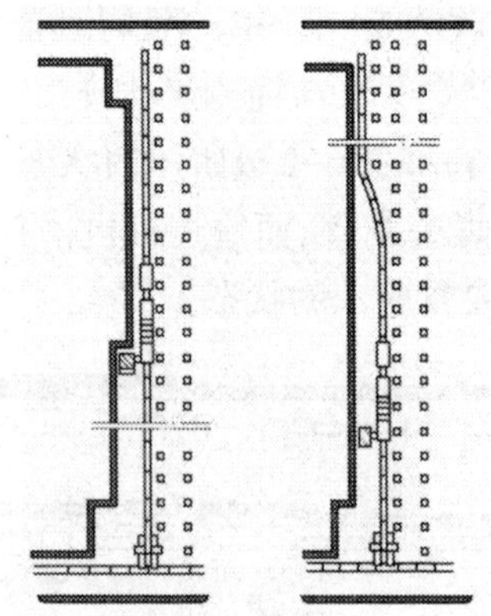

图6-24　单向割煤(往返一刀)方式

这种割煤方式适用于采高1.5m以下的较薄煤层、滚筒直径接近采高、顶板较稳定、煤层黏顶性强、割煤后顶煤不能及时垮落等条件。

(4)双向割煤(往返两刀)

双向割煤(往返两刀)割煤方式又称穿梭割煤,如图6-25所示。其工艺过程为,先采煤机自下切口沿底上行割煤,随机挂梁和推移输送机,并同时铲装浮煤,支设支柱,待采煤机割至上切口后,翻转弧形挡煤板;下行重复同样工艺过程。当煤层厚度大于滚筒

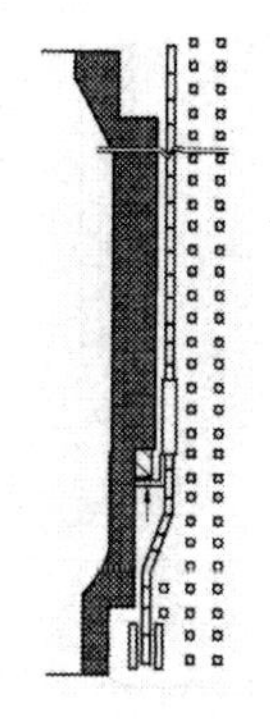

a. 上行割煤、挂梁、推移输送机和支柱

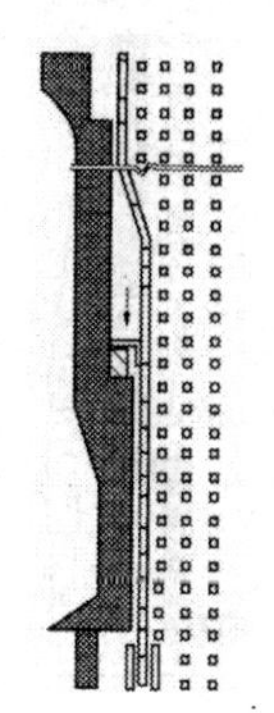

b. 下行重复上行时工序

图6-25　双向割煤(往返两刀)方式

直径时,挂梁前要处理顶煤。该方式主要用于煤层较薄并且煤层厚度和滚筒直径相近的普采工作面。

普采工作面使用双滚筒采煤机时,一般也采用双向割煤往返两刀的割煤方式。

2. 单滚筒采煤机的进刀方式

滚筒采煤机每割一刀煤之前,必须使其滚筒进入煤体,这一过程称之为进刀。滚筒采煤机以输送机机槽为轨道,沿工作面运行割煤,其自身无进刀能力,只有与推移输送机工序相结合才能进刀。因此,进刀方式的实质是采煤机运行与推移输送机的配合关系。单滚筒采煤机的进刀方式主要有3种:直接推入法、"∞"字形进刀法、端部斜切进刀法。

(1)直接推入法进刀

图6-26所示为直接推入法进刀。工作向下端头必须有不小于4m长的切口,普采工作面单滚筒采煤机采煤时常采用这种方式。由于推移的总质量较大,要开动多台千斤顶同时推移,液压推移设备需要加强,这种方式进刀速度较快,但必须人工开切口。

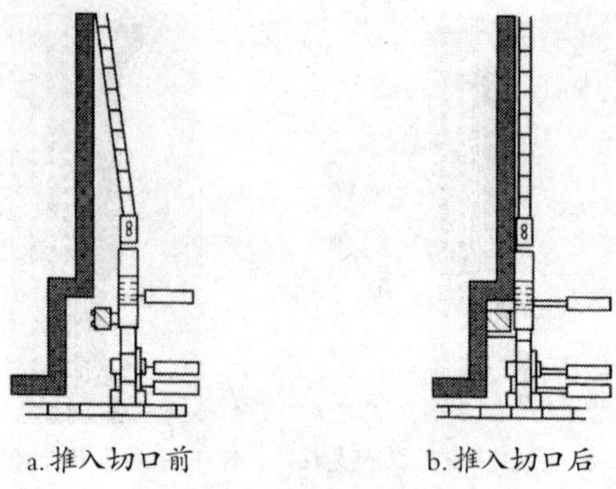


图6-26　直接推入法进刀

(2)端部斜切进刀

单、双滚筒采煤机均可采用这种进刀方式,端部斜切进刀法又可分为割三角煤进刀和留三角煤进刀两种方式。

以单滚筒采煤机上行割顶煤、下行割底煤的割煤方式为例,割三角煤进刀过程(图6-27)为采煤机割底煤至工作面下端部,如图6-27a所示;采煤机返向沿输送机弯曲段运行,直至完全进入输送机直线段,当其滚筒沿顶板斜切进煤壁达到规定截深时便停止运行,如图6-27b所示;推移输送机机头及弯曲段,使其呈一直线,如图6-27c所示;采煤机返向沿顶板割三角煤直至工作面下端部,如图6-27d所示;采煤机进刀完毕,上行正式割煤,开始时滚筒沿底板割煤,割至斜切终点位置时,改为滚筒沿顶板割煤,如图6-27e所示。这种进刀方式有利于工作面端头管理,输送机保持呈一条直线。但较费时,采煤机要在工作面端部20~25m行内往返一次,并要等待移机头和重新支护端头支架。

留三角煤进刀(图6-28)过程为采煤机割煤至工作面下端头后,返向上行沿输送机弯曲段割三角底煤(上刀留下的),割至输送机直线段时改为割顶煤直至工作面上切口,如图6-28a所示;推移机头和弯曲段,将输送机移直,在工作面下端部留下三角煤,如图

6-28b所示;采煤机下行割底煤至三角煤处改为割顶煤直至工作面下端部,如图6-28c所示;随机自上而下推移输送机至工作面下部三角煤处,完成进刀全过程,如图6-28d所示。这种进刀方式与割三角煤方式相比,采煤机无须在工作面端部往返斜切,进刀过程简单,移机头和端头支护与进刀互不干扰。但由于工作面端部煤壁不直,不易保障工程规格质量。

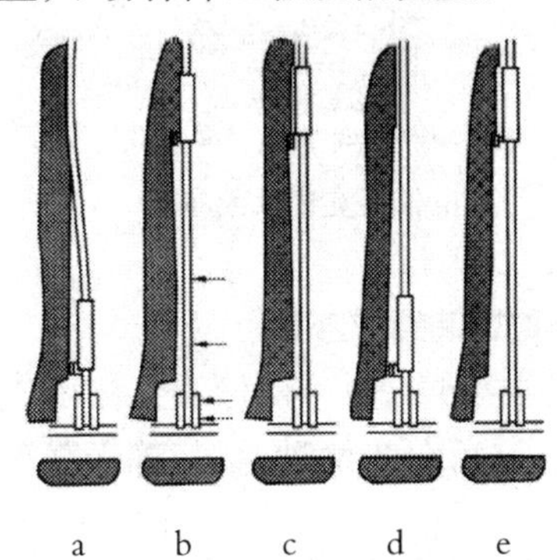


图6-27　割三角煤进刀方式

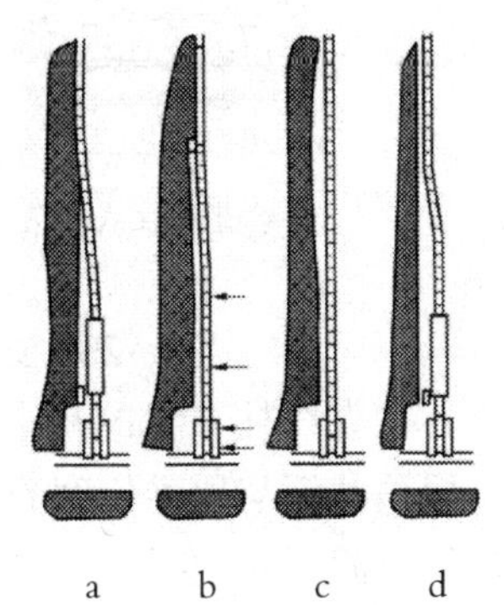


图6-28　留三角煤进刀方式

## 三、普采工作面单体支架

普采工作面单体支架布置应与煤层赋存条件、顶底板性质相适应,并符合采煤机割煤特点,除确保回采空间作业安全外,还要力求减少支设工作量。

### 1. 支架布置方式

普采工作面支护与炮采工作面基本相同,普采工作面的截深或两倍截深对应于炮采工作面放一茬炮后的进度。为行人和作业方便及容易控制支护质量,支柱在平行工作面方向一般排成直线,称为直线柱,三角形排列已很少使用。按顶梁的排列特点分为齐梁式和错梁式两种,如图6-29所示。因此,目前普采工作面支架布置方式主要有齐梁直线柱和错梁直线柱两种。

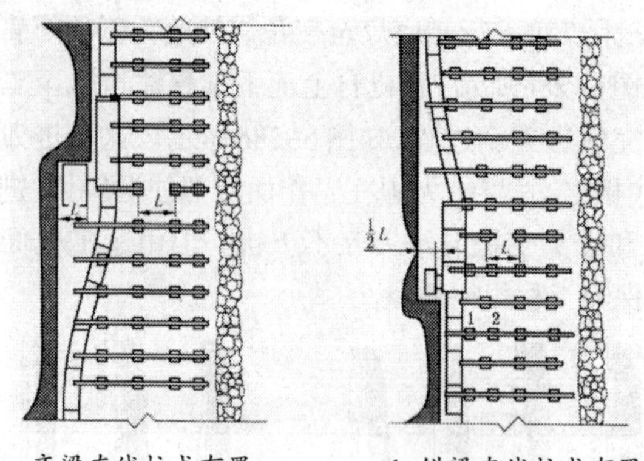


a. 齐梁直线柱式布置　　b. 错梁直线柱式布置

1. 临时柱；2. 正式柱

图6-29　支架齐梁式和错梁式布置

齐梁直线柱布置的特点是梁端沿煤壁方向相齐，支柱排成直线。根据截深与顶梁长度的关系，又可分为两种：梁长等于截深和梁长等于截深的2倍。

当梁长等于截深时，每割一刀煤沿工作面全部挂梁、支柱，一般全部为正悬臂支架。这种支架形式简单，规格质量容易掌握，放顶线整齐；工序较简单，便于组织和管理。当截深为0.8m和1.0m时，一般都采用这种布置方式。但这种布置方式由于截深大，每架支架都要挂梁和支柱，故割一刀煤需时较长。因此在煤层松软、顶板稳定性差的条件下不宜使用。

当顶梁长度是截深2倍时，若全部采用正悬臂支架，则割两刀煤挂一次梁。割第一刀时，每架支架打临时柱；割第二刀时，挂梁并将临时支柱改为永久支柱。因割第一刀时挂不上梁，机道控顶距太大，顶板易垮落，加之工人的工作量不均衡，故该方式使用较少。

错梁直线柱布置的特点是截深为顶梁长度的1/2；正倒悬臂支架相间布置；每割一刀煤间隔挂梁，顶梁向前交错；割第一刀煤时，支临时支柱，割第二刀煤时，临时支柱改为永久支柱，每割两刀煤工作面增加一排控顶距，该布置方式，机道上方顶板悬露窄，支护及时；每割一刀煤，挂梁、支柱数量少，工作量均衡；支柱呈直线，行人、运料方便；在切顶线处支柱不易被埋住，因此为现场多用。但是对切顶不利，倒悬梁易损坏。

普采工作面采空区处理方法的选择和使用的特种支架与炮采工作面相同，治顶板较稳定、有利于切顶时，也可采用墩柱。

2. 铰接顶梁与长钢梁配合支护

图6-30所示为铰接顶梁与长钢梁配合支护方式，采煤工作面采用1.0m长铰接顶梁与2.6m长钢梁联合支护方式。这种支护方式保持了铰接顶梁适应性强、承载力大的优点，同时兼有长钢梁有利于支护机道上方顶板的优势。为适应1.0m铰接顶梁的长度，截深由0.6m改为0.5m。图6-30a所示为初始状态；图6-30b所示为割煤一刀（0.5m），挂1m铰接顶梁；图6-30c所示为割煤一刀（0.5m），前移长钢梁1m；图6-30d所示为回一排柱（1.0m）后，恢复到初始状态。

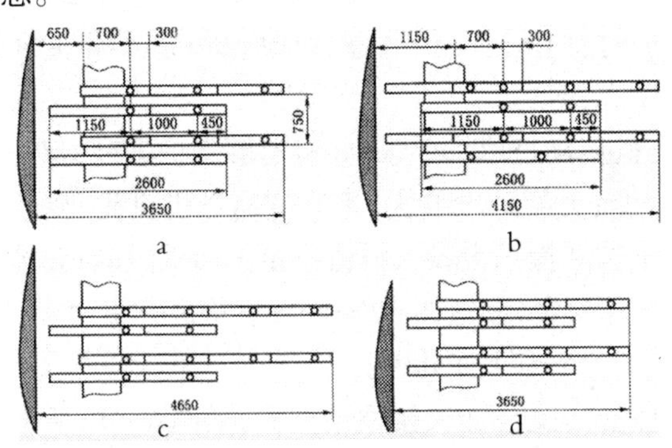


图6-30　铰接顶梁与长钢梁配合支护方式

这种支护方式的优点：工序较简单，割第一刀时，只需挂梁（每节中部槽挂梁2根），移输送机0.5m，靠输送机挡煤板支设少量临时支柱；割第二刀时，根据顶板条件，可先支柱后移梁，或先移梁后支柱，顶板均能得到及时支护；排距由0.6m扩大为1.0m后，行人、运料、回柱均较方便;支、回柱工作量小;对顶板适应性强,铰接顶梁和长钢梁相互配合,使顶板控制条件大大改善;减小了煤壁前空顶距,挂梁和移梁工序均在输送机靠采空区侧。

3.普采工作面端头支护

炮采和普采工作面与回风平巷和运输平巷的交会处称为工作面的上下端头或端部,此处控顶面积大,设备人员集中,又是人员、设备和材料出入工作面的交通口。因此,搞好工作面端头支护极为重要。

端部切口是采煤机进刀、操作和维修设备,以及出入人员、运送材料和设备的必经之地。切口的尺寸与平巷宽度、采煤机和输送机的结构特点,以及工作面工艺方式有关。

通常下切口长3~4m。上切口长度,若使用单滚筒采煤机,视机身长度和采煤机牵引的终点位置而定,一般为6~10m;若使用双滚筒采煤机,平巷宽度较大,可以不开切口。切口深度一般为截深的2~3倍,截深0.8m和1.0m时,切口深度应不小于2倍截深;截深0.5m和0.6m时,应大于3倍截深,以确保迈步式端头台棚的顺利前移。

端头支护应满足以下要求:要有足够支护强度,保证工作面端部出口的安全;支架跨度要大,不影响输送机机头、机尾的正常运转,并要为维护和操纵设备人员留出足够活动空间;要能够保证机头、机尾的快速移置,缩短端头作业时间,提高开机率。

端头支护主要有下述几种:

(1)单体液压支柱加铰接顶梁支护,如图6-31a所示。为了在跨度大处固定顶梁铰接点,可采用双钩双楔梁,或将普通铰接顶梁反用,使楔钩朝上。

(2)用4~5对长梁加单体液压支柱组成的迈步走向台棚支护,如图6-31b所示。

(3)用基本支架加走向迈步台棚支护,如图6-31c所示。除机头、机尾处支护外，在工作面端部原平巷内可用顺向托梁加单体液压支柱或十字铰接顶梁加单体液压支柱支护。

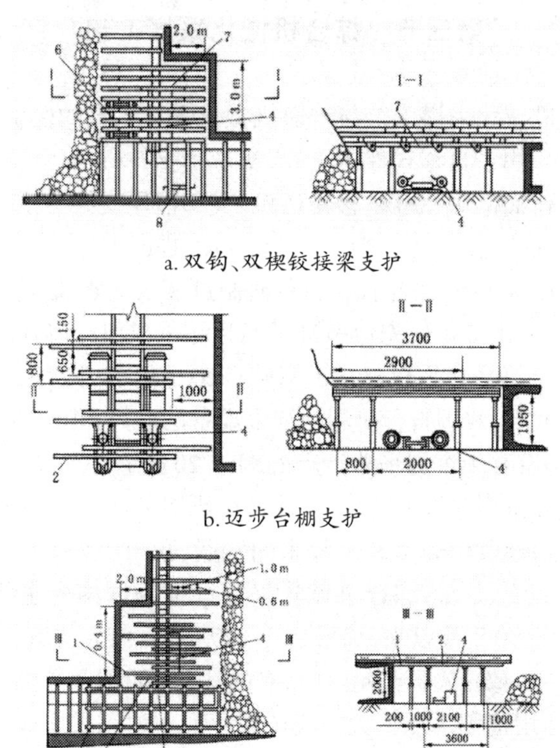


a.双钩、双楔铰接梁支护

b.迈步台棚支护

c.基本支架加走向迈步台棚支护

1.基本架；2.台棚长梁；3.转载机；4.输送机头；5.十字铰接顶梁；6.木垛；7.双钩双楔梁；8.绞车

图6-31　普采工作面端头支护

## 第三节　综合机械化采煤工艺

综合机械化采煤工艺与普通机械化采煤工艺的区别,在于工作面支护采用了自移式液压支架,实现了支护机械化。这种工艺方式使工作面破煤、装煤、移输送机、支移液压支架等主要作业全部实现了机械化,大幅度降低了劳动强度,提高了单产及安全性。

我国在20世纪60年代曾自行研制过液压支架,取得了初步的效果。20世纪70年代先后引进了两批综采机组,然后吸收消化,为我国综合机械化采煤建立了基础。20世纪80年代以来又取得了很大的发展,我国自行研制的综采设备已成为我国综采的主力,历年来,均有几十个综采队年产2.0Mt。20世纪90年代,我国又少量引进国外重型综采配套装备,并自行研制了日产7000t的综采装备,加上放顶煤综采、大采高综采的发展,我国综采单产水平又有了较大幅度的提高,综合机械化采煤已成为国内外主要发展方向。20世纪90年代以来,综采装备不断更新,向大功率、高强度和高可靠性方向发展,日产超万吨,有的达$2×10^4$t以上。随着综采的发展,其适用范围不断扩大。我国使用的主要综采方式有单一长壁、分层长壁、大采高和放顶煤综采等。本节仅以单一长壁工作面为例介绍综采工艺。

综合机械化采煤工作面一般均采用双滚筒采煤机,自开切口进刀。正常割煤为前滚筒割顶煤,后滚筒割底煤。液压支架与工作面刮板输送机间用千斤顶连接,可互为支点实现推移刮板输送机和移架。割煤后可及时依次移设输送机、液压支架;也可先逐段依次移输送机,再依次移设支架。前者称为及时支护方式,后者称为滞后支护方式。割煤到工作面下部平巷后,采煤机返回时可再割一刀或空程返回,清理浮煤,前者称为双向割煤方式,后者称为单向割煤方式。

## 一、双滚筒采煤机工作方式

1.综采工作面双滚筒采煤机的割煤方式

综采工作面采煤机的割煤方式是综合考虑顶板控制、移架与进刀方式、端头支护等因素确定的,与普采工作面相同,主要有如下两种:

(1)单向割煤,往返一次割一刀。该方式在工作面中间或端部进刀,适用于顶板稳定性差的综采工作面;煤层倾角大、不能自上而下移架,或输送机易下滑、只能自下而上推移的综采工作面;采高大而滚筒直径小、采煤机不能一次采全高的综采工作面;采煤机装煤效果差、需单独牵引装煤行程的综采工作面;割煤时产生煤尘多、降尘效果差,移架工不能在采煤机的回风平巷一端工作的综采工作面停留。

(2)双向割煤,往返一次割两刀,这种割煤方式又叫作"穿梭割煤"。多用于煤层赋存稳定、倾角较缓的综采工作面,工作面为端部进刀。

2.综采工作面双滚筒采煤机的进刀方式

(1)直接推入法进刀

其过程与单滚筒采煤机直接推入法进刀相同。因该方式需提前开出工作面端部切口,而且大功率采煤机和重型输送机机头(尾)叠加在一起,推移困难,所以很少采用。

(2)端部斜切进刀

双滚筒采煤机割三角煤方法进刀过程(图6-32)如下:当采煤机割至工作面端头时,其后的输送机槽已移近煤壁,采煤机机身处尚留有一段下部煤,如图6-32a所示;调换滚筒位置,前滚筒降下,后滚筒升起,并沿输送机弯曲段返向割入煤壁,直至输送机直线段为止,然后将输送机移直,如图6-32b所示;再调换两个滚筒上下位置,重新返回割煤至输送机机头处,如图6-32c所示;将三角煤割掉，煤壁割直后，再次调换上下滚筒，返程正常割煤，如图6-32d所示。

留三角煤进刀法与单滚筒采煤机留三角煤进刀法相似，不再重述。

综采工作面斜切进刀，要求运输及回风平巷有足够宽度，工作面输送机机头、机尾尽量伸向平巷内，以保证采煤机滚筒能割至平巷的内侧帮，并尽量采用侧卸式机头。若平巷过窄，则需辅以人工开切口方能进刀，这就不能发挥综采的生产潜力。

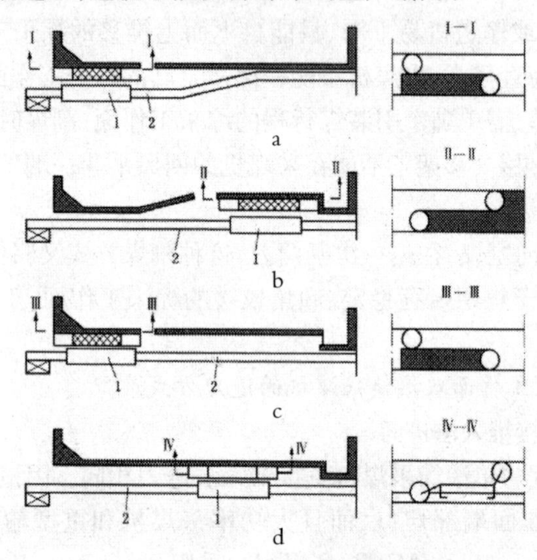


1.滚筒采煤机;2.刮板输送机

图6-32　双滚筒采煤机工作面端部割三角煤斜切进刀

(3)中部斜切进刀

图6-33所示为综采工作面中部斜切进刀，其特点是输送机弯曲段在工作面中部，操作过程如下：采煤机割煤至工作面左端，如图6-33a所示；空牵引至工作面中部，并沿输送机弯曲段斜切进刀，继续割煤至工作面右端，如图6-33b所示；移直输送机，采煤机空牵引至工作面中部，如图6-33c所示；采煤机自工作面中部开始割煤

至工作面左端，工作面右半段输送机移近煤壁，恢复初始状态，如图6-33d所示。

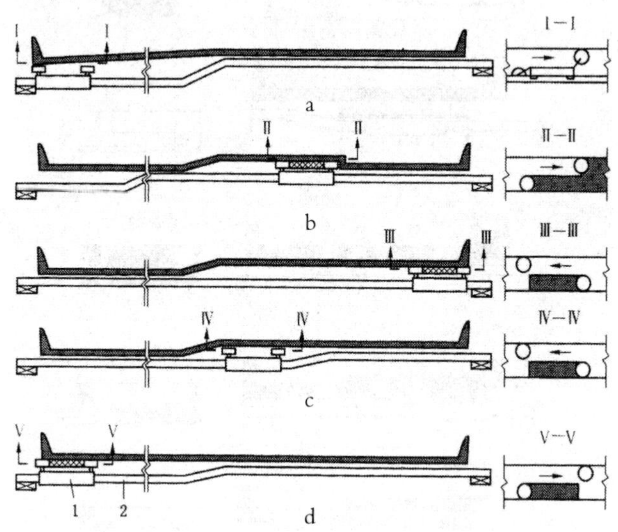


图6-33　双滚筒采煤机工作面中部斜切进刀

端部斜切进刀时，工作面端头作业时间较长，采煤机要长时间等待推移机头和移端头支架，影响有效割煤时间。而采用中部斜切进刀方式可以提高开机率，它适用于较短的综采工作面，采煤机具有较高的空牵引速度；工作面端头空间狭小，不便于采煤机在端头停留并维修保养；采煤机装煤效果较差的综采工作面。但是采用该方式，工作面工程规格质量不易保证。

(4)滚筒钻入法进刀

图6-34所示为滚筒钻入法进刀的过程示意图，操作过程如下：采煤机割煤至工作面端部距终点位置3~5m时停止牵引，但滚筒继续旋转，如图6-34a所示；开动千斤顶推移支承采煤机的输送机槽，如图6-34b所示；滚筒边钻进煤壁边上下或左右摇动，直至达到额定截深并移直输送机，如图6-34c所示；采煤机割煤至工作面端头，可以正常割煤，如图6-34d所示。

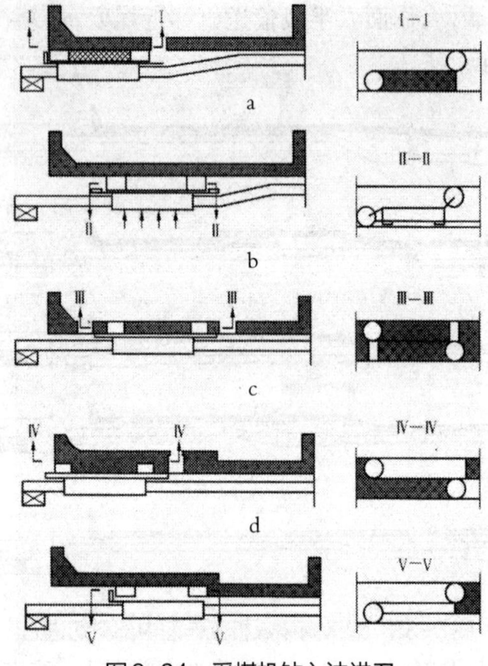


图6-34 采煤机钻入法进刀

钻入法进刀要求采煤机滚筒端面必须布置截齿和排煤口，滚筒不用挡煤板，若用门式挡煤板，钻入前需将其打开，并对输送机机槽、推移千斤顶、采煤机强度和稳定性都有特殊要求，采高较大时不宜采用。

## 二、液压支架支护方式

### 1.及时支护方式

采煤机割煤后，支架依次或分组随机立即前移、支护顶板，输送机随移架逐段移向煤壁，推移步距等于采煤机截深。采用这种支护方式，推移输送机后，在支架底座前端与输送机之间要富余一个截深的宽度，工作空间大，有利于行人、运料和通风；若煤壁容易片帮时，可先于割煤进行移架，支护新暴露出来的顶板。但这种支护方式增大了工作面控顶宽度，不利于控制顶板。为此，有的综采设备,其支架和输送机采用插底式和半插底式配合方式,如图6-35所示。

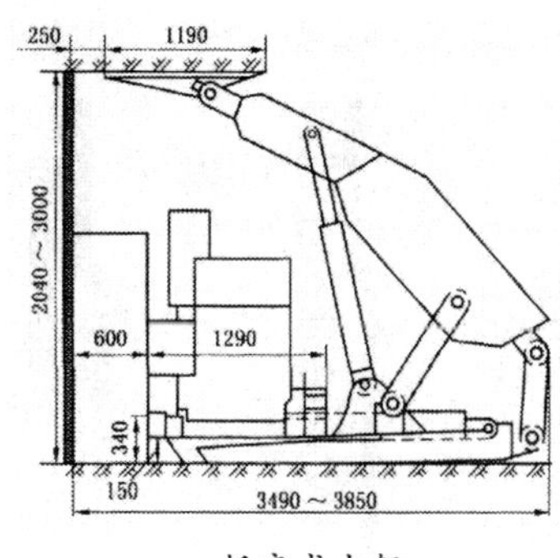


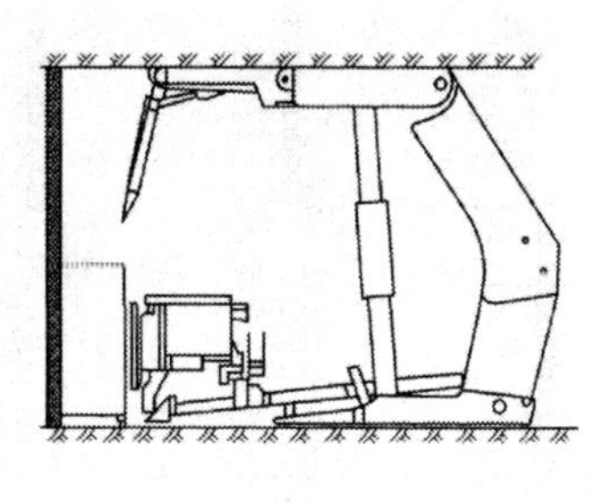

a.插底式支架　　b.半插底式支架(移架状态)

图6-35　插底式和半插底式支架

2.滞后支护方式

割煤后输送机首先逐段移向煤壁,支架随输送机前移,二者移动步距相同,如图6-36所示。这种配合方式在底座前端和机槽之间设有一个截深富余量,比较能适应周期压力大及直接顶稳定性好的顶板,但对直接顶稳定性差的顶板适应性差。为了克服该缺点,在某些综采工作面支架装有护帮板,前滚筒割过后将护帮板伸平,护住直接顶,随后推移输送机,移架。无论是及时支护或滞后支护形式,均由设备的结构尺寸决定,使用中不能随意改动。

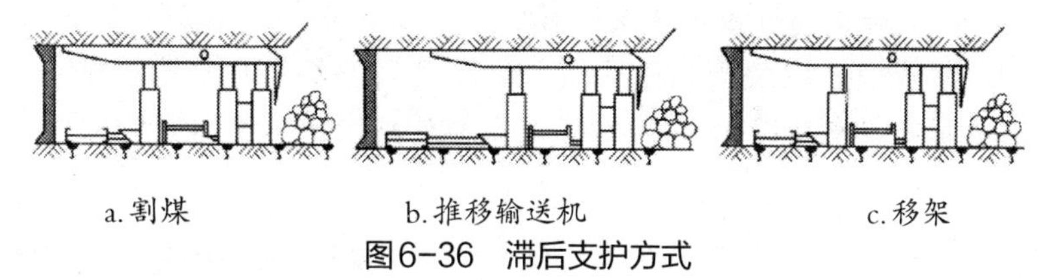

a.割煤　　b.推移输送机　　c.移架

图6-36　滞后支护方式

## 三、液压支架的移架方式

1.移架方式

我国采用较多的移架方式有以下3种:

(1)单架依次顺序式,又称单架连续式,如图6-37a所示。支架沿采煤机牵引方向依次前移，移动步距等于截深，支架移成一条直线，该方式操作简单，容易保证规格质量，能适应不稳定顶板，应用比较多。

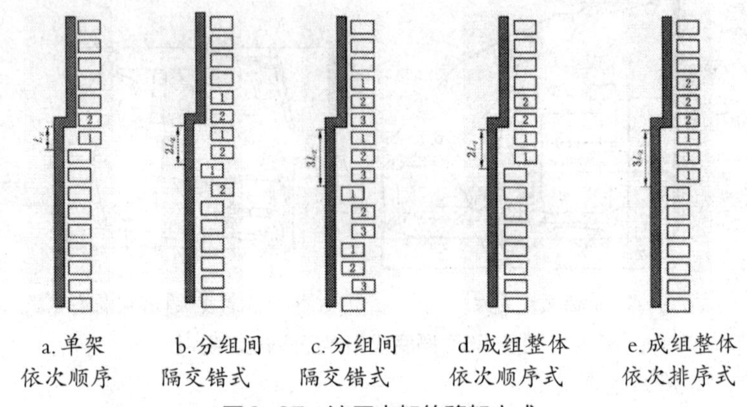

a.单架依次顺序　b.分组间隔交错式　c.分组间隔交错式　d.成组整体依次顺序式　e.成组整体依次排序式

图6-37　液压支架的移架方式

(2)分组间隔交错式，如图6-37b和图6-37c所示。该方式移架速度快，适用于顶板较稳定的高产综采工作面。

(3)成组整体依次顺序式，如图6-37d和图6-37e所示。该方式按顺序每次移一组，每组2、3架，一般由大流量电液阀成组控制，适用于煤层地质条件好、采煤机快速牵引割煤的日产万吨综采工作面。我国采用较多的分段式移架属于依次顺序式。

2.移架方式对移架速度的影响

移架速度取决于泵站流量及阀组和管路的乳化液通过能力、支架所处状态及操作方便程度、人员操作技术水平等因素。

3.移架方式对顶板控制的影响

选择移架方式不仅要考虑移架速度，还要考虑对顶板控制的影响。一般说来，单架依次顺序移架虽然速度慢，但卸载面积小，顶板下沉量比后两种小得多，适用于稳定性差的顶板。即使顶板稳定性好，采用后两种移架方式时，同时前移的支架数N也不宜大于3，以防顶板情况恶化。

4.提高液压支架移架速度的方法

移架速度受支架的移支方式、泵站的供液量、乳化液胶管管径大小、工人操作熟练程度等因素的影响。移架速度与泵站流量成正比，提高泵站的流量可以提高移架速度。如晋城古书院煤矿采用双乳化液泵并联供液，使每架支架的移架时间由32s缩短到26s，使采煤机的牵引速度由过去的2.8m/min提高到3.5m/min，循环时间缩短了11.5min，有效地挖掘了采煤机的潜力。增加乳化液胶管及操作阀的过流断面，是增加供液流量的措施之一。采用电液控制支架是提高移架速度的发展方向，我国已研制了支架电液控制系统，使每架支架的移架时间控制在10s左右。

## 四、综采工作面端头支护

1.支护方式

综采工作面端头支护方式分四种情况：一是采用专用的自移式端头液压支架，二是采用工作面液压支架支护端头，三是采用单体液压支柱配合十字铰接顶梁支护，四是采用单体液压支柱加长钢梁组成迈步台棚。

自移式端头液压支架端头支护如图6-38所示。这种端头支架是专用的支架，移架速度快，但对平巷的条件要求高。

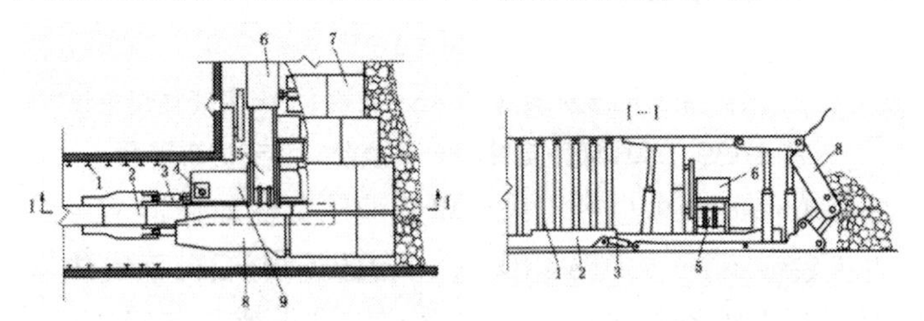

1.巷道支架；2.转载机；3.推移千斤顶；4.前柱；5.刮板输送机；6.采煤机；7.基本液压支架；8.端头液压支架；9.滑移底座

图6-38　自移式端头液压支架

单体液压支柱配合十字铰接顶梁的支护方法如图6-39所示。上下两巷断面较大，在超前工作面10~20m的范围内，用其替换平巷内的拱形支护，如果顶板破碎，在替换支护时，需铺设金属网。十字顶梁前后左右都相互铰接，形成网状支护系统，整体性好，支柱受力均匀，倒换支柱方便，不易失稳。在支护期间，由于没有反复支撑顶板，顶板完整性较好。在输送机机头上的铰接顶梁下部设两对木托梁加强支护，木托梁在移机头时两梁交替前移，平时一梁三柱，移机头时一梁二柱，以保证移机头时有较大的空间。

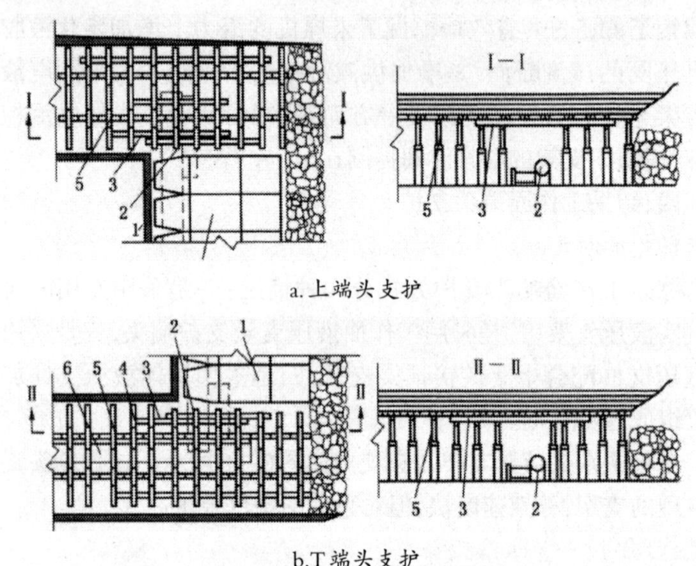


1.液压支架；2.刮板输送机；3.木托梁；4.铰接顶梁；5.十字铰接顶梁；6.转载机

图6-39　单体液压支柱配十字顶梁端头支护布置图

综采工作面端头也可以采用单体液压支柱加长钢梁组成四对八梁迈步台棚支护，如图6-40所示。台棚迈步前移，该方法与普采工作面端头支护类似，适应性强，有利于排头液压支架的稳定，但支设麻烦，费工费时。

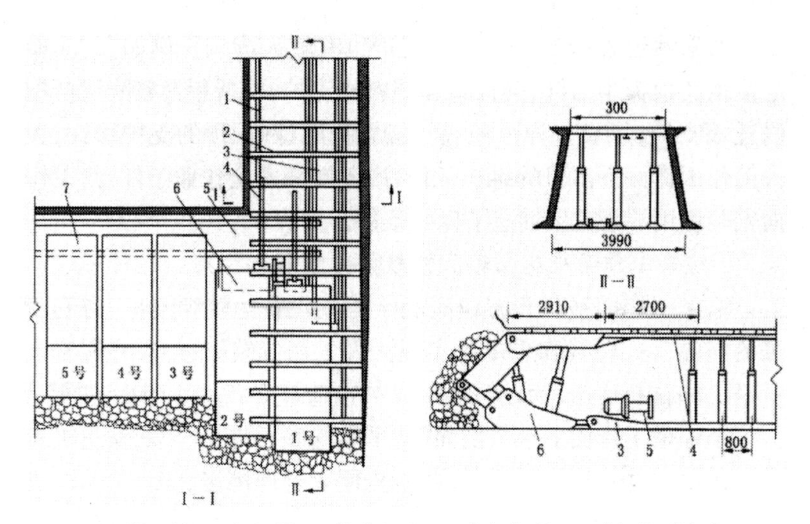


1.铰接顶梁;2.木板梁;3.转载机;4.工字钢托梁;5.刮板输送机机头;6.端头支架;7.基本支架

图6-40　单体液压支柱与托梁维护端头布置图

工作面液压支架支护端头如图6-41所示,适用于煤层倾角较小的综采工作面,通常在机头(尾)处要滞后于工作面中间支架一个截深。

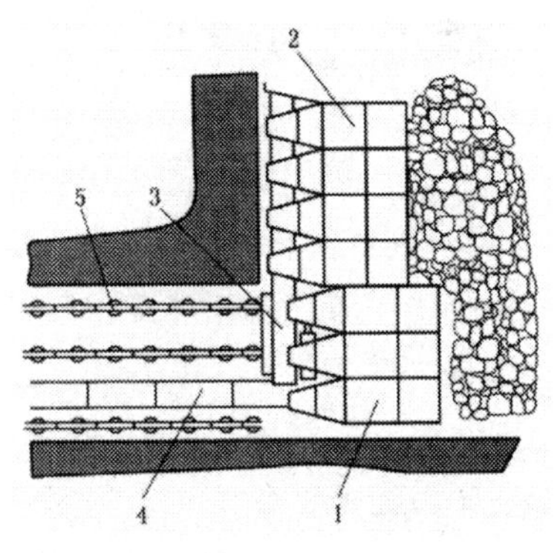

1.端头处支架;2.中间支架;3.工作面输送机机头;4.转载机机尾;5.平巷超前支护

图6-41　用综采工作面中间支架支护端头

回采巷道支护形式对端头支护也有较大影响。例如,工作面运输平巷顶板用锚杆、钢板梁和塑料网支护,两帮用聚氨酯锚杆配以托板支护,形成一种锚杆、铺梁、梁托网、网护顶的支护形式,大大简化工作面下出口的维护工作,改善端头安全作业条件,给工作面安装使用端头支架创造了良好条件。

2.综采工作面平巷相对位置与端头作业

综采工作面平巷布置应有利于运输设备运转和维护,有利于煤流在端头处转载和采煤机实现无人工切口端部进刀,并便于人员进出和材料运送,为端头顶板支护创造良好条件。图6-42所示为一个综采工作面下端头剖面图,平巷挖底掘进,工作面输送机机头与机槽坡度一致,机头与转载机机尾有合理搭接高度,为输送机提供了良好运转条件。当采煤机牵引至终点位置时,其滚筒正好割至$D_m$和$A_m$点,端部无须开人工切口。平巷下帮有足够宽度供人员通过。可见综采工作面平巷挖底掘进有利于端头管理。根据不同的设备结构尺寸和矿山压力作用,运输平巷净宽为4~5m时,可满足端头管理的要求,回风平巷宽度则可适当窄些。

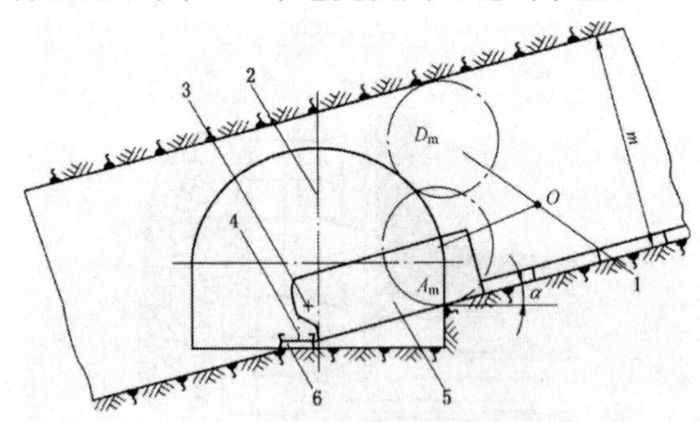


1.采煤机摇臂回转中心;2.平巷中心线;3.机头链轮中心;4.转载机中心线;5.输送机机头;6.转载机

图6-42　综采工作面下端头剖面图

为避免挖底掘进时破岩及留顶煤的困难,某些综采工作面平巷沿煤层顶板掘进,当煤层厚度大于平巷高度时,在综采工作面端部一定长度内留有三角形底煤,如图6-43所示。为保证搭接高度,就要抬高输送机机头和机尾,这很不利于端头支护和输送机运行。此时,可采取以下补救措施:①下挖转载机机尾,减少机头抬高量;②随工作面推进,超前下挖平巷底煤。但是这些措施都比较费工费时。当机头不得不抬高时,应保证机槽有一段合理竖直弯曲段长度,以免损坏输送机。

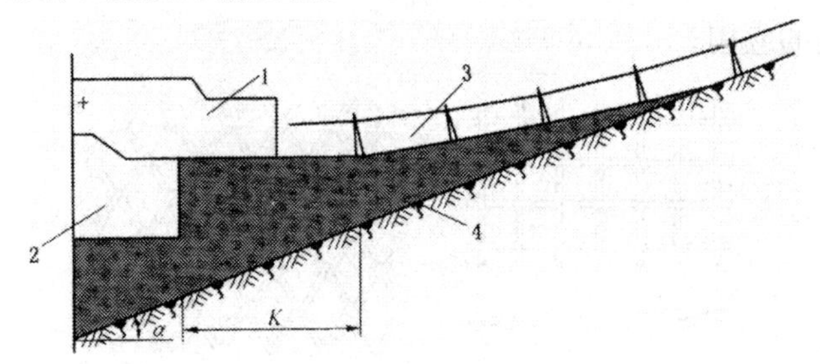


1.输送机机头;2.运输平巷;3.机槽;4.底煤

图6-43　综采工作面端部底煤留设方法

## 第四节　厚煤层分层开采工艺

由于采用分层开采,使得厚煤层倾斜分层走向长壁采煤法的采煤工艺与单一的薄及中厚煤层走向长壁采煤法相比有所不同。

### 一、顶分层采煤工艺的特点

顶分层采煤工作面的顶板是煤层的原生顶板,其采煤工艺与单一的厚及中厚煤层长壁采煤法基本相同,只是增加了要为下部分层铺设人工顶板或形成再生顶板的工作。

1.人工顶板

我国煤矿中采用的人工顶板,主要有竹篱或荆篱顶板、金属网顶板和塑料网顶板等几种,其中竹篱或荆篱顶板易腐蚀,只能使用一次,这种顶板的整体性较差,强度较低,顶板下允许的悬顶面积较小,目前在采煤工作面很少采用。

(1)金属网顶板

金属网顶板一般是用12~14号镀锌铁丝编织而成,为加强网边的抗拉强度,常用8~10号铁丝织成网边。常见的网孔形状有正方形、菱形等,如图6-44所示。网孔尺寸一般为20mm×20mm或25mm×25mm。生产实践表明,菱形网在承力性能、延展性等方面的指标均比用相同直径的铁丝编制而成的经纬网优越,目前得到了广泛的应用。

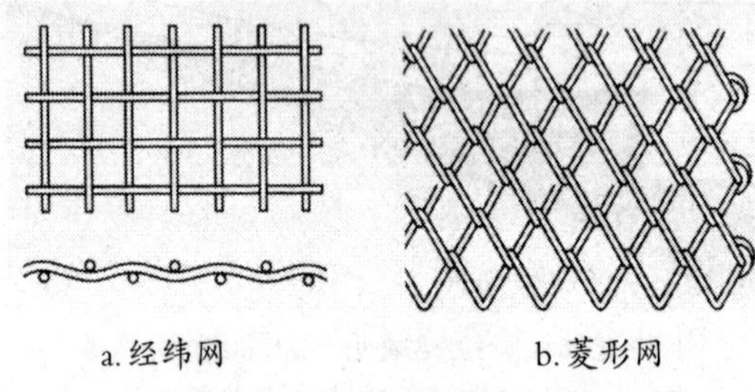

a.经纬网　　b.菱形网

图6-44　金属网网孔形状

由于金属网具有较高的强度,只要保证连网不出现网兜,也可不铺设底梁。金属网顶板柔性大、体积小、质量轻,便于运输及在工作面铺设,且强度高,耐腐蚀,使用寿命长,铺设一次可服务几个分层。因此,目前在分层工作面得到了广泛应用。

在炮采及普采工作面,都是采用人工铺底网的方式,即在落煤、移设工作面输送机后,架设支柱之前,在原输送机道上铺金属网,金属网长边平行于工作面,网片长边间搭接宽度为200~300mm,网片短边对接。搭接处用14号和16号铁丝连网,每隔一孔连一扣,连好网后再打柱及回柱放顶。这种铺网方式的缺点是由于支柱支设在金属网上,尽管在支柱下垫上木墩,在回柱时也常常把金属网拉坏,破坏了顶板的完整性,给下分层回采带来困难。同时,铺底网只是解决了下分层回采时的人工顶板问题,而不能为本分层的顶板控制服务。

与铺底网方式相比,铺顶网具有以下突出优点:

①有利于改善工作面顶板控制。在铺底网时必须把采落的煤全部装净后才能在底板上铺网，而在铺顶网时只需在装出一部分煤后就可挂网，并及时支护，缩短了顶板悬露时间，减少了冒顶事故。同时在顶板较破碎的情况下，顶网可有效地防止局部漏顶。这样，铺一次网可同时为上下分层的顶板控制服务。

②可提高原煤质量和支柱回收率。工作面放顶时，由于有整体性金属网的掩护，将采空区与工作空间隔开，阻挡了采空区矸石向工作面窜入。既保证了回柱工作的安全，又可使支柱不致被垮落矸石压埋，提高了支柱回收率，减少了混入原煤的矸石，提高了原煤质量。

③可提高煤炭采出率。铺顶网后工作面的浮煤均位于金属网下，不会与顶板矸石混杂。在下分层开采时，这些浮煤可一并采出。

④可简化采煤工艺，提高效率。在单体液压支架工作面铺底网时，为了及时支护，在落煤后需先设临时支柱，待煤装净后再撤掉临时支柱，铺底网，然后支设永久支柱，工序复杂，且翻打支柱时易引起冒顶事故。而铺顶网时不需临时支柱，将采落的煤装出一部分后即可挂网和支护，工序简单。

在普采和综采工作面，铺网经常用挂顶网方式，即在割煤后紧跟着将金属网卷沿平行于工作面的方向展开，用铁丝与原先的金属网连成一体，如图6-45所示。金属网网长10m，宽1.0~1.2m。金属网长边搭接，短边对接。长边用12号或14号铁丝的单丝或双丝每隔8cm或10cm连一扣，连好网后，移液压支架或挂梁打柱。有时工作面采用较大的搭接宽度，使搭接宽度为网卷宽度的1/2，事实上形成鱼鳞状双层顶网，取得了较好的顶板控制效果。

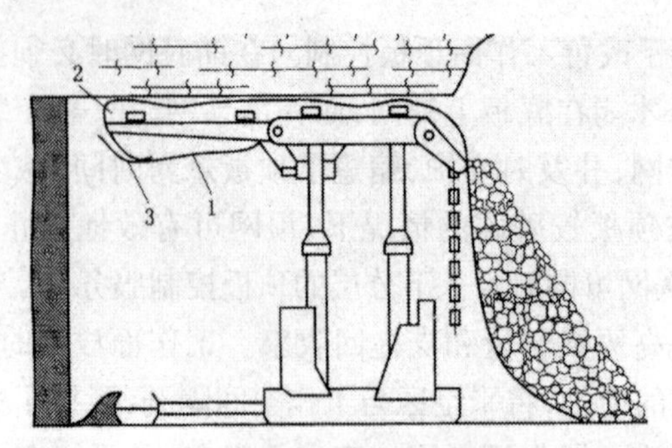


1. 新挂网;2. 原顶网;3. 网接头

图6-45 工作面铺顶网示意图

近年来,综采工作面利用液压支架机械化铺设金属网工艺有了很大发展。机械化铺网主要有两种方式:一种是机械化铺设顶网,另一种是机械化铺设底网。

铺顶网时,一般是在液压支架的前探梁或顶梁下装有安装金属网卷的托架,如图6-46a所示。将网卷装在托架上,金属网从托梁前端绕过后被紧压在顶板上,当支架前移时,网卷自行展开,一卷网铺完后再装上新网卷,并将新网的网边与旧网的网边连接。连网工作在支架托梁下方手工进行,铺设的顶网长边垂直于工作面方向。架间网宽度与支架宽度相等,架中网宽度比架间网窄0.5m左右,两网互相搭接。这种方式的主要缺点为连网必须在近煤壁的托梁下方手工进行,连网效率较低。由于网在近煤壁处下垂,当采高较低时,托梁下方没有足够的空间安置金属网卷,或金属网卷有碍于采煤机顺利通过。

铺底网时,支架后端掩护梁下(有的支架则在支架底座前端)安设有架间网及架中网的网卷托架,前、后排网卷交错间隔安放,网片长边搭接150~200mm,短边搭接500mm左右,支架前移时,网卷在底板上自行展开,如图6-46b所示。连网工作在掩护梁下进行,与采煤工作互不干扰现在有的国产支架上设计了机械压扣式连网机构,可取消手工连网,实现铺连网全套机械化。

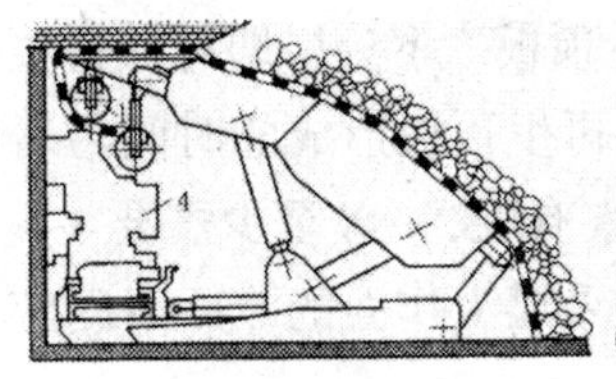


a. 铺顶网

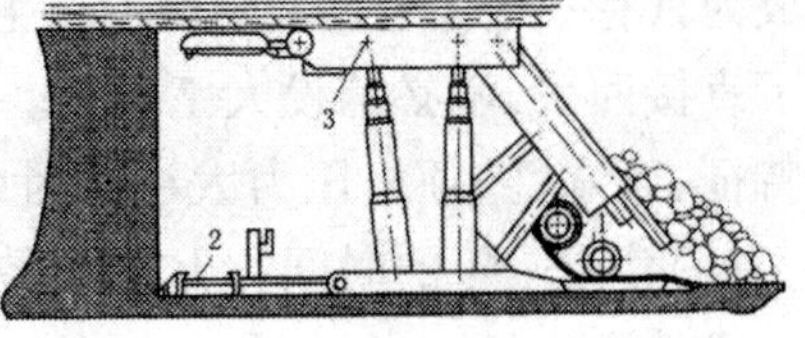


b. 铺底网

1. 网卷;2. 刮板输送机;3. 液压支架;4. 采煤机

图6-46　液压支架机械化铺网示意图

(2)塑料网顶板

煤矿使用的塑料网顶板用聚丙烯树脂制成的塑料带编织而成。我国生产的塑料带宽度为13~16mm,厚度为0.8~0.9mm,每根网带的拉断力为2990kN,破断延伸率小于25%。塑料网网片尺寸通常为5.6m×0.9m或2.0m×0.9m,网孔为15mm左右大小的片字孔或25mm×50mm的六角形孔,后者网孔不易变形。塑料网具有无味、无毒、阻燃、抗静电、质量轻、体积小、柔性大、耐腐蚀等优良性能,在100℃内可保持稳定的物理力学特性,是一种理想的人工顶板材料。在我国一些煤矿使用塑料网顶板的实践表明,由于塑料网的质量只有相同面积的金属网的1/5左右,且具有良好的工艺性能,使用塑料网后可显著降低铺连网工作的劳动强度,提高效率,可避免铺设金属网时金属丝扎、挂工人手脚等事故。并且,由于塑料网抗拉强度高,使用寿命长,减少了下分层补网的工作量。塑料网的缺点是抗剪能力差,远不如12号铅丝,同时,由于延伸率太大,采下分层时极易形成网兜。目前,塑料网进一步降低成本后,将具有广泛推广应用价值。塑料网顶板的铺设方法基本上与金属网顶板相同。

2. 再生顶板

如果煤层的顶板为页岩或含泥质成分较高的岩层,顶分层开采后,采空区中垮落的破碎岩石在上覆岩层的压力作用下,再加上顶分层回采时向采空区内注水或灌浆,经过一段时间后能重新胶结成为具有一定稳定性和强度的再生顶板。下分层即可在再生顶板下直接回采，不必铺设人工顶板。再生顶板形成的时间与岩层的特征、含水性、顶板压力大小等因素有关，一般至少需要4~6个月，有的甚至一年的时间。上下分层采煤工作面的滞后时间应大于上述时间。

我国有些矿井，煤层顶板具有良好的再生性能。再生顶板下的分层工作面采煤工艺与中厚煤层走向长壁采煤法相同，只是增加了向采空区注水或灌黄泥的工作。再生顶板取消了铺设顶网的工作，提高了劳动生产率，降低了采煤成本，改善了下分层的安全条件，故在条件适宜时，应充分利用再生顶板。国外有的矿井采取向采空区浇灌化学胶结剂的方法以促进再生顶板形成。

在使用人工顶板的工作面，为了改善下分层的开采条件，有时也在顶分层开采时采取注水等措施，以促使顶板尽可能胶结。

采用再生顶板不能实行分层同采，上下分层接替时间长，形成的再生顶板不好时，维护比较困难。

如果煤层中含有厚度大于0.5m的夹石层，且分布较稳定，位置对分层也较合适，也可利用它作为分层顶板，称为天然顶板。

**二、人工顶板下采煤工艺的特点**

1. 人工顶板下的支护及顶网管理

在人工顶板或再生顶板下回采时，其顶板为已垮落的岩石，故基本顶的周期来压不明显，顶板压力较顶分层小。其顶板控制的关键在于如何管好破碎顶板以及防止漏矸。

人工顶板下护好破碎顶板的技术措施主要是采用浅截式采煤机并做到及时支护。在单体液压支架工作面，一般采用正倒悬臂错梁齐柱方式，割煤后及时挂梁进行支护。当工作面片帮严重时，为防止顶网下沉冒顶，可提前在煤壁掏梁窝，挂上铰接顶梁、打贴帮柱进行超前支护。

我国有的煤矿采用Ⅱ型钢焊成的箱形长梁作顶梁，配合DZ-

22型单体液压支柱架设的对棚,取得了较好的支护效果,如图6-47所示。过去我国煤矿大量使用的金属铰接顶梁,是由4块扁钢焊成的箱形结构,梁体焊缝多,组焊时各块扁钢易焊偏、焊穿或漏焊,使顶梁的受力情况不好,在使用中易产生扭曲变形或因焊缝开裂而损坏。目前,Ⅱ型钢已成为制造顶梁的专用型钢,用Ⅱ型钢焊制而成的Ⅱ型钢梁只有两条焊缝,易于焊接及保证加工质量,顶梁成型较好,焊缝分布在梁体中性面上受力小,结构合理,梁体截面惯性矩比原有的箱形顶梁小,受力时不易开裂、变形及损坏。采用Ⅱ型长钢梁组成的对棚在工作面交替迈步前移护顶,这种钢梁对金属网顶板有较好的整体支护性能,能及时支护裸露后的顶板,有时甚至可不设贴帮柱,也不至于发生漏顶。在移梁时有相邻顶梁支护顶板,较好地解决了中下分层顶网下沉及出现网兜等问题。由于顶梁可无级迈步,解决了双滚筒采煤机斜切进刀时的顶板支护,并能适应片帮空顶时的支护需要,有效地控制了顶板。

对于综采,要选用合适的架型和作业方式。人工顶板下宜选用掩护式或支撑掩护式支架。采煤机采过后,应追机擦顶带压移架,以免在煤壁处出现网兜。若出现煤壁片帮严重或人工顶板破损严重且再生顶板胶结不好的情况,应采用超前移架方式,即先超前移架,再割煤、移输送机,以便及时支护。发现金属网有破损时要及时补网。采煤机割煤时,滚筒距顶网不应小于100mm,以免割破顶网。

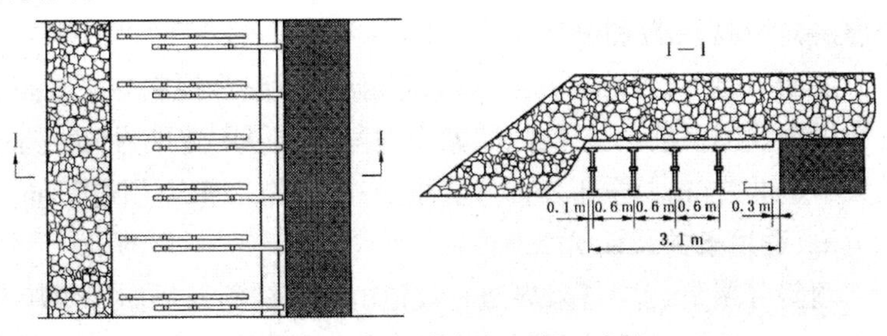


图6-47　Ⅱ型长钢梁对棚下支护

2.人工顶板下的放顶工艺

由于人工顶板或再生顶板易于下沉,放顶时通常采用无密集支柱放顶。由于金属网顶板被连成整体,顶板在工作面放顶线处下落时对工作面支架的牵动力较大,往往会造成支架倾斜、歪扭,甚至会造成支架被大面积推倒而冒顶的事故。因此,在单体液压支架工作面应注意加强支架的稳定性,一般可沿放顶线在最后一排支架下支设单排或双排台棚,或打斜撑柱,以抵抗金属网下落时对支架产生的水平推力。同时放顶时也可用木料斜撑顶网,使其缓慢下沉到底板。沿放顶线倒悬臂铰接顶梁的梁头容易挂破顶网,在放顶前应先用戴帽顶柱将其替换。

初次放顶时应特别注意加强对顶网的管理,开帮进度不宜太大,工作面可架设适量的木垛、台棚、斜撑柱等以增大支架的稳定性。为防止金属网对支架产生过大的牵制力,可先在底板上加铺一层底网,然后沿放顶线将顶网剪断,使顶网沿放顶线呈自然下垂状态。

3.分层采高的控制

由于煤层厚度经常发生变化,而人工顶板或再生顶板的下沉量较大,在机采分层工作面应特别重视控制采高,主要是要保证底分层有足够的采高,以免给底分层的开采造成困难。一些矿井控制分层采高的做法是在开采第一分层时,在开切眼、工作面及上下平巷中每隔30~50m向底煤中打钻孔探煤厚,然后根据探明的煤层全厚决定分层层数和分层采高。以后在每一分层回采时,都要如顶分层回采时那样探清余煤厚度,以便随时调整和控制分层采高。

根据我国目前的技术条件,较合适的分层厚度普采为2m左右,最大不超过2.4m;综采工作面分层厚度3m左右,一般不超过3.2m。

**三、适用条件及评价**

倾斜分层下行垮落采煤法有效地解决了缓斜及倾斜厚煤层开采时的顶板支护和采空区处理问题,有利于在此类煤层条件下实现安全生产，提高资源采出率及获取较好的采煤工作面技术经济指标。目前，这种采煤方法在我国已具有成熟的采煤工艺、巷道布置及工作面技术管理等方面的经验。用于分层工作面的机械化采煤、运输和支护设备在近年来已有了较大发展，新型人工顶板材料的研制、人工顶板和再生顶板的管理技术、分层开采时的通风及防灭火技术均取得了显著的进展。因此，这种采煤方法目前已成为我国开采缓斜及倾斜厚煤层的主要方法。一些矿井应用这一采煤方法成功地开采了厚度达15m的煤层，有的矿井采用倾斜分层金属网顶板下行垮落采煤法连续开采了12~15个分层，开采总厚度达25~30m。这种采煤法主要适用于煤层顶板不是十分坚硬、易于垮落，直接顶具有一定厚度的缓斜及倾斜厚煤层。

这种采煤方法的主要缺点是铺设人工顶板工作量大，巷道维护较困难，生产的组织管理工作较复杂，在开采易自燃煤层时，煤自燃问题比较严重，需采取特殊措施等，随着生产技术的发展，上述问题已不同程度地得到解决。

## 第五节　厚煤层放顶煤开采工艺

据统计，厚煤层储量占到我国煤炭储量的44%左右。我国于1982年引进综采放顶煤技术，1984年在沈阳蒲河矿进行工业性试验。经过20多年的发展，综采放顶煤技术已经成熟，已经成为我国开采厚煤层的一种主要采煤方法。

### 一、基本特点及类型

#### 1.放顶煤开采基本特点

放顶煤采煤法就是在厚煤层中，沿煤层（或分段）底部布置一个采高2~3m的长壁工作面，用综合机械化采煤工艺进行回采，利用矿山压力的作用或辅以人工松动方法使支架上方的顶煤破碎成散体后由支架后方（或上方）放出，并予以回收的一种采煤方法。

综合机械化放顶煤工艺过程如下：在煤层(或分段)底部布置一个综采工作面，采煤机割煤后，液压支架及时支护并移至新的位置，随后将工作面前部刮板输送机推移至煤壁。操作后部刮板输送机千斤顶，将后部刮板输送机前移至相应位置，工作面设备布置图如图6-48所示。

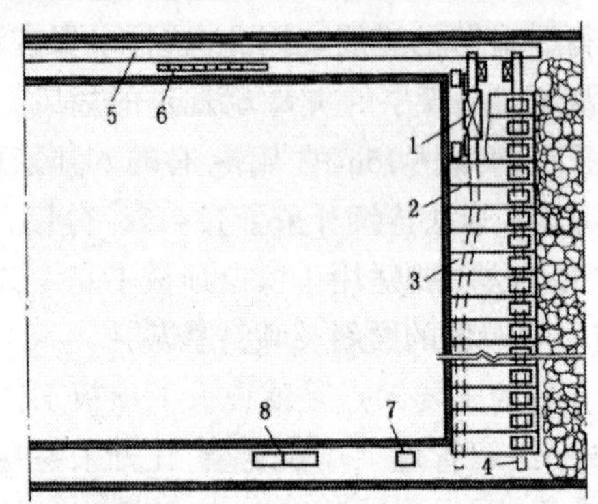


1.采煤机；2.前部刮板输送机；3.液压支架；4.后部刮板输送机；5.带式输送机；6.配电设备；7.绞车；8.泵站

图6-48　综采放顶煤工作面设备布置图

采煤机割过1~3刀后，按规定的放煤工艺要求，打开放煤窗口，放出已松散的煤炭，待放出的煤炭中含矸量超过一定限度后，及时关闭放煤口。完成采放的全部工序为一个放顶煤开采工艺循环。

2.放顶煤开采方法类型

(1)按采煤工艺形式及设备分类

按采煤工艺方式不同，可分为综采放顶煤、普采放顶煤和炮采放顶煤工艺。根据不同的采煤工艺，选用的放顶煤支架分为综采放顶煤液压支架、滑移顶梁液压支架和单体液压支柱配Ⅱ型顶梁支架，由于与综采放顶煤的支护设备不同，后两者称为简易放顶煤。

(2)根据厚煤层的赋存条件不同分类

①预采顶分层放顶煤开采。在采用放顶煤采煤法的初期，为了减少放顶煤时的矸石混入量，在煤层厚度较大的情况下，利用普

通综采设备,预采顶分层并铺上金属网顶板,然后沿煤层底板布置放顶煤综采工作面,放中层煤。采用这种方法,一般要求煤厚大于8m,如图6-49所示。

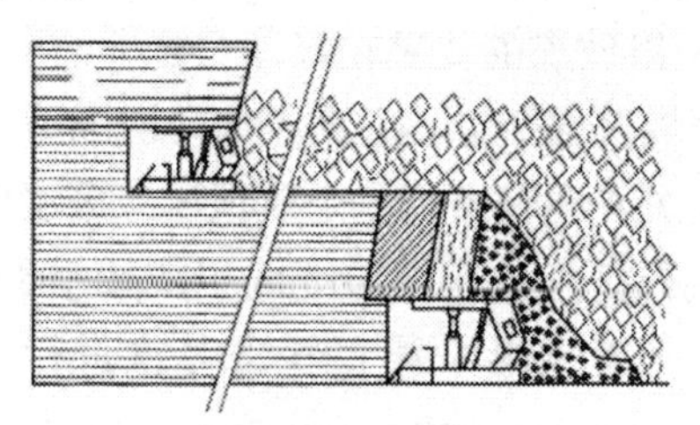

图6-49　预采顶分层放顶煤综采工作面示意图

②预采中间层放顶煤开采。由于预采顶层后,直接顶和基本顶已充分垮落,因此,在采底层放中层时,顶煤所受矿山压力的作用较弱。在煤质较硬、节理裂隙不发育的情况下,顶煤垮落块度大,放煤困难,往往需要松动爆破或采取其他措施来切落和破碎顶煤,影响了放顶煤工作面的产量和效率。因此,在煤层极厚的条件下,可采用预采中间层的方法。法国在煤层厚度大于10m的情况下对此法进行了试验,其工作面布置方法为先在底板以上3m处布置一个普通综采工作面,上覆顶煤在采空区垮落并充分自行破碎。然后再沿煤层底板布置放顶煤综采工作面,在工作面前部用机组采煤,在工作面后方回收已经破碎的顶煤。这样不但顶煤采出率较高,而且放顶煤效果较好。预采中层放顶煤综采工作面示意图如图6-50所示。

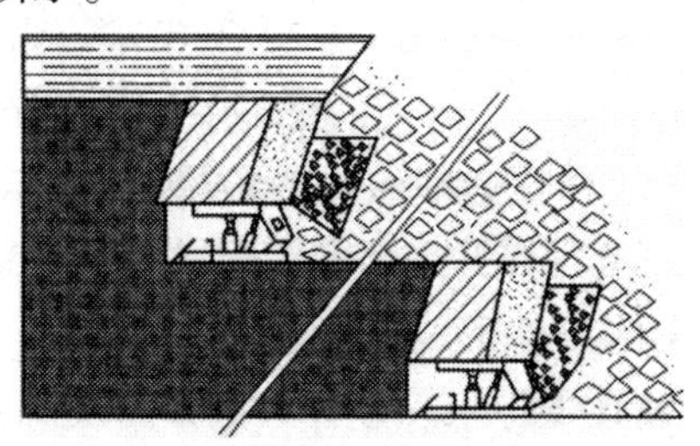

图6-50　预采中间层放顶煤综采工作面示意图

上述方法的底层放顶煤工作面的顶部是破碎后固结的顶煤，工作面端面煤层顶板难以维护，故可在中间层与底层工作面留有适当厚度的夹层煤。由于此夹层煤不太厚，而且其上的顶煤已经充分垮落破碎，所以放煤的效果较好。

③分段放顶煤开采。当煤层厚度超过20m甚至更大时，可以在同一煤层中依次或同时布置多个放顶煤综采工作面。自煤层的顶板向煤层的底板将煤层全厚分成两个或数个8~12m高的分段，每个分段布置一个放顶煤综采工作面，依次进行放顶煤开采。数个分段同采时，工作面间应相隔足够距离或时间，其具体参数可参照分层综采工作面。采用这种分段放顶煤综采时，可在开采上分段放顶煤工作面时铺底网，对煤矸起隔离作用，使以后的放顶煤工作在网下进行，以提高顶煤的采出率和减少含矸率。上分段放顶煤综采工作面铺网与否，主要看顶板岩性而定。如果顶板垮落后胶结性良好，可以不铺网，这种分段放顶煤综采的工作面布置如图6-51所示。

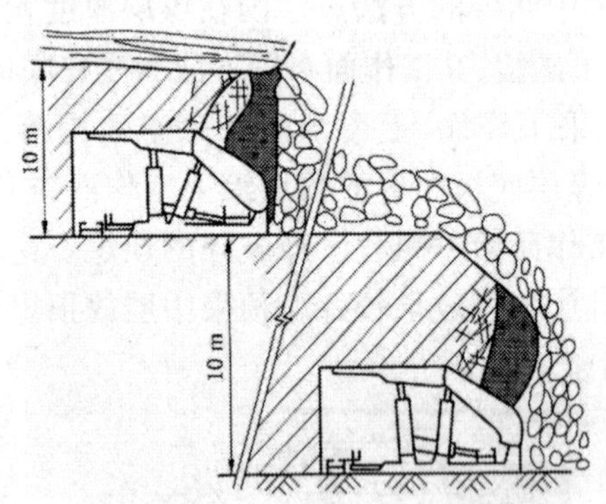


图6-51　特厚煤层分段放顶煤综采工作面示意图

④一次采全厚放顶煤开采。在煤厚适中（5~15m）、顶板中等稳定、煤质中硬以下的条件下，沿煤层底板布置放顶煤综采工作面，实现一次采全厚放顶煤综采。这种采煤方法减少了工作面开切眼及回采巷道的掘进量及维护费，工作面占用设备少，采区运输、通

风系统简单，而且可以实现集中生产。如果煤质较硬，但节理发育，一般可通过煤层预注水来降低煤体强度，并可减少采煤和放煤时的煤尘。经过高压注水后的煤层，在矿山压力的作用下，顶煤易于破碎和垮落，使顶煤采出率提高，并可降低采空区自然发火的可能性。

## 二、放顶煤开采支护设备

### 1.对放顶煤开采设备的要求

放顶煤液压支架是在普通长壁工作面液压支架基础上发展起来的，在控制基本顶、维护直接顶、自移和推移输送机的功能上两者是相同的，但放顶煤机构、支架受力、排头支架、降尘及其他方面的功能则是不同的，其主要特点和性能如下：

（1）放顶煤液压支架有液压控制的放煤机构。放顶煤工作面生产的煤炭大多数是由放煤口放出，要求放煤机构的液压控制性能好、开闭迅速、可靠、放煤口不易堵塞，并且存良好的喷雾降尘装置。

（2）工作面放煤时，不可避免地会有大块煤冒落，放煤机构必须有强力可靠的二次破煤性能。

（3）多数放煤支架采用两部刮板输送机，后部刮板输送机专门运送放出的顶煤，因而支架应有推移后部刮板输送机和清理后部浮煤的性能和机械。并应考虑支架后部留有通道，作为维修后部刮板输送机和排矸使用。

（4）由于邻近支架放煤时顶煤的运动，会使未放煤的支架受到侧向力，因此，支架结构必须有较强的抗扭和抗侧向力的功能。

（5）对于双输送机放顶煤支架，要求有足够的工作空间，因此支架的控顶距较大，顶梁也较长。

（6）放顶煤工作面的顶板为煤，在多次反复支撑作用下较为破碎，因此支架必须全封闭顶板，有更好控制端面冒顶和防止架间漏矸的性能。

(7)放顶煤工作面采煤机的采高是根据最佳工作条件人为确定的,采高大体在2.5~3.0m之间。不需要使用双伸缩立柱或带加长段的立柱。

(8)由于放顶煤支架质量大,工作面浮煤较多,支架必须有较大的拉架力,拉架速度要快,能够带压擦顶移架。

2.放顶煤液压支架的类型

按与液压支架配套的输送机的台数不同,放顶煤液压支架可分类如下:

- 放顶煤液压支架
  - 单输送机式
    - 插底式
    - 不插底式
  - 双输送机式
    - 开天窗式
      - 单铰接式
      - 四连杆式
    - 插板式
      - 前四连杆式
      - 后四连杆式

**三、顶煤破碎机理**

顶煤的破碎过程如图6-52所示,首先在支承压力的作用下,煤壁前方顶煤由弹性变形进入塑性变形状态而产生位移和破坏,这种作用可称为一次破坏或预破坏作用,但这时仍处于三向应力状态,不会产生冒落。然后煤体进入工作空间上部,即进入低应力区。应力状态发生变化,使其积蓄的能量进一步释放,加上工作空间内支架的反复支撑作用,从而使顶煤进一步松碎,这种现象可称为二次破碎现象。显然,二次破碎现象与支架反复支护的次数和时间等因素有关,而这些因素是可控制的人为因素。

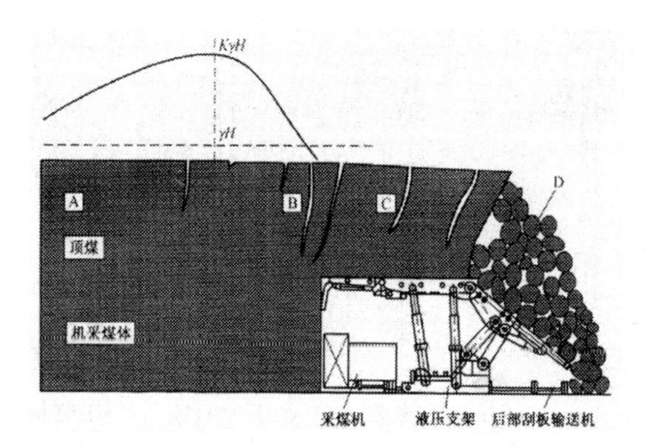


A.初始碎裂区;B.碎裂发展区;C.裂隙发育区;D.垮落冒放区

图6-52 综采放顶煤工艺顶煤破碎过程

支护过程中,支架的反复支撑,即多次支撑—卸载作用,使支架对顶煤的支护强度不断变化,顶煤内的应力状态也发生周期性变化,形成交变应力作用,促使顶煤易于发生破坏。由于交变应力(支架的反复支撑)作用,其破碎效果可提高50%~80%,特别对顶煤下位煤体2~3m范围内的作用更明显。支架反复支撑的次数与顶梁的长度及截深有关,若顶梁长度过短,对顶煤破碎不利;若顶梁长度过长,将使顶煤破碎加剧,易产生架前或架上冒空现象,并增大煤炭损失。

## 四、综采放顶煤工艺

### 1.放顶煤工艺过程

#### (1)割煤、装煤和运煤

综采工作面一般采用双滚筒采煤和沿工作面双向截割煤,并利用螺旋滚筒和刮板输送机的铲煤板装入刮板输送机,由工作面刮板输送机运出。进刀时采用端部斜切进刀。采煤机前滚筒割顶煤,后滚筒割底煤,截深一般为600mm,采高2.4~2.8m。采煤机开缺口的作业方式如图6-53所示。

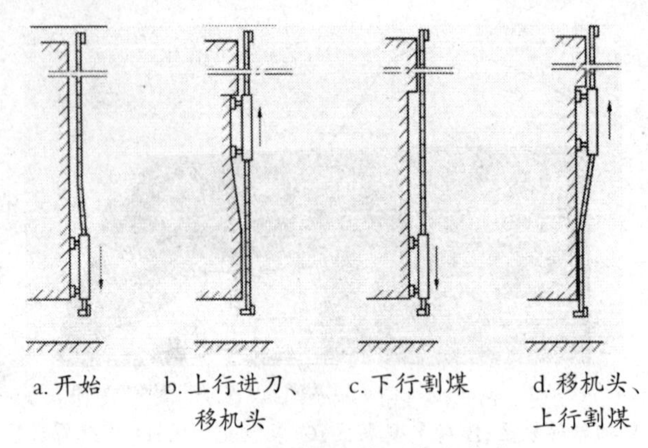


图6-53　采煤机开缺口作业方式

割煤工序中应注意以下问题：

①严格控制采高。由于综采工作面的顶板是由采煤机从煤层中割出的，所以和分层开采相比，其采高控制难度大。采高的大小决定着支架的支撑高度，而支架的支撑高度变化越大，端面距也就越大，支架的稳定性也越差，达不到良好的支护效果，易引发片帮冒顶事故。另外，支架支护高度变化，放煤口的位置、高度，与后部输送机的配套关系，采放比等都将发生一系列变化，影响放煤效果。因此，必须严格控制采高，保持采高均匀稳定，符合设计及规程要求。生产过程中，要求采煤机司机精心操作，加强观察，跟班专职验收员每刀都要定点测量，出现偏差及时调整。

②顶底板要割平。顶底板平整是保证支架对顶煤具有良好的支撑作用和设备顺利移设的前提。影响顶底板平整的主要因素有采煤机性能，截齿是否锋利齐全，司机的责任心和操作熟练程度，顶煤的层理、节理及完整性，地质构造，顶板控制等。因此，割煤时要按照规定的采高要求和煤层自然倾角，沿煤层底板将顶板割平，不留底煤，相邻两刀之间不出现50mm的台阶或伞檐。若遇到断层、底鼓、冲刷带、褶曲等地质构造时，一般情况下，按照煤层整体顶底板的坡度，进行破底(顶)或留顶(底)煤回采，将工作面顶底板

顺成一个平缓的坡度，防止出现局部坡度过大而造成支架仰俯斜、歪斜，顶梁接顶不实，端面距加大，设备移设困难，顶板破碎冒落等现象。

③煤壁要割直。采煤机割煤时，应将煤壁采直割齐，不留伞檐，达到600mm的环进尺要求。煤壁直的关键是前部输送机要直，以便给采煤机提供一个平直的运行轨道。生产实践表明，影响煤壁整齐度的一个重要因素是煤体的强度，如鲍店煤矿3号煤层底部硬度大($f$=3.1~.3.9)，且含有硬质煤壁($f$=4.7)，有时转化为粉砂岩夹矸。割煤时采煤机滚筒端面截齿损坏消耗严重，不断将采煤机滚筒挤出，造成截深不够或不均匀，且割煤速度慢，影响工作面推进和放煤步距。通过采取工作面动压区注水软化和煤壁侧松动爆破措施，取得了一定的效果。

(2)移架

为维护端面顶煤的稳定性，放顶煤液压支架一般均有伸缩前梁和防片帮保护装置。在采煤和割煤后，立即伸出伸缩前梁支护新暴露顶煤。采煤机通过后，及时移架，同时收回伸缩前梁，并伸出防片帮板护住煤壁。综放工作面的顶板及煤帮支护、放顶煤、移输送机等全由支架控制。因此，移架工序质量的好坏，直接影响着相邻的多道工序，是综放生产工艺中较为重要的工序之一。为此，移架工序中应重点注意以下问题。

①少降快移。为减少空顶时间，防止顶煤在支架顶梁上方或前方下沉或破碎，移架时采取擦顶移架，即少降快移。一般先降前柱，再降后柱，同时操作移架阀，快速将支架一次移到位。升起时，先将支架前梁升平或略高于顶梁，然后同时升起四柱。若支架出现前低后高时，要停止升后柱，首先将前柱升紧，达到初撑力，后柱以升平顶梁为准，以保证支架前梁对顶煤有足够的初撑力，有利于控制端面顶煤下沉与冒落。同时，每班要清理支架顶梁上方的浮煤使支架顶梁与底煤紧密接触，防止出现线接触或点接触，造成顶

煤受力不均匀或人为增加梁端距，使顶煤破碎下沉，造成冒顶事故。

②煤帮管理。实践表明，综放工作面端面冒顶事故大都是由煤壁片帮引起，如兖州鲍店、兴隆庄煤矿的厚煤层综放工作面采高较大，煤壁易于片落，若维护不及时，空顶积过大，便会造成端面顶煤冒落。尤其是兴隆庄煤矿，煤质较软，端面冒顶已成为影响综放生产的重要原因之一。为此，在生产中可采取以下措施：

a.支架选型时，优先考虑支架的护帮功能，如选用带挑梁的支架，既能护帮又能护顶。

b.应用初撑力保证阀，提高支架初撑力，减少煤帮压力。

c.合理使用护帮装置。割煤时由专人超前采煤机前滚筒1/2个支架收回护帮板，待前滚筒过后伸出护顶。移架时收回护帮板，移架后伸出护帮，在时间上和空间上形成对煤帮和顶板不间断的支护。

d.在满足放顶煤要求的情况下，合理确定采高，防止发生片帮冒顶事故。鲍店煤矿3号煤层硬度大，采高确定为3.0m左右；兴隆庄煤矿3号煤层较软，采高为2.6~2.8m。

③及时处理冒顶区。工作面局部出现片帮冒顶时，要及时采取措施，进行处理。时间表明，效果较好的处理措施是堵漏，可防止顶煤继续冒落。若出现大面积片帮冒落事故，不但要采取接顶措施，而且还要视顶煤冒落情况，铺设金属网，防止顶煤继续冒落和架间漏煤，造成支架悬空而失稳歪倒，发生大的冒顶事故或压垮工作面。

（3）移前部输送机

移架后，即可移置前部刮板输送机。若采用一次推移到位，可以距采煤机10m处逐节一次完成输送机的前移；若采用多架协调操作，分段移输送机，可在采煤机后5m左右开始移输送机，每次推移不超过0.3m，分2~3次将前部输送机全部移靠煤帮，并保证前部输送机弯曲段不小于12~15m,移前部输送机后呈直线状,不得出现急弯。

(4)移后部输送机

在移架和移前部输送机后,操作移后部输送机的专用千斤顶,将后部输送机移到规定位置。推移后部输送机时要注意以下问题:

①推移步距要与工作面的循环步距相适应,一般为600mm。

②推移机头时,要清理工作面端部至少3架前的浮煤,防止机头段飘起,减小过煤空间,影响后部输送机的运输。

③注意架间和中部槽的连接部位,防止错槽和掉链等事故。

(5)放顶煤

放顶煤为综放的关键工序,一般要根据架型、放煤口位置及几何尺寸、顶煤厚度及破碎状况,合理确定放顶步距及作业方式。

2.特殊情况下的综采放顶煤工艺

(1)初采工艺

综放工作面设备安装完毕后,应进行调试生产。在每次对顶煤采取任何处理措施时,初采工艺过程主要呈现以下特点:从开切眼开始采煤时,顶煤处于双支撑状态,矿山压力不能使顶煤断裂破碎而被放出。随着工作面不断向前推进,采空区面积不断增大,顶煤在自重和上部顶板下沉的影响下逐渐冒落,呈梯形向高处发展,直到全部垮落,此段称为顶煤的初垮阶段,其步距为12~15m,大部分顶煤丢入采空区,在工艺上无法放煤。直接顶垮落后,随着工作面的推进,工作面的压力逐渐增大,顶煤块度逐渐减小,放煤量增加,除局部支架外,基本上能在放煤口上方垮落。但由于基本顶呈双支撑梁状态,矿山压力没全部施加于顶煤之上,主要由基本顶来承担,顶煤丢失虽有所好转,但放煤规律性不强,大块煤较多,顶煤采出率一般在50%左右。工作面推进到40~50m时,基本顶开始垮落,出现初次来压,工作面压力增大。此后基本顶呈周期性断裂垮落，形成周期来压，自此顶煤在矿山压力作用下形成规律性的破碎垮落，放煤工艺进入正常状态。

由上述可知，初采段距离长，顶煤丢失严重，采出率低，同时会对防灭火构成威胁，对综采生产影响较大。为此，在初采时采取了以下技术措施。

①打眼爆破。鲍店煤矿应用打眼爆破方法取得了良好的效果，其做法如下：工作面自开切眼推进2~3m时，在全工作面范围内向采空区侧打眼爆破，眼深4.5~5m（眼底至岩石顶1m左右），倾角70°左右（与顶煤垮落角一致），每眼装药6~7块，每天进行一次（约3m）。从现场观察看，除局部支架后方出现悬顶外，大部分支架后方的顶煤能垮落，但垮落顶煤块度较大。由于直接顶未垮落充填采空区，部分顶煤落下采空区不能放出，在直接顶垮落之前，顶煤采出率一般在50%左右。因此，打眼爆破法的关键是将顶煤沿工作面方向全部切断，在顶煤形成悬臂梁的基础上，降低其整体强度。

②开切顶巷。鲍店煤矿在第一个综放工作面（1308工作面）采用了此项技术，取得了一定的效果。其做法如下：在工作面开采前，在开切眼的外上侧沿煤层顶板开掘一条与开切眼平行的辅助巷道，将顶煤沿顶板切断。为扩大切顶效果，工作面安装完毕后，在切顶巷靠近工作面一侧的煤帮和底板上打眼爆破，将顶煤全部切断，形成自由面，如图6-54所示。在生产过程中，当工作面推进3.4m时，顶煤开始冒落，推进7.8m时，直接顶冒落，比相邻工作面减少5.2m。推进44m时基本顶初次来压，比预计值减少4~5m，使该工作面采出率提高0.31%。

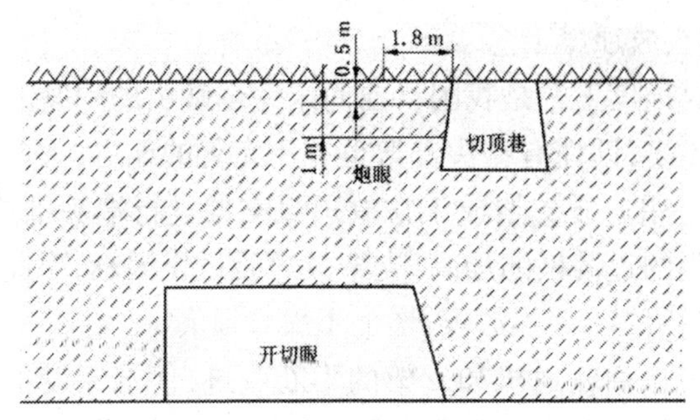


图6-54　切顶巷位置示意图

采用开切顶巷技术后，在工作面生产初始期将顶煤沿工作面方向切断，形成悬臂梁，便于顶煤垮落。对于呈双支撑状态的直接顶和基本顶，相应地将支撑点向采空区侧后移，在垮落步距不变的情况下，对工作面而言，相对地减少了垮落步距，缩短了初采影响距离，从而减少了顶煤的丢失，提高了采出率。

(2)末采工艺

根据综放工作面的停采位置、巷道布置、地质条件以及回撤条件等的要求不同，末采工艺也有不同的特点。煤质松软的煤层，由于架前顶煤维护困难，一般是工作面沿顶煤停采：兖州矿区所采的3上及3号煤层，煤体硬度系数顶煤维护不太困难，采取沿顶板停采的方式。

工作面停采时，为给工作面设备撤除创造有利条件，距终采线10m左右时，开始铺设金属网和废旧钢丝绳，此时继续正常放煤，直到金属网覆盖住放煤口，顶煤不能放出为止距终采线2m时，全工作面支架拉齐不动，用采煤机将煤壁割出2~3刀，用木垛配合支架推移前部输送机，每个支架上穿两根f≥200mm以上的圆木，端部采用摩擦支柱控制煤帮，单层金属网背帮，创造出回撤空间。

实践表明，综放工作面沿底板停采，可减少顶板煤损失，有利于工作面安全生产和提高采出率，撤除准备速度快，且回撤时顶煤随支架撤除而冒落，回撤压力小、速度快、效率高。

(3)端头放顶煤工艺

端头放顶煤工艺是我国目前尚未完全解决的问题。由于端头支架架型不多,即使有端头支架也有不完善的地方,大多数放顶煤工作面都是用过渡支架或正常放顶煤支架进行端头维护,由于输送机在端头的过渡槽的加高,支架放煤后过煤困难,因此只有在工作面两端各留2~4架不放煤,增加了煤炭损失。

随着工作面输送机和支架的不断改进,使端头设备布置也不断更新。目前解决端头放煤的途径主要有以下3种:

①加大巷道断面尺寸,将工作面输送机的机头和机尾布置在巷道中,取消过渡支架。

②使用短机头和短机尾工作面输送机或侧卸式工作面输送机。

③采用带有高位放煤口的端头支架,实现端头及两巷放顶煤。

3.综放开采工艺参数确定

综放生产成功与否,不仅与矿井条件、煤层赋存条件和机械装备情况有关,而且也与综放工艺参数的合理选择有至关重要的关系。综放工艺中较为重要的参数有采放比、放煤步距、放煤方式等。

(1)采放比

采放比为割煤高度与放煤高度的比值,主要取决于开采煤层厚度和放煤支架的技术特征:

①采高。采高即综放生产中采煤机的综合高度,它是综放工艺中较为重要的参数,不但对放煤,而且对通风、防尘、顶板控制以及各工序间的合理配合等都有一定的影响。因此,在确定采高时重点从以下方面进行分析考虑:

支架特征。根据生产实践表明,国产支架支撑高度在2.4~2.8m时,受力及稳定性较好,梁端距小,对顶煤封闭性好,支护性能可以得到充分发挥,且能满足通风、行人、操作、维修和设备通过的要求。

生产条件。放顶煤工作面的顶板为煤层，和普通综采工作面（顶板为岩石或金属网）相比，顶板无论从岩性还是从结构方面都有了较大的变化，给安全生产带来了较大的困难，如煤层较软的兴隆庄煤矿顶板控制已成为影响生产的重要因素。若采高过大易发生片帮冒顶事故，采高太小又不能满足安全生产及放煤的需要。

放煤要求。顶煤放出之前，顶煤在支架不断前移的过程中移动、破碎、垮落，形成松散的无规则块堆。顶煤垮落的高度取决于顶煤的碎胀系数和底分层开采高度，因此，采高必须满足顶煤充分碎胀的要求，否则将形成大块煤或悬顶等现象。

②放煤高度。对于整层综放而言，放煤高度为煤层厚度与机采高度之差。

③采放比的合理选择。随着煤层厚度变化，采放比也随之变化，从而会影响到放煤效果。实际生产中发现采放比太小时放煤出现下列情况：

由于架间漏煤，或一次性放煤太多，造成支架掩护梁上方提前见矸，影响相邻支架放煤及本架下次放煤。支架移位后，后部空间大，部分矸石随顶煤同时冒落至放煤口，产生混矸或丢失顶煤。支架后部顶煤放出体呈不规则形状，规律性不强。

影响综放工作面采放比的因素较多，如煤层的厚度、硬度，层理发育程度，支架技术特征，设备配套能力等。一般情况下，煤层厚度大，采放比小；煤层厚度小，采放比大。对于不同的综放工作面，应根据具体地质生产条件合理确定采放比。煤层松软时，易于片帮冒顶，可适当降低采高，减小采放比；煤层较硬时，可增大采高，加大采放比，有利于顶煤破碎垮落，但采放比大于1∶3时，严禁采用放顶煤工艺。

（2）放煤步距

图6-55所示为放煤步距示意图。放煤步距是相邻两放煤循环之间综放工作面向前推进的距离，称为循环放煤步距。确定循环

放煤步距的原则是使放出范围内的顶煤能够充分破碎和松散，以提高采出率、降低含矸率。根据椭球体运动特性，合理的放煤步距应与椭球体短轴半径和放煤高度相匹配，使顶部矸石和采空区矸石同时到达放煤口，这样丢煤最少，且含矸率最低。放煤步距与顶煤厚度、破碎质量、松散程度及放煤口的位置有关。

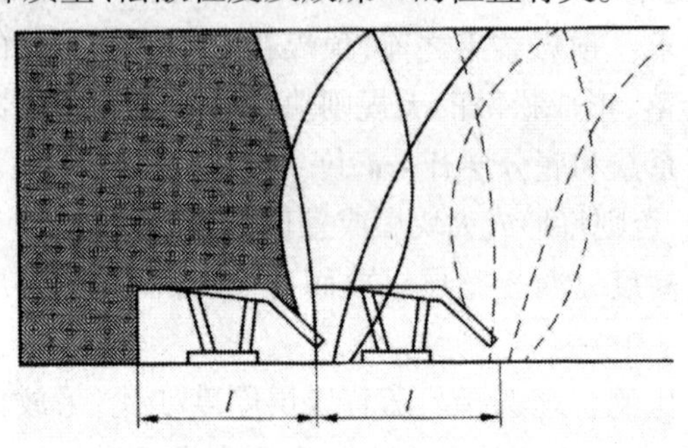


图6-55　放煤步距示意图

不同放煤步距下的混矸状况如图6-56所示。放煤步距太大及太小都将使煤损过多和含矸率过高。放煤步距太大，顶板方向的矸石将先于采空区后方的煤到达放煤口，迫使放煤口关闭，采空区方向未放出的煤将被关在放煤口外，造成煤损；放煤步距太小，采空区方向的矸石将先于上部顶煤到达放煤口，而使上部顶煤的一部分被关在放煤口外，放煤过程中不能保证既不混矸又不丢煤，合理的放煤步距只是把煤炭采出率和混矸率控制在一定范围内。

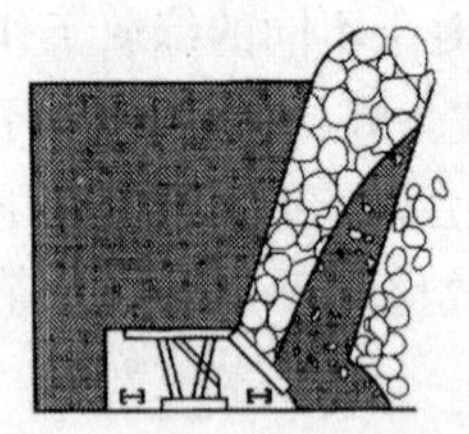

a. 大放煤步距

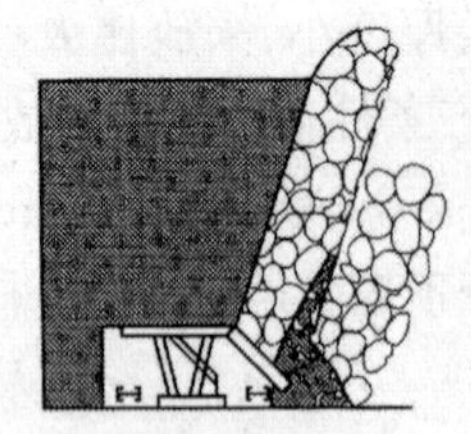

b. 合理的放煤步距

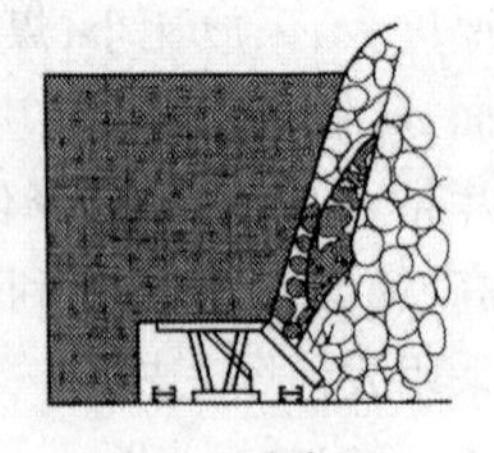

c. 小放煤步距

图6-56不同放煤步距的煤炭损失

目前，我国所使用的采煤机截深一般为0.6m，由于一刀一放

(即放煤步距为0.6m)或三刀一放(即放煤步距为1.8m)的放煤步距不是大就是小,因此大部分工作面采用两刀一放(放煤步距为1.2m)。从实际情况看,放煤步距为1.2m并非对每个工作面都是一个合理值。一般情况下,顶煤厚度大时,可采用两刀、三刀一放;顶煤厚度较小时,可采用一刀一放。

(3)放煤方式

放顶煤工作面放煤顺序、次数和放煤量的配合方式称为放煤方式。放煤方式不仅对工作面煤炭采出率、含矸率影响较大,还影响总的放煤速度和工作面单产。

放煤方式按放煤轮次不同,可分为单轮放煤和多轮放煤。打开放煤口,一次将能放出的顶煤全部放完的称单轮放煤;每架支架的放煤口需打开若干次才能将顶煤放完的称多轮放煤按放煤顺序不同,可将放煤方式分为顺序放煤和间隔放煤,顺序放煤是指按支架排列顺序(1,2,3…)依次打开放煤口的方式;间隔放煤是指按支架排列顺序每隔1架或几架(如1,3,5…或1,4,7…)依次打开放煤口。无论是顺序放煤还是间隔放煤都可以采用单轮或多轮放煤,我国常用的放煤方式主要是单轮顺序放煤、多轮顺序放煤及单轮间隔放煤。

①单轮顺序放煤。单轮顺序放煤方式是一种常见的放煤方式,如图6-57a所示。从端头处可以放煤的1号支架开始放煤,一直放到放煤口见矸,顶煤放完后关闭放煤口,再打开2号支架放煤口,2号支架放完后再打开3号支架放煤口,直到最后支架放完煤为一轮。这种放煤方式的优点是操作简单,工人容易掌握,放煤速度也较快。放煤时,坚持“见矸关门”的原则,但并不是见到个别矸石就关门,只有矸石连续流出,顶煤才算放完。见到矸石连续放出,必须立即关门,否则大量矸石将混入煤中,造成含矸率增加。

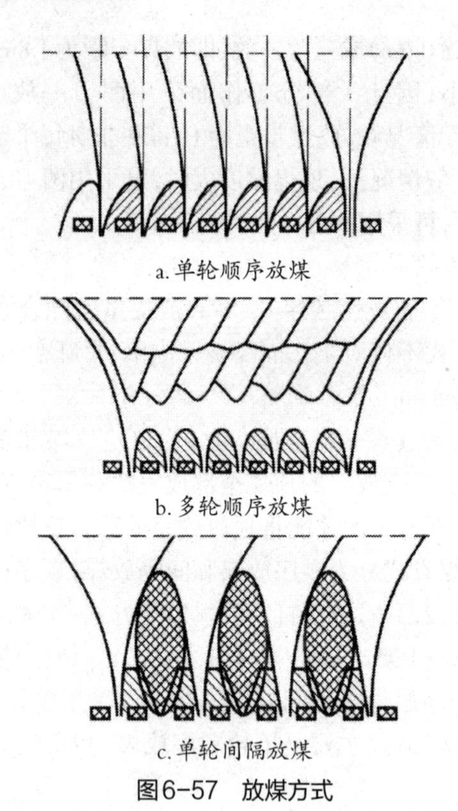

a. 单轮顺序放煤

b. 多轮顺序放煤

c. 单轮间隔放煤

图6-57 放煤方式

为提高单轮顺序放煤的速度，实现多口放煤，可采用单轮顺序多口放煤方式。多个放煤口同时顺序单轮放煤方式可将放煤能力提高，而含矸率反而可能降低。实际操作中，经常2~3个放煤口同时放煤，3个放煤工同时工作，第一个放煤工负责顺序打开放煤口放煤，第二个放煤工负责中间支架的正常放煤，第三个放煤工负责在放煤中出现混矸时，关闭后面的放煤口。这种放煤方式当顶煤强度不大、放煤流畅、煤流均匀时，可获得较高的产量和较低的混矸率。双放煤口同时放煤适用于煤层厚度小于8m的工作面；多口放煤滞后关闭放煤口的方式适用于8~10m的厚煤层。

②多轮顺序放煤。多轮顺序放煤是将放顶煤工作面分成2~3

段，段内同时开启相邻两个放煤口，每次放出1/3~1/2的顶煤，按顺序循环放煤，将该段的顶煤全部放完，然后再进行下一段的放煤，或者各段同时进行，如图6-57b所示。多轮顺序放煤的优点是可减少煤中混矸，提高顶煤采出率。其主要缺点是每个放煤口必须多次打开才能将顶煤放完，总的放煤速度较慢；每次放出顶煤的1/2或1/3，操作上难以掌握。对于煤层厚度大于10m的工作面采用多轮顺序放煤，混矸率较低。顶煤太厚的工作面移架后中部顶煤垮落破碎情况一般较差，多轮放煤可使上部顶煤逐步松散，有利于放煤。目前，我国高产长壁放顶煤工作面很少使用这种放煤方式。

③单轮间隔放煤。单轮间隔放煤是指间隔一架或若干支架打开一个放煤口。每个放煤口一次放完，见矸关门，如图6-57c所示。具体操作时，先顺序放1，3，5…号支架的煤，相邻两架支架间将形成脊背高度较大、两侧对称、暂放不出的脊背煤。放单号放煤口时，一般不混矸，放完全部或部分单号支架后，再顺序打开2，4，6…号支架放煤口，放出单号架之间的脊背煤。这是常见的单轮间隔一架的放煤方式，当煤层厚度大于12m时，可采取间隔两架或三架打开放煤口再放脊背煤的放煤方式。单轮间隔放煤的主要优点是扩大了放煤间隔，避免矸石窜入放煤口，减少混矸；顶煤放出率高于上述两种放煤方式，工作面理想采出率接近90%；单轮间隔放煤可实现多口放煤，提高了工作面产量，加快了放煤速度，易于实现高产高效，是一种好的放煤方式。

## 五、简易放顶煤工艺

除了综放开采之外，还有一些放顶煤开采技术在现场得到了不同程度的应用，这里主要介绍滑移支架放顶煤和n型钢梁放顶煤两种技术。

### 1.滑移支架放顶煤技术

#### (1)滑移支架放顶煤采煤法的特点

滑移顶梁由顶梁和支柱两个基本部分组成，如图6-58所示。

顶梁分前梁和后梁两部分,前梁和后梁通过弹簧钢组或导向槽连接支架的支柱为单体液压支柱,数量2~5个不等,与顶梁之间通过销轴连接。此外,前梁前端可安装前探梁或挑梁,后梁尾端可安装尾梁。滑移顶梁支架比较安全可靠,可内移,具有质量轻、结构简单、便于拆卸安装、成本低、适应性强等优点。装备一个滑移顶梁放顶煤工作面,其费用只是一个综放工作面的20%。因此,滑移顶梁放顶煤在我国中小型矿井的厚煤层开采中得到了一定的推广应用。采用这种采煤方法开采的煤层厚度为5m以上,主要是缓倾斜和急倾斜煤层,煤的硬度系数为0.8~3.0。

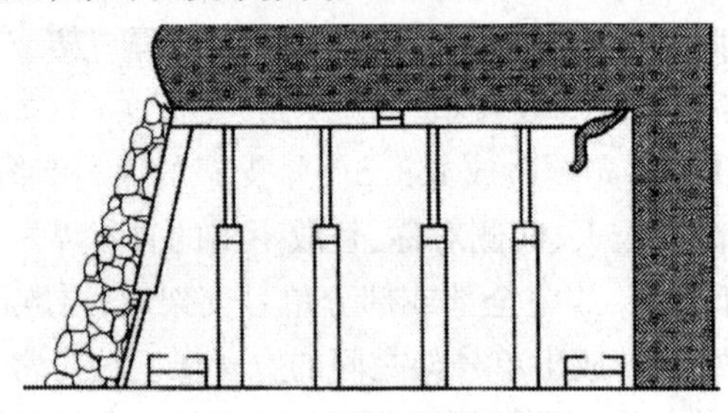

图6-58　滑移支架示意图

(2)回采工艺(以机采为例)

回采工艺过程:班前准备—开缺口—挂连网—采煤机下行割顶煤—伸前探梁—采煤机上行割底煤—移输送机(先移前部输送机后移后部输送机)—移架—剪网口放顶煤—补网堵放煤口—清理工作面(喷洒阻化剂、埋管注浆)。

(3)滑移支架放顶煤采煤法的工艺参数

①工作面长度和采高。缓倾斜滑移支架放顶煤工作面和中厚煤层工作面相比,增加了移架、移刮板输送机和放顶煤工序。在相同条件下,工作面推进速度会降低。工作面顶板下沉量和支柱载荷相应增大,不利于工作面顶板控制。因此,滑移支架放顶煤工作面应适当缩短工作面长度,其长度一般保持日开一帮为宜。滑移支架放顶煤工作面长度一般为60~80m,最长达105m,急倾斜滑移

支架水平分段放顶煤工作面的长度为煤层厚的水平投影长度。

滑移支架放顶煤工作面开采高度过大和过小都不利于这一采煤方法效益的发挥。据调查，我国缓倾斜放顶煤工作面开采高度一般为煤层厚度，其采高通常为5~10m，急斜滑移支架放顶煤工作面的水平分段高度一般不大于滑移支架工作面开采高度，布置图如图6-59所示。

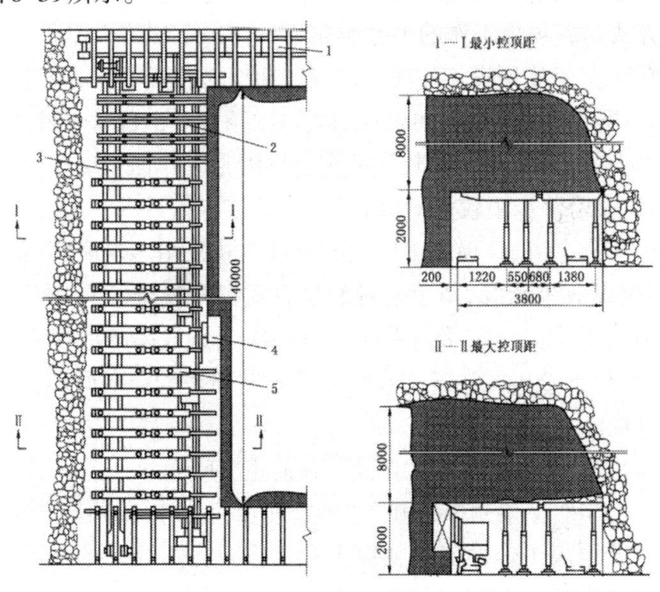


1.平巷输送机；2.端头支护；3.后部输送机；4.采煤机；5.滑移支架

图6-59　滑移支架工作面布置图

②工作面落煤与支护。滑移支架放顶煤工作面开采主要以炮采为主，工作面循环进尺多数为0.8m，也有的矿井采用采煤机落煤，采煤机截深0.6m。在放顶煤工作面采用采煤机落煤虽然减轻了工人的体力劳动，提高了落煤效率，但由于滑移顶梁液压支架自移的机械化程度低，移架操作复杂，以及放顶煤工作面开采是以放顶煤为主，放煤时间长，采煤机利用率低。因而滑移支架放顶煤工作面采用采煤机落煤并未显示出明显的优越性。滑移支架放顶煤

工作面采用滑移顶梁液压支架和金属网支护，应用广泛的是“一”字形滑移顶梁液压支架，工作面采用金属网护顶，金属网由经纬网向菱形网过渡。

③工作面放煤。放顶煤步距和放煤方式直接影响着放顶煤工作面的煤质和煤炭采出率，放煤步距过小会导致煤炭含矸率高，放煤步距过大则会降低煤炭采出率。因此，确定合理的放煤步距和放煤方式是放顶煤工作的关键所在。

滑移支架放顶煤工作面的放煤步距受工作面开采循环进尺的影响，一般采1~2帮（即0.8~1.6m）放一次顶煤。但部分矿井放煤步距达4~4.8m，其放煤步距较大的主要原因是工作面长度短，推进速度快，顶煤垮落步距较大所致。

从理论上讲，放顶煤工作面的放煤方式采用多轮顺序（或多轮间隔）放煤效果较好，由于这种放煤方式操作复杂，因而在滑移支架放顶煤工作面一般采用单轮间隔一次全量放煤的放煤方式，放煤口间距1.5~2.0m，放煤口剪网形状为“T”形、“工”字形和“上”形，放煤口规格为400mm×400mm。

（4）滑移支架放顶煤工作面存在的主要问题

①工作面支架初撑力和工作阻力偏低。根据我国部分矿井滑移支架放顶煤工作面支架初撑力和工作阻力的统计结果看，滑移支架放顶煤工作面支架的实际初撑力较低，支架实际初撑力仅为额定初撑力的1/2左右。由于初撑力低，加之滑移顶梁放顶煤工作面每进一刀，支架要整体前移一次，移架频繁，导致支架工作阻力仅为额定工作阻力的1/3~1/2。为了改善工作面支护状况，提高工作面支架初撑力至关重要。根据工作面具体情况，可采取措施提高支架初撑力，如提高泵站压力、减少同时注液枪数、坚持二次注液、使用指示压力的注液枪、穿柱鞋等。实践证明，上述措施对改善工作面支护状况都是行之有效的。

②滑移支架的稳定性差。在滑移支架放顶煤工作面，由于支

架的稳定性差,加之时常存在的管理不善,导致工作面的冒顶事故较多。据统计,80%以上使用滑移支架放顶煤的矿井或多或少都发生过冒顶事故。工作面的倾角越大,煤层越软或煤层结构越复杂,越易发生冒顶事故。华亭县煤矿滑移支架放顶煤工作面支架的稳定性观测结果表明,支架从架设到移架整个观测循环内,4排支柱中倾角发生变化的支柱占88%~95.5%。这一观测结果证实,滑移顶梁支架用于放顶煤工作面其稳定性差,支架失稳的可能性大。

滑移支架放顶煤工作面支架稳定性差的主要原因是支架本身属不稳定结构。另外,支架初撑力偏低,加之频繁移架,工作面支架阻力较低,以及工作面主要生产工序改变了围岩对支架的约束状况等都不利于支架稳定。在实际生产中,为了保证安全生产、改善支架稳定性,应设法提高支架初撑力和工作阻力,在倾角较大的缓倾斜煤层中采用倾斜长壁俯斜推进的放顶煤采煤法。确保支架架设时有合理的初倾角,及时处理工作面片帮和冒顶,进行工作面冒顶的预测和预报及加强工作面生产管理。

2.Ⅱ型钢梁放顶煤技术

(1)Ⅱ型钢梁放顶煤的特点

Ⅱ型钢梁放顶煤工作面支护采用Ⅱ型钢梁、单体液压支柱对棚架设,工作面采用爆破落煤,人工破网放煤,采放分别进行。在煤层赋存条件变化较大的煤矿,使用中取得了较好的效果。

(2)工艺流程

①工作面支护。采用单体液压支柱配Ⅱ型钢梁对棚支护,每对棚5根支柱,主梁为一梁三柱,副梁为一梁二柱。主副梁间距150mm,对棚间距为600mm,最大控顶距3.4m,最小控顶距2.4m,如图6-60所示。

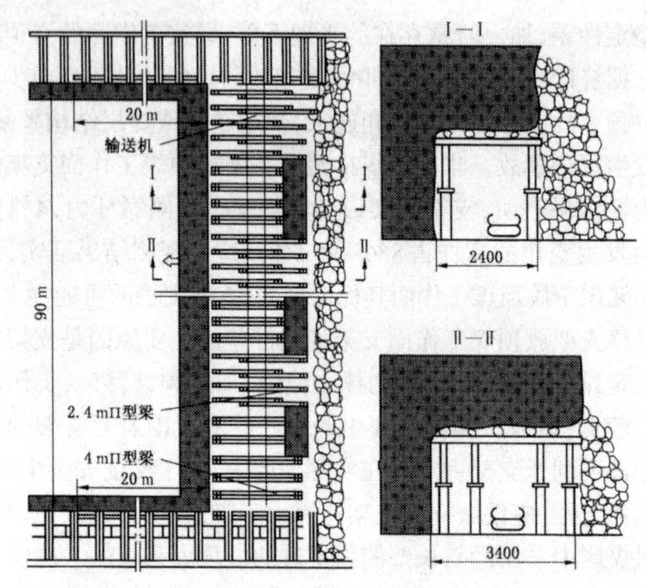


图6-60 Ⅱ型两梁顶煤工作面布置图

②落煤、装煤、运煤及移梁。采用爆破落煤，一般布置双排眼，爆破完成后及时移主梁，打临时支柱，做到及时支护。爆破后人工装煤，工作面输送机可采用可弯曲刮板输送机和带式输送机。

③移梁、放顶。当落煤清理装运完后，开始移主梁并打主梁正规柱（贴帮柱），同时在梁上沿工作面走向铺设顶网。主副梁与煤壁保持垂直并与煤壁接实，不留空顶。

采用全部垮落法处理采空区，随着移副梁放顶煤，顶板逐渐自然下沉、垮落，以完成放顶工作。

④放顶煤。放顶煤采用分段、多轮作业方式。放煤口布置在刮板输送机斜上方0.3~0.5m处。放煤口规格为400mm×400mm，每次不可过量放煤，以人工堵口控制放顶煤量。采取间隔方式多次将顶煤充分放出。

放煤后要及时调整歪斜棚梁，保证支柱有力，顶帮牢固，见矸堵口，必要时打点支柱以加固挡矸。

## 第六节　倾斜长壁采煤工艺

倾斜长壁采煤法的实质是长壁工作面沿走向布置，沿倾斜方向推进。因此具有生产系统简单、工作面搬家次数少、掘进率低等优点。在近水平煤层中，不论工作面采用仰斜推进还是俯斜推进，其工艺过程和走向长壁采煤法相似。但随着煤层倾角的增大，工作面矿山压力显现规律及采煤工艺又有一些特点，若仍采用和走向长壁采煤法相同的设备，就会带来一定的困难。若解决了这些设备和技术上的问题，还具有一定的优越性。

### 一、矿压显现及支护特点

1.矿压显现特点

对于仰斜工作面，由于倾角的影响，顶板将产生向采空区方向的分力（沿层面方向），如图6-61a所示。在此分力作用下，顶板的悬臂岩层将向采空区方向移动，使顶板层受拉力作用。因此，它更容易出现裂隙和加剧破碎，并有将支柱推向采空区侧的趋势对于俯斜工作面，沿顶板岩层的分力指向煤壁侧，顶板岩层受压力作用，使顶板裂隙打密介的趋势，有利于顶板保持连续性和稳定性，如图6-61b所示。

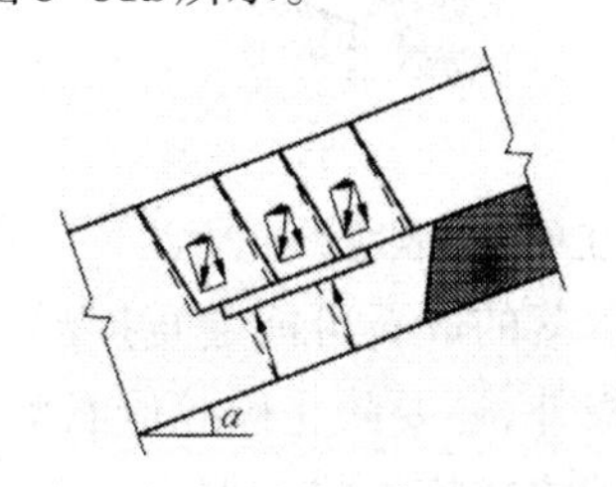


a.仰斜工作面

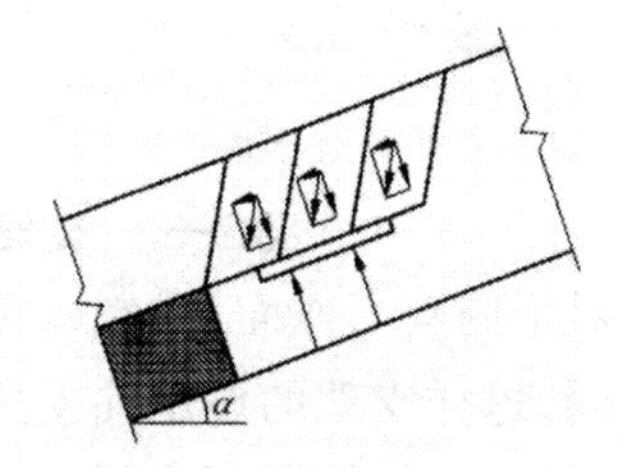


b.俯斜工作面

图6-61　倾斜长壁工作面直顶板稳定状态

如图6-61所示，倾角α越大，仰斜工作面的顶板越不稳定，而在俯斜工作面的顶板越稳定。

2. 支护特点

对于仰斜工作面，采空区顶板冒落矸石基本上涌向采空区，这时支架的主要作用是支撑顶板，如图6-62a所示。因此，可选用支撑式或支撑掩护式支架。当倾角大于12°左右时，为防止支架向采空区侧倾斜，支柱应斜向煤壁6°左右，并加强复位装置或设置复位千斤顶，以确保支柱与煤壁的正确位置关系。煤层倾角较大时，工作面长度不能过大，否则由于煤壁片帮造成煤量过多，输送机难以启动。煤层厚度增加时，需采取防片帮措施。例如，打锚杆控制煤壁片帮，液压支架应设防片帮装置等。仰斜开采移架困难，当倾角较大时，可采用全工作面小移量多次移的方法，同时优先采用大拉力推移千斤顶的液压支架倾角较大时，垛式支架有向后倾倒的现象且移架困难。支撑掩护式支架则可加大掩护梁坡度，使托梁受力作用方向趋向底座内，对支架工作有利，稳定性较好。鸡西城子河矿可采37号煤层，坡度大于18°时，采用ZY2B型支撑掩护式支架，稳定性能良好。

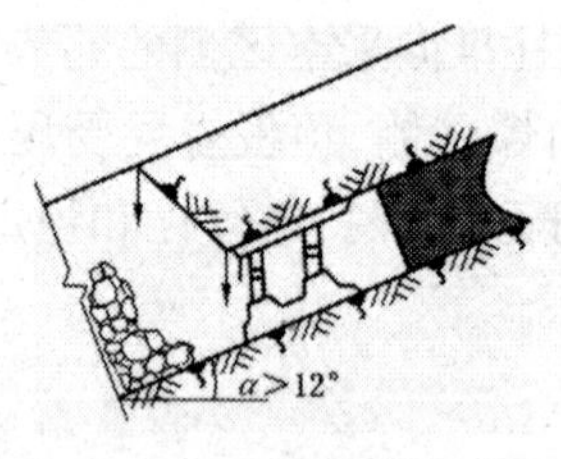


a. 仰斜工作面

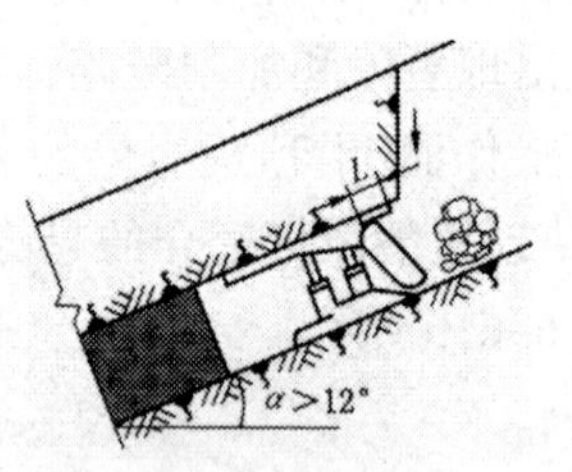


b. 俯斜工作面

图6-62　支架维护工作空间状况

对于俯斜工作面，采空区顶板冒落的矸石可能会直接涌入工作空间，这样支架的作用除支撑顶板外，还要防止破碎矸石涌入。因此，根据具体情况可选用支撑掩护式或掩护式支架由于碎石作用在掩护梁上，其载荷有时较大，所以，掩护梁应具有良好的掩护性和承载性能。为防止顶板岩石冒落时直接冲击掩护梁，可增加顶梁的后臂长度，如图6-63b所示。掩护式支架容易前倾，在移架过程中当倾角较大、采高大于2.0m、降架高度大于300mm时，经常出现支架向煤壁倾倒现象。为此，移架时应严格控制降架高度不大于150mm，并收缩支架的平衡千斤顶，拱起顶梁的尾部，使之带压擦顶移架，以有效地防止支架倾倒。

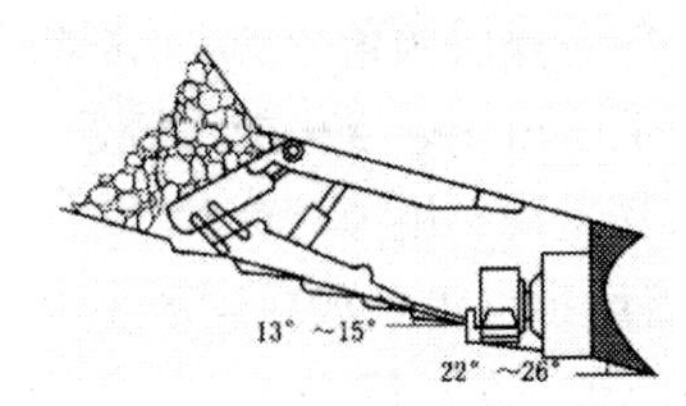


a.采煤机处于正常割煤状态，割底形成台阶

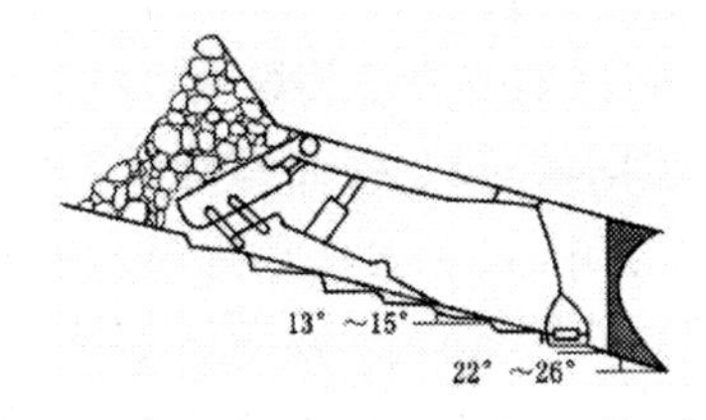


b.利用支架和绳套吊起输送机，推移输送机进入下个台阶

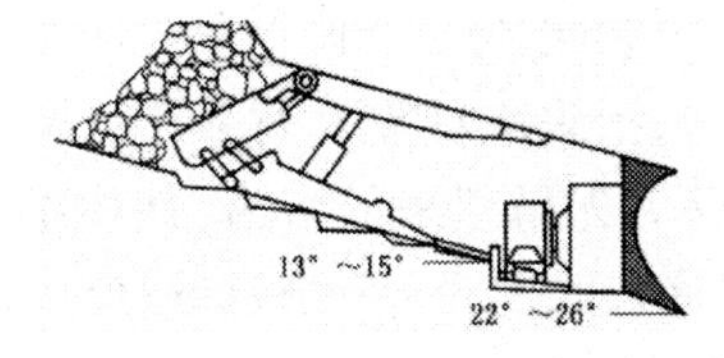


c.割完一刀移输送机后，进入正常割煤

图6-63　倾角较大时俯斜开采特点

## 二、采煤工艺特点

仰斜开采时，水可以自动流向采空区。工作面无积水，劳动条件好，机械设备不易受潮，装煤效果好。当煤层倾角小于10°左右时，采煤机及输送机工作稳定性尚好。如倾角较大，采煤机在自重影响下，截煤时会偏离煤壁，减少了截深。输送机也会因采下的煤滚向中部槽下侧，易造成断链事故。为此，要采取一些措施，如减

少截深、采用中心链式输送机、下部设三脚架把输送机调平、加强采煤机的导向定位装置等。在煤层夹矸较多时,滚筒切割反弹力较大,使采煤机受震动和滚筒易“割飘”,导向管在煤壁侧磨损严重。当倾角大于17°时,采煤机机体常向采空区一侧转动,甚至出现翻倒现象。

在俯斜开采时,随着煤层倾角的加大,采煤机和输送机的事故也会增加,装煤率降低。由于采煤机的重心偏向滚筒,俯斜开采将加剧机组的不稳定,易出现机组掉道或断牵引链的事故,并且采煤机机身两侧导向装置磨损严重。鸡西矿区小恒山矿通过采取加高滚筒滑靴的措施,在煤层倾角17°左右时,仍取得了较好的效果。俯斜开采最大的问题是装煤困难。城子河矿开采倾角20°左右的煤层,采取下述措施较好地解决了装煤困难的问题。最初,该矿选用的采煤机滚筒是相向旋转的,滚筒螺旋叶升角小、装煤率低、牵引负荷大、安全阀经常开启,无法正常割煤。为此,将采煤机两滚筒对换位置,改为背向旋转,切割底煤滚筒用弧形挡煤板,70%的煤能靠采煤机装入输送机,30%的煤由铲煤板装入输送机似这种方法使采煤机负荷加大。为此,应适当降低割煤速度。当倾角大于22°时,采煤机机身下滑,滚筒钻入煤壁,煤装不进输送机中,经试验采取把输送机靠煤壁侧先吊起来的措施,使中部槽倾斜度保持在13°~15°,采煤机割底煤时挖底,使底板始终保持台阶状,采煤机可正常工作,其工艺特点如图6-63所示。

# 第七章　机械化采煤工作面技术措施

## 第一节　综采工作面调斜与旋转工艺

综采工作面布置要求工作面等长,并有足够的推进长度。由于煤层地质构造等原因,一些工作面的区段平巷与采区边界线或采区上(下)山斜交,在综采工作面的起始或停采位置,按正常工作面回采,要留下三角煤。为此,我国一些矿区发展了调斜旋转回采技术、调斜旋转回采的实质是控制工作面各部位每次采煤的进度,逐次调斜工作面的位置和推进方向,通常把转角小于45°的旋转工作面,称为折向布置工作面,其工作面变向称为大翻拱;把转角大于45°的综采工作面,称为旋转布置工作面,工作面转向称为旋转。

### 一、调斜与旋转的目的和条件

工作面折向布置的主要目的是在煤层底板等高线曲折变化较大的井田内,顺应等高线的变化趋向,延长工作面的推进长度,减小工作面平巷内的高差,以利运输和防止巷道内局部积水,并回收采区边界和终采线附近的煤柱、躲开局部构造等。

综采工作面旋转布置的主要目的:①当采区推进长度短时,采用旋转布置以利往复旋转开采;②避开大的地质构造、含水带、安全煤柱;③将工作面安装在设备运输方便之处,投产后改变推进方向,进入预定开采区域;④回收不正规的边角煤。旋转的角度视具体情况而定,可在45°~80°之间选择。

工作面调斜如图 7-1a 所示，工作面进行了 4 次折向，推进长度由 300m 增加到 1100m，减少了区段平巷的高差，有利于运输，避免了巷道积水，并能回收采区边界和终采线附近的煤柱。

工作面旋转如图 7-1b 所示，采区上部最后一个工作面采到上山附近后，为回收上山煤柱，工作面不搬家，通过旋转 90°回收上山保护煤柱。

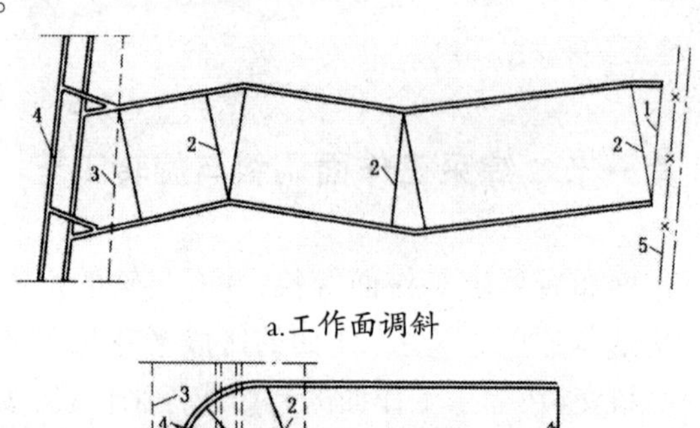


a.工作面调斜

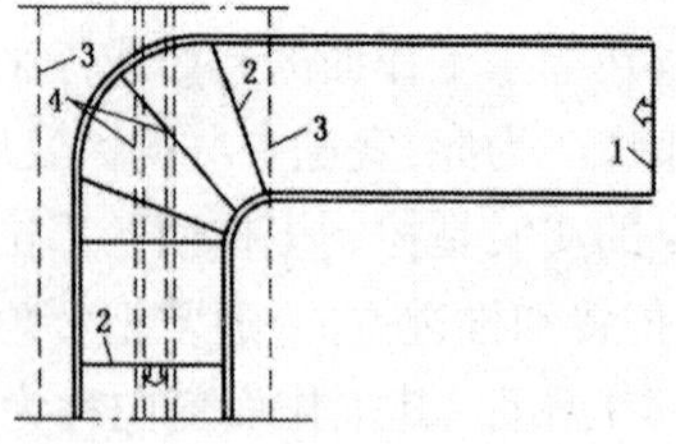


b.工作面旋转

1.工作面开切眼位置；2.调斜或旋转后工作面位置；3.上山煤柱线；4.上山；5.断层

图 7-1 工作面调斜与旋转

调斜和旋转的位置应选择在煤层稳定、顶板中等稳定以上、不受邻近工作面采动影响、地质构造少、无老巷的缓斜以下煤层中，以降低调斜与旋转的工艺难度。此外，设备的可靠性要强，进入调斜与旋转区域之前，对设备进行预检，加强工作面技术管理和制定周密的工程计划。综采工作面调斜和旋转的关键设备是液压支架，支架的架型要适宜，可靠性要强，架间要有一定的间隙，有良好的侧向调节机构。

工作面调斜比较简单，据现场调查，调斜开采一个 30°的扇形块段，需15~30d，但一个综采工作面旋转180°时，需6~8个月。因此，旋转之前，要把旋转方案与工作面搬家方案进行比较，以选取损失最小的方案。通常，工作面在旋转开采时，各项经济技术指标均会有所下降，一般下降10%~20%。

## 二、工作面调斜方法

在工作面调斜和旋转时，综采工作面可以绕一个固定中心，也可以变换中心。调斜的旋转角度小，可以绕一个固定中心旋转；调斜的旋转角度大，旋转中心附近煤层顶板难以维护，因此不宜固定一个中心。一般以综采工作面机头端为旋转中心旋转机尾端，以保证旋转期间输送机头和运输平巷转载机尾能正常搭接，使运输畅通。

固定旋转中心可分为实旋转中心和虚旋转中心。实旋转中心就是旋转中心设在工作面端头平巷处，在巷道内能确切地测出其位置；而虚旋转中心设在该处之外。

调斜工艺的要点如下：

(1)割煤方式与移输送机顺序相适应。

(2)割短刀时支架的移架方向保持不变，待割长刀时，将输送机沿全工作面调直并割齐煤壁，令工作面支架排成直线，为下一个转角打下基础。

机采工作面调斜是通过推移刮板输送机，使其弯曲段逐次位于工作面不同位置处，采煤机滚筒沿刮板输送机不同弯曲段割入煤壁来实现的。每调斜循环的宽段割煤刀数可近似用工作面长度除以相邻两刀煤的错距来确定，相邻两刀煤的错距应大于输送机容许的最小弯曲段长度，输送机最小弯曲段长度与采煤机截深有关，一般截深为0.6m、0.8m、1.0m时，所对应的弯曲段长度分别为15m、20m、25m。

## 三、工作面调斜或旋转时的顶板控制

综采工作面调斜或转向能否成功，就在于能否控制好顶板。

调斜或转向期间顶板难以控制的主要原因如下:

(1)旋转中心附近工作面无推进度或推进度很小,但为了调向,必须原地反复支撑顶板,很容易使旋转中心附近的顶板破碎、垮落。

(2)由于旋转中心附近无推进度或推进度很小,旋转中容易出现支架下滑、上窜、挤架、散架等问题。当综采工作面处于正常开采状况下,出现这些问题时,随工作面的推进,采取适当措施是容易调整的,但中心附近无推进度,就很难调整。

为了在综采工作面旋转期间控制好顶板,应采取以下措施:

一是根据顶板稳定性,选择旋转中心形式。当顶板稳定、地质条件好时,可选择实旋转中心,顶板经得起支架原地反复支撑。

二是若顶板经不起支架原地反复支撑,则应采用虚旋转中心,使工作面距旋转中心近的一端也要有一定的推进度,以便在推进中调整处于不正常状态的支架,或者采用非固定式旋转中心,即将工作面的总旋转角分为若干小角度,每个小角度设一个旋转中心,以缩短旋转中心在一处固定的时间,保持旋转中心附近顶板完整性。

三是在工作面旋转中,采取措施减少旋转中心附近支架的调向、反复支撑次数。

## 第二节 综采工作面的安装与撤除工艺

近年来,随着我国煤矿开采技术的高速发展和采掘机械化程度的迅速提高,一批新型的、拥有百万吨生产能力的综采工作面相继出现。这些工作面回采推进速度快,要求综采工作面接续时间越来越短,由以前的一年左右搬家1次缩短到一年2次或3次以上。煤矿对搬家所耽误的非出煤生产时间越来越关注,但是综采工作面设备多,体积大,用重型液压支架装备的综采工作面装备总重一般在1800~3800t,拆迁与安装费时费工,要布置拆迁与安装的巷道与硐室,需要运载工具、起吊和牵引装置,要完成设备拆迁、运输、安装和调试等工作。事实上,由于搬家时间过长给煤矿造成的非生产性损失非常大。因此,缩短综采工作面设备搬家时间、提高采区接续率和综采设备开机率是现代化矿井必须面对的问题之一。

## 一、搬迁计划的制订

每个工作面搬迁前都应制定周密的搬迁计划,其中包括以下内容:

(1)搬迁方案的选择。根据工作面情况,制定设备搬迁的先后顺序、时间安排、运输路线及工序流程图。

(2)搬迁的具体方法。包括绞车的安装位置、方向及钢丝绳规格;设备的装车要求;新旧工作面拆、装支架的具体措施;硐室装卸的具体措施;顶板和煤帮的特殊支护方式,以拆、装支架为中心的劳动组织;各工序工作细则及安全措施等。

## 二、综采工作面撤除

### 1.拆除期间的顶板控制

国内外综采设备拆除期间的顶板控制方法主要有3种:金属网加木板梁、金属网加钢丝绳、金属网加钢丝绳加锚杆,如图7-2所示。

综采工作面设备的拆除关键是顶板控制。一般距终采线10~12m处开始沿煤壁方向铺设双层鱼鳞式金属网,金属网要一直铺到终采线,煤壁易片帮时应使金属网下铺煤壁1.5~2m,并沿煤壁打上锚杆或贴帮柱。距终采线6~7m时,在顶网下再铺设木板梁、锚梁或钢丝绳。条件允许时还可以直接用锚杆托住金属网。

当顶板稳定性差时,要用锚杆将金属网锚固在顶板上,如图7-2c所示。在距终采线6~8m时,若用木板控顶,则沿工作面煤壁方向在金属网和支架顶梁之间铺设木板梁,其间距与截深相同,其长

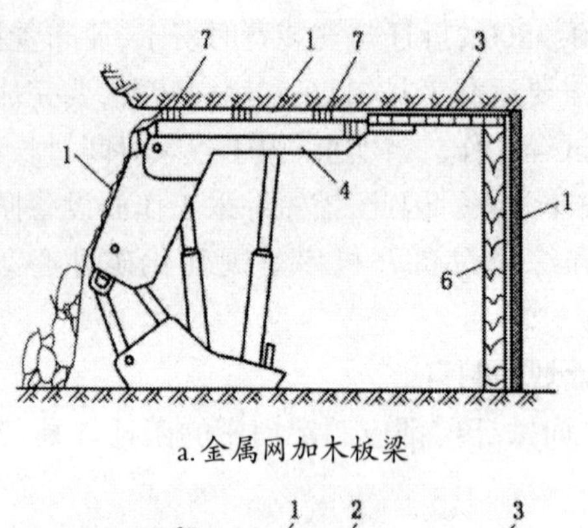

a.金属网加木板梁

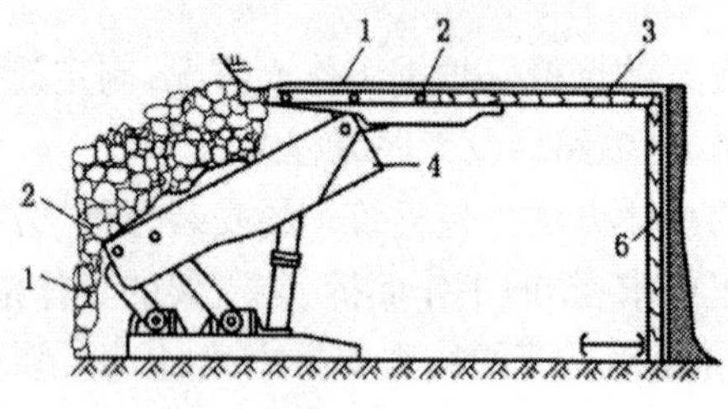

b.金属网加钢丝绳

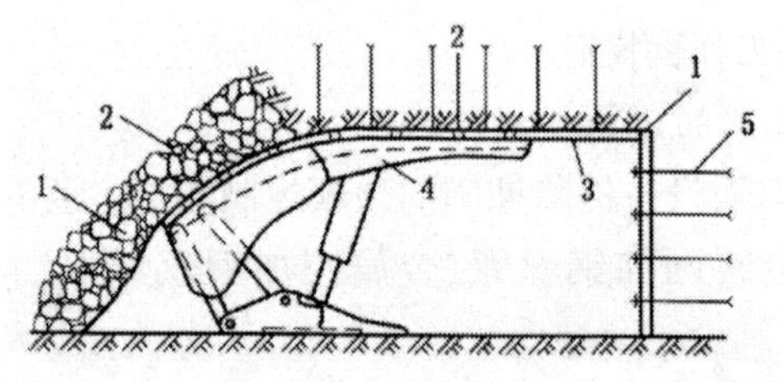

c.金属网加钢丝绳加锚杆

1.金属网;2.钢丝绳;3.棚梁;4.自移支架;5.锚杆;6.贴帮柱;7.木板梁

图7-2　综采工作面设备拆除期间的顶板控制

度为2倍支架宽度,并相互交错放置,如图7-2a所示;若用钢丝绳,则在支架前梁端双层网下沿煤壁方向铺设钢丝绳,沿工作面推进方向每割一刀煤铺一条,钢丝绳的两端固定在工作面两端的木板梁或锚杆上,若固定在木板梁上则应打好锚固柱,如图7-2b、图7-2c所示。在距煤壁停采位置3m(以支架能转90°方向为原则)时,不再移架，架设与工作面煤壁垂直的木支架，并用单层网或用小板、竹笆之类材料背好煤壁，必要时用锚杆加固煤壁。在支架停止前移后，为了能继续割2~3刀煤，可将推移千斤顶加上一节加长段，以便继续前移输送机，至煤壁到达停采位置为止。

用木板控顶，放置木板梁时需降架，操作不方便，安全性差，并且采煤机要停止割煤，木材消耗量大，因此一般只用于顶板较稳定、支架尺寸小、质量轻的综采工作面；用钢丝绳控制顶板省材料，可利用废旧钢丝绳，劳动强度小，操作安全，煤产量降低较少，适用于顶板稳定性较差、吨位较大的重型综采设备工作面。在顶板稳定性差、拆迁时矿压显现强烈的情况下，可辅以锚杆加固顶板和煤壁。

2.综采设备的拆除方法

综采设备的拆除顺序，一般是先拆输送机的机头和机尾，继之拆采煤机和输送机机槽这些工作在支架掩护下进行，设备的尺寸和质量相对较小，拆除容易。

拆除支架时，首先应在风巷与工作面交接出口处进行刷大和挑高，并牢固支护好，架设好提吊架，以便提吊拆除的设备装平板车外运，也可以在回风巷与工作面交接处挖掘装卸地槽，这样设备无须提吊就可直接拖入平板车外运。若用提吊法装车，可用绞车—滑轮、电动葫芦、悬挂液压千斤顶或液压支架自身提吊等多种方法。拆除支架时，一般是先将前探梁降下或拆除，然后用绞车拉支架向前移，调转90°方向，由回风巷绞车沿底板拖至出口处吊装上平板车外运。当底板较软时，亦可将输送机拆掉机头、机尾和挡煤板等侧附件，在机槽上设置滑板、支架，在绞车拉力下前移上滑板，调向90°，然后连同滑板一起被绞车拉至出口处，装平板车外运。

支架的拆除顺序依据顶板和运输条件而定，多为后退式，即从工作面的运输巷端退向回风巷端（装平板车端）拆除，这样的拆除顺序有利于控顶；若机巷设有轨道，顶板条件好，可由回风巷端向运输巷端拆除,以加快拆除速度。在拆除过程中,可以依次顺序拆除,也可以间隔抽架,这取决于哪种方式对顶板控制有利并能加快速度。

拆除中要加强对零部件的管理,防止损坏和丢失零部件,严格按操作规程作业,对各种设备的零部件、油管、阀组等要仔细清点、记录、包装,防止沾上煤粉污染零部件,并将各种设备的零部件缚在其主机上一起外运,以便在新工作面重新安装使用。工作面拆除完毕,应尽量回收支护材料,降低工作面搬迁费用。

### 三、综采工作面安装

#### 1.开切眼断面的扩大及支护形式

为了减小开切眼的变形量和保证顶板完整性,通常在设备安装之前开切眼是以小断面掘通的,因此设备安装时一般要重新扩大开切眼断面。如果顶板稳定、压力较小,可一次先扩完,然后安装设备;反之,如果顶板破碎、压力较大,可分段扩面,边扩面边安装,即将工作面分成单位长度为30~50m的几段,扩完一段安装一段。但是这样做会降低安装速度和出现窝工现象,一般只用于顶板压力大、安装时间较长的重型综采设备工作面。如果顶板坚硬稳定,也可以采用全长全断面掘进机一次掘成。开切眼支护视顶板情况可采用与工作面推进方向一致的木支架加铺顶网支护或采用锚杆加顶网支护。

#### 2.综采设备的组装

依据井巷条件及设备尺寸的大小,综采设备可以采用地面工业场地、井下巷道、工作面组装3种方式。地面工业场地组装效率高、质量好,组装后还可以进行整套设备的联合试运转,以确保井下安装完成后设备能正常运转,并可按照井下安装顺序在地面将设备排列好,能提高井下安装的速度和效率。老矿井巷道系统复杂、断面小,运输系统不能满足整体运输综采设备的要求,只好将设备解体后下井,在工作面与回风平巷交接处设临时组装硐室,将设备组装好后再运入工作面安装。

3.综采设备运进工作面的方法

整体入井的自移支架或在组装硐室内组装好的自移支架，运入工作面的方式有以下3种。

(1)用绞车运送支架

这是目前我国最常用的方法。具体做法是在工作面上下出口处各设置一台小绞车，首先用绞车把支架拖到安装地点，再用一台绞车进行转向，使支架从平行工作面煤壁转为垂直煤壁，然后对位调正。当底板平整坚硬时，支架可直接在底板上拖运；当底板松软时，可在底板上铺设轨道，轨道上设置导向滑板，支架稳放在滑板上用绞车拖送。如果开切巷较高，也可将支架放在平板车上直接下放进入工作面，特别是整体入井支架，这样更加方便。

(2)利用输送机运送支架

采用这种方式，工作面输送机安装时先不装挡煤板、电缆架等，在中部槽上铺设滑板，把支架放在滑板上，自输送机带动滑板送至安装地点，用小绞车使支架在滑板上转向，再拉至安装处对位调正，支架安装完后，再装好输送机挡煤板和电缆架。这种方法所需设备少，导向可靠，转向容易，安装速度快。

(3)用单轨吊车运送支架

在工作面上出口处，用单轨吊车吊起支架并回转90°，在绞车控制下，沿着挂在开切巷支架下的单轨，依靠自重下滑到安装地点，经转向后卸在底板上，这种方法操作简便，转向容易，但要有相应的设备，装设顶板轨道比较麻烦，国外使用较多，如图7-3所示。

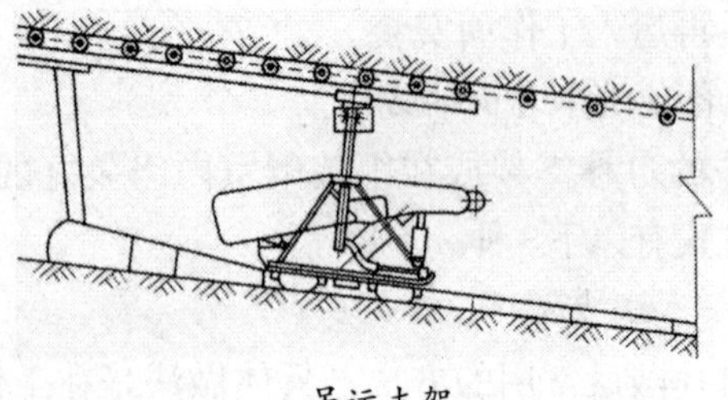

a. 吊运支架

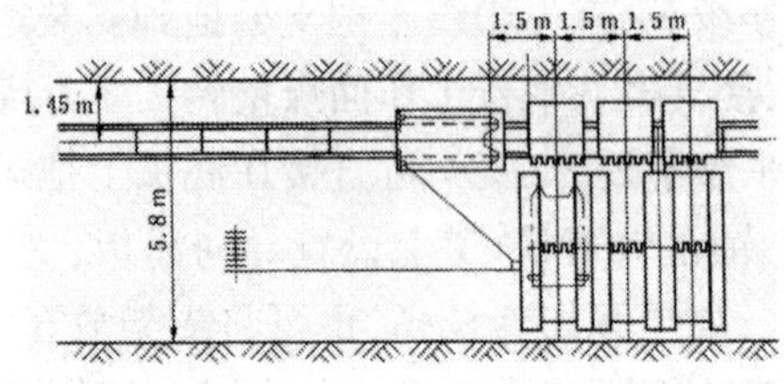


b. 安装支架

图7-3　用单轨吊车向工作面运输支架

4. 综采工作面设备的安装顺序

综采工作面设备的安装顺序可分为前进式和后退式两种。前进式安装,系指支架的安装顺序与运送方向一致,支架的运输路线始终在已安装好支架的掩护下,支架运进时要架尾朝前,便于调向入位。前进式安装可采用分段扩面铺轨道、分段安装的方式,也可采用边扩面、边铺轨、边安装的方式,如图7-4a所示。后退式安装,一般开切眼一次扩好,并铺好轨道,或直接在底板拖运,然后由里往外倒退式安装支架,支架安装完毕再铺设工作面输送机,最后安装采煤机,如图7-4b所示。该方式适用于顶板条件好、安装时间短的轻型支架。无论是前进式还是后退式安装都要应当注意:首先根据转载机与带式输送机的中心线位置确定出工作面输送机机头位置;根据机头位置确定排头支架的中心位置,进而预先测量出每架支架的精确中心点,保证支架定位准确,便于支架与输送机机槽准确连接;支架入位后要立即装好前探梁和各阀组,并将管路与乳化液泵站接通,升柱支护顶板。

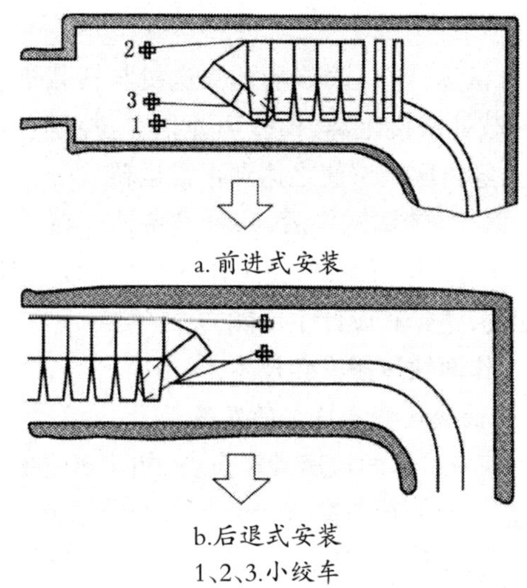


1、2、3.小绞车

图7-4　综采工作面设备的安装顺序

## 四、整套综采工作面设备联合试运转与调试

综采工作面投产前，必须做好设备验收、单机调试、工作面试生产3项工作。

1.综采工作面设备联合试运转与调试组织

设备安装后，试生产前，由主管综采生产的矿长组织矿、队等有关部门，按照选型设计和《煤矿矿井机电设备完好标准》，对工作面机电设备逐台进行检查，发现问题要及时处理。

2.综采工作面设备联合试运转与调试具体步骤

（1）在工作面各种设备安装完毕后，均经严格检查且空载试运转后，分别进行单独调试，排除各种故障及事故隐患。

（2）待整套综采工作面设备安装完成后，进行全工作面设备联合试运转，检验供电、供水、供液、运输等各个系统情况，同时对各种设备进行空载运行状态下的调试工作。

（3）工作面联合调试中，设备的启动顺序为喷雾泵站—乳化液泵站—带式输送机—转载机—破碎机—刮板输送机—采煤机—液压支架等。

(4)在联合试运转中,调节刮板输送机与转载机、转载机与带式输送机的转载处搭接距离,检验声光信号、控制、通信与照明系统的工作状态,经再次调试使之达到正常运转。

(5)待空载试运转调试之后,各种设备还应在工作面推进10~15m范围内进行负载运行调试,使工作面整个系统各环节实现合理联系与运量配套,达到其设计生产能力。

**五、综采工作面快速搬家新技术**

1.综采工作面快速搬家技术的发展

国外使用综采工作面快速搬家设备,始于20世纪70年代。在美国,由于综采工作面快速搬家成套装备的使用,在采用先进的回撤工艺的基础上,实行"面到面"快速搬迁,综采工作面的搬家时间已由早期的4~6周缩短到现在的1周以内。近几年来,综采工作面快速搬家的成套装备和根据各矿区地质条件采用的多点、双点、单点回撤工艺技术已经在美国、澳大利亚、南非等国得到普及应用,并取得了显著的经济效益。经过多年的发展,国外一些技术先进的煤机厂商也相继推出了各自有代表性的产品,如BOATLONG-YEAR的框架式车、DBT的多功能车、SANDVIK的铲板式车等。

20世纪90年代,我国神华集团开始引进国外先进的综采工作面快速搬家成套装备用于综采工作面设备搬家,并配合先进的辅巷多通道回撤工艺,取得了非常明显的效果,使我国煤矿综采设备快速搬迁技术实现了飞跃式发展。在其影响带动下,国内其他煤矿(如晋城寺河煤矿、朔州安家岭煤矿、兖州济三煤矿等)先后引进以支架搬运车为主的综采工作面快速搬家装备,均取得了显著效果。

我国综采工作面设备总质量已发展到8500t以上。其中,液压支架质量已发展到43t(采高6.3m以上),工作面端头支架质量已达46t,工作面长度已由100~50m提高到300m以上。支架数量由100

架左右提高到近180架，支架总质量由1500t提高到7500t，如此重量级的设备采用原始的搬家工艺和搬家设备进行5000~0000m的搬运是难以想象的。因此，必须根据科学的回撤工艺技术，采用先进的综采工作面快速搬家成套装备对综采工作面液压支架、刮板输送机、采煤机、转载机、破碎机、移变列车等设备，进行“面到面”的快速搬迁。

2.综采设备搬运技术及装备

(1)综采液压支架的搬运

液压支架占综采工作面设备总质量的80%以上，液压支架的搬迁是综采工作面回撤搬家的关键工序，其搬迁时间占到工作面全部设备搬家时间的70%，并且其技术难度和风险性也是最大的。在以无轨胶轮车进行辅助运输的现代化矿井中，支架的搬迁通常采用专用支架搬运车来实现。支架搬运车是在煤矿井下专门用于搬运液压支架、以发动机为动力的特种运输车辆，是实现工作面快速搬家的有效设备，具有载重能力大、运行速度快、机动灵活、爬坡能力大等优点，可以实现不转载运输，节约大量辅助运输人员，极大地提高运输效率。

支架搬运车按承载结构形式分为铲板式、U形框架式和平板拖车式3类。

铲板式支架搬运车的特点是以铲板为承载单元，装卸灵活，不仅可以搬运支架，而且可以搬运其他物料，属于多功能车类；缺点是机身长、自重大、重心高，所以运行稳定性较低。铲板式支架搬运车主要用于支架短距离运输和摆放，不太适合长距离搬运作业。

U形框架式支架搬运车，以带四轮驱动的U形框架作为支架承载单元，采用4套起吊装置将支架直接悬挂并用夹紧机构固定，具有自重轻、重心低、运行平稳、装卸方便快捷、转运速度快、井下适应性好的优点，是目前主要的支架搬运设备，特别适合于长距离搬运作业。

平板拖车式支架搬运车结合了铲板式和U形框架式支架搬运车的特点，由牵引车和拖车组成。拖车是带承载桥的封底箱式结构，是支架承载体。该车的主要缺点如下：

①由于拖车底板高，所以支架重心高，运行稳定性较差。

②拖车本身无驱动装置，在重载情况下牵引车容易打滑，所以爬坡能力受限。

③由于拖车底板高，支架装卸必须依靠绞车牵引的方式，所以从安全性和方便性方面都不及前面两种方式。

该车的优点是在牵引车前端配置了能够方便拆卸的铲板装置，在不搬运支架的情况下，可以作为搬运其他设备的多功能车辆使用。

(2)采煤机和移动变压器列车的搬运

采煤机是综采工作面单机吨位最大的设备，也是搬运最困难的设备。在传统的综采工作面搬迁中，一般采用铺设轨道的方式，铺设地面铁轨或临时架设单轨吊车，为此需要做大量的准备工作，耗费大量工时和材料费用。随着目前采煤机吨位的逐渐加大，单轨吊车运输方式已经不现实，由于地面临时轨道运输效率很低，已被许多现代化矿井逐步放弃。在神华等大型现代化矿井中，目前普遍采用无轨胶轮车辅助运输的方式搬运采煤机。

目前国内外还没有专用于采煤机搬运的设备，我国神华集团各煤炭公司采用以蓄电池为动力的铲板式支架搬运车搬运采煤机。采煤机的搬家工艺是将采煤机前后摇臂和破碎机拆掉，采用两台蓄电池铲板式支架搬运车将采煤机及其下面的5节中部槽从头尾两点整体抬出工作面并直接转移到新工作面。已拆卸的摇臂和破碎机采用铲板式支架搬运车铲运到新工作面。这样不仅避免了铺设轨道的准备工序，节约了成本，而且实现了采煤机的不转运搬迁。一般情况下，采煤机的搬运时间最长不超过2个班。在神华集团神东煤炭公司，大部分矿井只需要1个班就可完成搬家，仅相当于传统搬运方式耗时的1/10。

移变列车拆解以后的移变、乳化液泵、乳化液箱、开关等以及综采工作面转载机、破碎机、带式输送机等，均可采用WC25EJ型铲板式支架搬运车铲运。新型系列化产品WC40Y(B)型铲板式支架搬运车构成如图7-5所示，在满足液压支架长距离运输的基础上，可满足除采煤机以外的所有综采工作面设备与物料的搬迁。

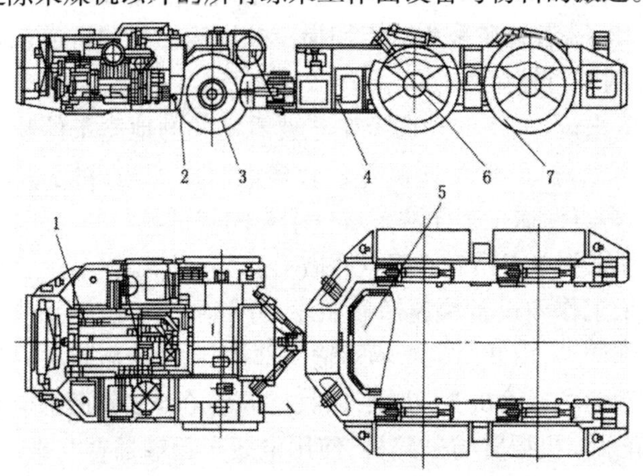


1.机头；2.前机架；3.行走系统；4.U形框架；5.料斗；6.提升系统；7.摆动梁

图7-5　铲板式支架搬运车

(3)刮板输送机的搬运

在进行综采“三机”的搬家时，应先将刮板输送机撤出，撤出方式为首先将机头、机尾拆解，然后采用铲板式支架搬运车分别运到新工作面。中部槽的搬运受到终采线附近顶板支护方式的局限。目前终采线附近顶板大多采用单体液压支柱配合钢梁或垛式支架支护方式：因此，撤中部槽的设备应充分考虑到支护设备的影响，外形尺寸应尽量小塑化，满足移动灵活、方便、适应性强的要求。

目前出现了4t多功能叉车，该叉车结构小巧，具备装载、铲叉、举升、放输送带(电缆)等功能，可以在较小的空间内完成各种作业，可以很方便地将中部槽从工作面转移出去：移出工作面的中部槽采用普通运料低污染胶轮车再转运到新工作面。

3.综采工作面设备快速回撤工艺

目前国内综采工作面搬家速度最快的是回撤辅巷加回撤通道的多点回撤工艺，采用5台支架搬运车及成套快速搬家设备，平均240m长工作面搬家时间为8天。鲁能煤业柴沟煤矿采用单点回撤工艺，使用单台支架搬运车及成套快速搬家设备，120m工作面搬家时间为18天，若该矿采用双点回撤工艺即运输巷和轨道巷同时回撤，搬家时间可缩短约1/3。

一般来说，采用何种搬家工艺要看矿井的地质条件和瓦斯含量。顶板条件好、低瓦斯矿井适合多点回撤工艺；对于高瓦斯矿井，采用多点回撤工艺无法形成一个封闭的进风与回风闭合通道，因此必须采用单点回撤或双点回撤工艺。

综采工作面设备快速回撤顺序：分解刮板运输机并使用叉车回撤中部槽；采用低污染车辆运输中部槽，同时分解机头、机尾；使用支架搬运车运输机头、机尾；回收运输巷道与工作面的电缆和水管；分解采煤机摇臂与破碎机，使用电瓶车运输摇臂与破碎机，使用两台电瓶车将采煤机机身连同机身下5节中部槽整体抬运出通道；分解移动变电列车，使用支架搬运车搬运移动变电列车；将支架由原永久泵站供液改为临时泵站向两头供液。为了加快支架的回撤速度，从中间联络巷开始分两头向工作面回风巷和运输巷回撤，撤架方法采用顺序双掩护撤架和抽芯双掩护撤架。一般先回撤联络巷口支架，支护利用双掩护支架推拉杆上安设的滑轮连接被回撤的支架。拉到联络巷口时，再利用支架车拖移调向后，利用支架搬用车通过联络巷及回撤辅巷将支架运到所需地点。

在工作面设备拆除前，要先拆除运输巷中的可伸缩带式输送机、桥式转载机和破碎机。综采工作面一般先拆除输送机的机头或机尾，而后是采煤机和输送机中部槽，这些工作能在液压支架正常掩护下进行，且设备的尺寸和质量相对较小，拆除容易。

拆除液压支架时，一般是先将前探梁降下或拆除，然后用绞车将支架拉出前移，调向90°，由回风巷绞车沿底板拖至出口处，装平板车外运。

## 第三节　机采工作面过地质构造的技术措施

### 一、综采工作面过断层

断层处的岩石往往比较破碎，在工作面通过时很容易造成冒顶，使液压支架空顶或歪扭，导致支架的倾倒或“压死”。在处理断层带的岩石时，如果方法不当，很容易损坏支架、采煤机和输送机等机械设备。损坏严重时，不得不将设备全部升井大修，造成很大的经济损失。工作面过断层时，对工作面的产量影响很大。断层落差越大，过断层时产量下降越多。断层线与工作面的夹角越小，产量下降越多。

*1.断层落差大于采高的情况*

断层落差大于采高时，基本上不硬过。当断层落差大于或等于采高时，非综采一般采取避开法，如图7-6所示。遇走向断层时，若断层位于工作面两端，可通过加长或缩短工作面留煤柱避开断层回采；若断层位于工作面中部，根据断层延伸长度，可分别采取开中巷法或打超前巷法避开断层回采，如图7-6a、图7-6b所示。遇倾斜断层时，可采取另掘新开切眼，工作面搬家的避开法，如图7-6c、图7-6d所示。遇斜交断层时，若断层与工作面的斜交角小于25°，可调斜工作面重掘新开切眼，如图7-6e所示。若斜交角为25°~60°，可采取留通道缩短工作面的方法重掘开切眼避开断层，如图7-6f所示；若斜交角大于60°，与走向断层的处理方法相似。回撤巷道布置形式如图7-6所示。

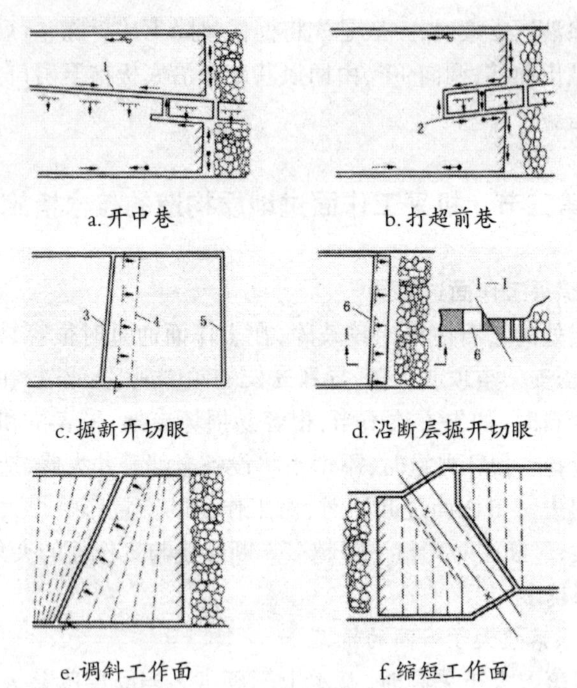

a.开中巷　　b.打超前巷

c.掘新开切眼　　d.沿断层掘开切眼

e.调斜工作面　　f.缩短工作面

1.中巷;2.超前巷;3.新开切眼;4.终采线;5.原开切眼;6.补开切眼

图7-6　工作面避开断层

2.断层落差小于采高的情况

对于落差小于采高的断层,一般可以硬过,如图7-7所示。但在工作面通过断层时,应采取安全技术措施,加强顶板控制。

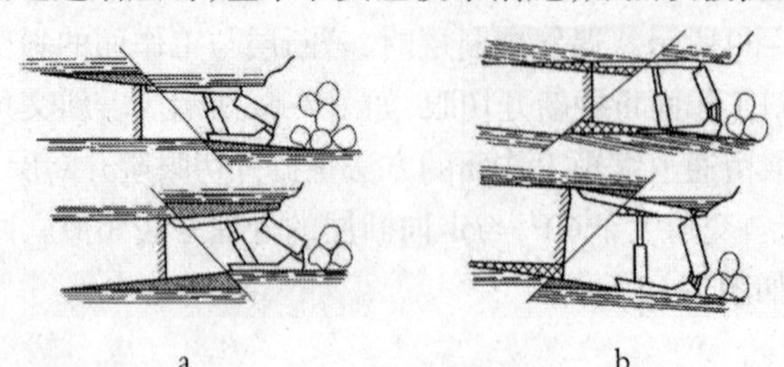

a　　b

图7-7　过断层的推进方向

(1)调整工作面与断层线的夹角

对于落差小于或等于煤厚(采高)、与工作面斜交的断层,一般是工作面平推硬过。当工作面通过断层时,如果工作面与断层线互相平行或相交的角度太小,则断层在工作面的暴露范围将很大,顶板维护也困难。为了使断层与工作面交叉面积尽量小,有时可在通过断层前预先调整工作面,与断层保持一定夹角。夹角越大,交叉面积越小,顶板容易维护,但通过断层的时间会相对加长。根据经验,对于顶板中等稳定以上的工作面,工作面与断层线的夹角可调到20°~30°;对于不稳定顶板,工作面与断层线的夹角可调到30°~45°,但这将使工作面长度加长,也会给生产带来不利影响或增加三角煤损失。采用这种方法时,应根据具体条件将诸因素综合考虑,选定一个较好方案。

(2)处理断层处的岩石

对工作面断层处岩石硬度系数小于4时,可用采煤机直接截割,但牵引速度应减小,当岩石硬度再高时,则要用打眼爆破的方法进行处理。处理断层要打浅眼、少装药、少量爆破,打眼时要选择好炮眼的位置和角度,爆破时要防止崩坏液压支架活柱。在支架前柱的前方悬挂挡矸胶带,必要时还需在柱外面套上胶皮防护筒。炮烟对支架支柱表面的镀层腐蚀性较大,尤其是对镀铜层影响更大,因此有的矿不采用爆破,而是用风镐来处理断层处的岩石。

(3)液压支架过断层的措施

在过断层时,支架不是向下俯斜就是向上仰斜移动。在通过断层之前,应弄清断层的走向、倾斜、落差、岩性和两盘的关系,同时根据设备性能和过断层的要求,确定其上坡角度,过断层时的坡度以10°~12°为宜,最大不要超过15°~16°。如果煤层断块在工作面推进方向的上方,应逐步割顶和割底,岩石硬时用爆破方法挑顶或挖底,使支架按选定的坡度向上逐步通过断层;如果断块在工作面推进方向下方,则可采用同样的方法挖底,但尽量不要挑顶,以免破坏断层面以下的顶板，由于断层区的顶板比较破碎，所以用掩护式支架和支撑掩护式支架比支撑式支架更为有利，在顶板破碎并留顶的情况下，应适当带压移架，不得降柱太多，尽量减少顶板松动。

液压支架过断层时顶板比较破碎，要特别注意加强维护，工作面断层区域内可以采隔一架移架的方式移架，根据不同情况也可采用控制破碎顶板的方法来控制断层区顶板。当顶板特别破碎时，应随采煤机前滚筒割煤而立即移架。

为防止和处理冒顶，要控制顶板暴露面积不要过大，支架要超前支护。如不能超前支护，要在支架前方架台棚，台棚上用两梁接顶，台棚用两柱支撑。移架时可先移中间的支架，用前探梁托住台棚，再分别拉两边的支架。

处理冒顶时，在冒顶处的两端冒高较低，从架棚比较安全的地方往中间逐步架超前棚和超前梁，棚梁上垛木垛接顶，如图7-8所示。

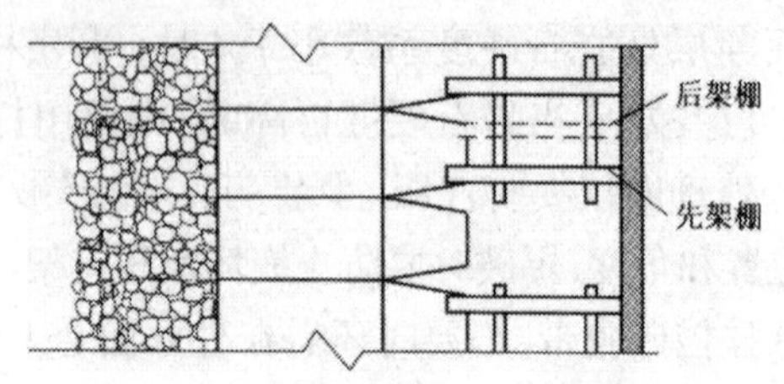


图7-8　液压支架过断层措施

(4)断层处的顶板控制

①断层处先架设倾斜梁、倾斜棚或斜交梁，采取间隔移架，先移的支架顶梁托住倾斜梁后再移邻架。

②可在煤壁上预先掏梁窝架设超前梁或超前走向棚。

③尽量采取带压移架方式，以防松动顶板，并缩小割煤和移架间距，片帮较深时采取超前支护，减少控顶面积。

④顶板冒空处应架设木垛或用其他材料充填，对破碎地带的顶板可用锚杆或向钻孔内注入化学胶结性溶液，以固结顶板。

⑤沿断层开岩巷，巷道顶板用普通锚杆支护，两帮用木锚杆支

护,沿断层开巷时巷道的宽度与高度必须与综采工作面尺寸相适应,以利于工作面从断层的一盘逐步过渡到另一盘,尽快恢复正常开采。

## 二、综采工作面过陷落柱

综采工作面突然遇到陷落柱时,应首先摸清其面积大小及岩性,然后确定是硬过或是绕过。从安全生产角度分析,硬过陷落柱比绕过存在的不安全因素较多,进度较慢。

若陷落柱充填及胶结状况好,矸石呈卵石状,无淋水或只有少量滴水,且面积小(如直径在15~25m以下),为保持工作面连续推进,减少搬家倒面次数,可以考虑平推硬过;若地质构造情况不清,陷落柱充填及胶结状况不好,有较大淋水,矸石基本没变形,压得不实且面积大,应采取另开切眼绕过的方法。

过陷落柱要采用控制爆破的方法,严格控制采高。在临近陷落柱区前方5~8m时,逐步抬高输送机,降低采高,沿顶板开采。进入陷落柱区以后,采用浅截深、多循环作业方式。同时对陷落柱区内外支架高度采用等差、逐步调高的方法,架间高差保持在150~200mm,以防咬架。采煤机装矸后立即移架,以减少控顶面积,防止漏矸。

如果陷落柱位于上下端头附近或影响区扩大到上下平巷时,应在巷道内加设锚杆及木支架使用控制爆破时,要保护好设备,对液压支架采取二级保护措施,即用铁板挡矸帘作为第一级保护,用旧风筒布作为支架立柱的第二级保护。

陷落柱及其周围可能聚集大量瓦斯,要加强通风和瓦斯管理。增加每班检测瓦斯次数采煤机装矸前,在陷落柱区前后20m内进行瓦斯检查,并在装矸中进行追机检查,在装矸中严格限制采煤机牵引速度。装矸时要内外喷雾。

## 三、工作面过空巷

综采工作面开采过程中通过年久失修的或废弃的巷道,称为过空巷。按空巷与工作面相对的空间位置,可分为本层空巷、上层空巷及下层空巷3种。

1.空巷的特征

(1)空巷多受采动影响,均有程度不同的变形和破坏。

(2)行畔空巷废弃后会形成水、瓦斯和其他有毒有害气体的积聚。

(3)空巷沟通后极容易造成工作面通风系统紊乱和风流短路。

(4)空巷内原有回收的残留杂物会给工作面开采带来不便。

2.过空巷的方法

(1)首先要使空巷沟通新鲜风流,冲淡积聚气体,排放积水,回收空巷内杂物。

(2)做工作而超前压力之前对空巷进行维护,即修复空巷原有支架,加强支护强度,架设工作面垂直的台棚梁,巷维护高度要与工作面支架及采高相适应,处理空巷底鼓区域,清除底煤,保持足够的维护空间。

(3)加强组织,缩短工期,加快工作面推进速度。

(4)保持工作面与空巷有一定的夹角,逐段通过空巷,支架移架时顶梁及时托住台棚梁,如图7-9所示。

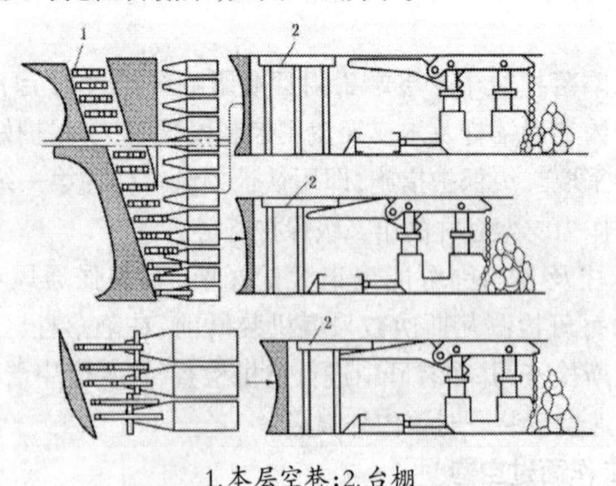


1.本层空巷;2.台棚

图7-9 工作面逐段过本层空巷

对能提前处理的空巷，首先进行有毒有害气体和积水的探测排放，然后对空巷预先进行强制放顶，使空巷顶板垮落填满，厚煤层空巷放顶时，空巷应铺设金属网、荆笆或其他护顶材料。

对不能提前处理的空巷，一般采用以下措施：

(1)准确预报空巷情况，利用钻孔提前疏放空巷积水。

(2)工作面煤帮必须支设临时支护，或在支架上挑梁，必要时加铺金属网等护顶材料。

(3)必要时，工作面采取人工破煤、二次成巷工艺渡过空巷区。

(4)保持工作面与空巷相交角度，工作面逐段穿过空巷。

过下层空巷的方法主要有两种：

(1)当上层工作面与下层空巷间距较小或为同一厚煤层开采时，采用“压巷”法。对下层空巷进行强制放顶，使上层破碎的煤体或岩石严密充填巷道，做必要的人工处理后，变过下层空巷为过本层空巷。

(2)在下层空巷内打满方木木垛或支打具有较高工作阻力的联合支架，底板要坚实，巷道顶部铺设垂直于上层工作面的厚板木或两面见平的圆木并撑紧背牢，厚煤层工作面要适当降低采高，预留煤皮伪底。

# 第八章　煤炭井工开采技术解析
# ——以“任家庄”井田为例

## 第一节　井田概况

### 一、交通位置

本井田位于宁夏灵武市东北20km的毛乌素沙地的边缘，西隔黄河30km与银川市相望。行政区划属灵武市横山乡管辖。井田位于东经106°26′15″~106°33′45″，北纬38°07′30″~38°17′30″之间。

根据横城矿区总体规划审查意见（2004年6月7日），井田北以黄草沟向斜轴部、F22断层附近的450钻孔和455钻孔连线与红石湾井田相邻；南以煤层+600m底板标高为界；井田西部：在10线以北以煤层露头为界，10线以南以煤层+600m底板标高为界；井田东部：在10线以北以煤层+500m底板标高为界，10线以南以煤层+600m底板标高为界。井田南北走向长9.7km左右，东西倾斜宽1.0~2.6km左右，井田面积约16.7km$^2$。

本井田东距黎家新庄中心区约8km。GZ35银（川）—青（岛）高速公路及与其平行的三级公路从井田东部6km处通过，307国道从井田南部8km处通过。

包（头）—兰（州）国铁干线于矿区西部约40km处南北向通过，矿区铁路支线（大坝—古窑子）在包兰铁路的大坝站接轨，延至矿区古窑子（矿区辅助企业区）车站，已于1995年10月建成投入运营。

## 二、地形地貌

本区位于鄂尔多斯台地西缘，区内大部分属低缓的半沙漠丘陵地带。西侧马鞍山地势较高，最高海拔+1512m。井田地势为西部高、东部低，其海拔高度+1350~+1200m。井田内一般地形平坦，但被南东、北东向的冲沟所切割。南部近南东向的冲沟汇入西天河，北部有北东向冲沟汇入边沟。

地形西部复杂，东部平坦开阔，总体比较简单。

## 三、水系

区内无常年地表水流。仅西天河及边沟流经本区南北两端，北部边沟发源于东部20km的清水营，上游平时无水，仅中下游由泉水补给汇集为细小水流，沿古长城南缘，西流潜入山前。据1969年5月~1970年11月断续观测资料，流量为2.85~40.5L/s，1970年8月1日测得洪水流量为67L/s，洪水延续8h。南端西天河自磁窑堡矿区由东向西汇入黄河，流量较小，近年来每当5~6月枯水季节干涸无水，为间歇性地表水流，流量随季节变化大。

## 四、气象及地震

根据灵武市气象站资料，本井田属半干旱沙漠大陆性季风气候，多风沙，少降雨，昼夜温差大。季风从当年10月至来年5月，长达7个月，多集中于春秋两季，风向多正北或西北，风力最大可达8级，一般为4~5级，风速最大为20m/s，平均风速为3.1m/s；春季有时有沙暴；年平均气温为8.8℃，年最高气温为41.4℃（1953年），年最低气温为-28.0℃（1954年）；降水多集中在7、8、9三个月，年最大降水量为352.4mm（1964年），年最小降水量仅为80.1mm（1980年），而年最大蒸发量高达2304.1mm（1953年），为年最大降水量的6倍及最小降水量的29倍，年最小蒸发量1508.8mm（1988年）；最大冻土深度为1.09m（1968年），最小冻土深度为0.50m，一般为0.70~

0.90m，相对湿度为5.2%~6.4%。

本区位于鄂尔多斯盆地西缘吴忠地震活动带的东侧，地震震中集中在黄河沿岸，按照《建筑抗震设计规范》（GB 50011—2001）附录A《我国主要城镇抗震设防烈度设计基本地震加速度和设计地震分组》划分，本矿井所在地区灵武市抗震设防烈度为Ⅷ度，设计基本地震加速度值为0.20g。根据宁煤集团2004年8月委托宁夏地震工程研究院所做的《任家庄煤矿工业场地地震安全性评价工作报告》结论，任家庄矿井工业场地50年超概率10%的地面地震动峰值加速度为181.4gal，反应谱特征周期为0.34s，任家庄工业场地的抗震设防烈度为Ⅶ度。

**五、矿区工农业生产概况**

宁夏回族自治区全区面积约6.6万$km^2$。人口682万，有回、汉、满等民族。自治区辖5个地级市，2个县级市、11个县及9个市辖区。

自治区内农作物一年一熟。主要农作物有小麦、水稻、高粱、糜子。经济作物有胡麻、大麻、芸芥、油菜、甜菜等。全区农、林、牧、渔业从业人口152.3万人。

自治区内建立了煤炭、机械、冶金、电力、化工、石油、电子等工业，工业企业总数达3.04万个，从业人员45.9万人。

2002年全自治区实现国内生产总值330亿元，人均国内生产总值5800元，财政总收入44.4亿元。粮食产量突破300万t，经济作物和畜牧业占整个农业的比重分别为20.7%和33.9%。工业经济规模扩大，效益提高，发展加快，增加值达到114.8亿元，年均增长10%。最近5年累计完成全社会固定资产投资826亿元，相当于前5年的2.4倍，年均增长21%，争取国债资金87.7亿元，带动其他投资140亿元，建设规模超过了以往任何时期。一批着眼于优化发展环境的交通、通信、水利、电力、环保、市政等基础设施项目相继开工建设或投入使用。高速公路实现了零的突破，通车里程

360km。电力装机容量2690MW。一批着眼于提升工业竞争实力的重大技改扩建项目陆续建成投产，青铜峡铝厂三期、银川橡胶厂30万套全钢子午胎、石嘴山电厂扩建、美利纸业三期等重点项目开始发挥效益。

本矿井所在的横城矿区位于毛乌素沙地的边缘，地表沙丘密布，生态环境脆弱。矿区西部的灵武市经济以农业为主，工业不发达。据灵武市2000年资料统计，全市人口25.52万人，以回、汉族为主。全市耕地面积40.6万亩，农作物以水稻、小麦为主。主要经济作物及特产有大麻、胡麻、甘草、发菜及滩羊皮等，畜牧业以牛、马、驴、羊为主，2000年农业总产值36770万元，工业总产值58680万元。矿区内煤炭资源丰富，是我国未来的重要的能源重化工基地，目前正处在大力开发建设之中。

**六、矿区煤炭生产建设及规划概况**

宁东能源重化工基地（河东规划区）主要由灵武矿区（规划能力26.2Mt/a）、鸳鸯湖矿区（规划能力44.0Mt/a）、横城矿区（规划能力6.0Mt/a）和石沟驿矿井（规划能力1.0Mt/a）组成，灵武矿区目前正在生产建设，鸳鸯湖矿区正在开发，横城矿区即将开发。

横城矿区由马连台矿井（规划能力2.4Mt/a）、红石湾矿井（规划能力0.6Mt/a）、任家庄矿井（规划能力2.4Mt/a）和丁家梁矿井（规划能力0.6Mt/a）组成，任家庄是横城矿区内即将开发的第一座矿井。

宁东能源重化工基地（河东规划区）煤炭建设规划分三期进行，对应满足能源重化工项目及其他煤炭市场的供煤要求。

“十五”期间，建设规模达到13.0Mt/a。重点建设羊场湾煤矿（5.0Mt/a），同时完成灵新煤矿（3.0Mt/a）、磁窑堡技改井（3.0Mt/a）和石沟驿煤矿（1.0Mt/a）的技术改造及改扩建工程。

“十一五”期间，建设规模达到53.0Mt/a。重点开工建设枣泉煤矿（5.0Mt/a）、清水营煤矿（10.0Mt/a）、梅花井煤矿（12.0Mt/a）、石槽村煤矿（6.0Mt/a）和任家庄煤矿（2.4Mt/a），同时将羊场湾煤矿扩建到8.0Mt/a的规模。

二期(2010年~2020年),建设规模达到80.3Mt/a。重点开工建设红柳煤矿(8.0Mt/a)、麦垛山煤矿(8.0Mt/a)、马莲台煤矿(2.4Mt/a)、红石湾煤矿(0.6Mt/a)、丁家梁煤矿(0.6Mt/a)和英子梁煤矿(1.2Mt/a),同时将羊场湾煤矿扩建到10.0Mt/a、枣泉煤矿扩建到(8.0Mt/a)的规模。

从矿区基础设施建设情况看,矿区总机厂、物资总库等矿区辅助附属企业及设施已基本建成,矿区中心区也初具规模。

**七、宁夏煤业集团现有煤炭运销情况**

2002年宁夏煤业集团公司生产原煤15.74Mt,原煤入洗及销售15.84Mt,销售率为100.62%。商品煤销售量15.39Mt,按行业分:电煤6.374Mt,占41%,冶金用煤2.745Mt,占18%,化工用煤1.75Mt,占11%,其他用煤4.519Mt,占30%;按省区分:区内销售8.925Mt,占58%,区外销售6.203Mt,占42%。省外主要销往陕西、甘肃、青海、新疆、西藏、湖南、湖北、河南、河北、福建、浙江、江苏、上海、山东、北京、辽宁、吉林、内蒙古等省市,出口煤炭0.26Mt,销往法国、德国、荷兰、比利时、日本等国。

主要用户情况见表9-1。

表9-1 宁夏煤业集团公司主要煤炭用户

| 行业 | 主要用户 |
|---|---|
| 电力 | 大坝电厂、中宁电厂、大武口电厂、石嘴山电厂、石嘴山发电公司、水昌电厂、西固热电公司、青海桥头电厂 |
| 冶金 | 酒钢、新疆八钢、包钢、首钢、宝钢、上钢一厂、武钢、鞍钢、本钢、唐钢、汉中钢厂等 |
| 化工 | 中石化宁夏分公司、金昌化工集团公司、张掖化工集团、兰化、宁化等 |

2003年宁夏煤业集团公司计划生产原煤15.42Mt,实际完成18.506Mt,较上年增加2.766Mt,增长率为17.57%;2003年商品煤销售计划15.30Mt,实际完成18.51Mt,较上年增加2.977Mt,增长率力

19.17%，其中电煤7.756Mt，占41.90%，原煤入洗及销售完成19.315Mt，产销率为104.37%；区内销售11.33Mt，占61.20%；区外销售7.18Mt，占38.80%。

2004年宁夏煤业集团公司计划生产原煤18.50Mt，其中烟煤14.60Mt，无烟煤3.90Mt，原煤入洗5.96Mt；商品煤销售计划17.62Mt，其中烟煤11.92Mt，无烟煤0.82Mt，焦精煤1.50Mt，洗煤产品4.88Mt。

第一季度集团商品煤销售计划4.128Mt，实际完成4.771Mt，较计划超销0.643Mt，完成计划的115.58%，较上年同期增销0.389Mt，增长率为8.88%，完成全年计划的27.08%，较计划超2.08个百分点。

2003年集团公司商品煤实际综合售价每吨143.46元，其中动力煤平均售价每吨102.77元(电煤每吨108.00元)，洗煤产品平均售价每吨232.72元，无烟煤平均售价每吨208.18元。2003年12月末分品种价格：太西无烟筛选块煤售价每吨300.00元，筛选末煤每吨165.00元，无烟精大块每吨380.00元，精中块每吨360.00元，精小块每吨320.00元，无烟精末每吨226元，冶金焦精煤每吨410.00元，烟块煤每吨158.00元，烟混煤每吨95.86元。

2004年1~3月份集团公司商品煤实际综合售价每吨168.70元，其中动力煤平均售价每吨109.07元(电煤每吨118.00元)，洗煤产品每吨231.65元，无烟煤每吨258.60元。2004年3月末分品种价格：太西无烟筛选块煤每吨360.00元，筛选末煤每吨215.00元，精大块每吨420.00元，精中块每吨400.00元，精小块每吨350.00元，无烟精末每吨260.00元，冶金焦精煤每吨429.80元，烟块煤每吨152.00元，烟混煤每吨99.86元。

宁夏煤业集团公司煤炭价格2000年以来保持一定的涨幅，无烟筛选末煤平均每吨上涨70元，无烟筛选块煤平均每吨上涨100元，无烟精块平均每吨上涨120元，无烟精末平均每吨上涨100元，冶金焦精煤平均每吨上涨200元,动力煤平均每吨上涨12元。煤炭市场价格随着市场的走势而稳步增长,尤其是冶金、化工等行业的煤炭价格变化比较明显,随着国民经济发展速度的进一步的加快,对能源的需求增加,必将拉动煤炭市场继续走好。宁夏煤炭较全国平均煤炭价格、较周边地区偏低,煤炭价格调整的回旋余地较大。

**八、现有电源、水源情况**

1.电源

宁东规划区在古窑子建有一座110kV变电站,该变电站设计规模为2台25000kVA变压器,现装设SFSL7-25000/110,110/35/6.3kV和SFSL7-12500/110,110/35/6.3kV变压器各一台,其电源是以两回导线为LGJ-240的110kV、长度均为28.3km线路取自灵武东山220kV变电站,该220kV变电站电源取自大坝电厂及宁夏电网。

根据有关规划,在横城矿区内与矿井同步新建电厂两座,其中马莲台电厂内设4×300MW+2×600MW发电机组,水洞沟电厂内设4×600MW发电机组。

电力部门规划在马跑泉建330kV变电站一座,电源引自就近的发电厂,内设3台240MVA的变压器。

宁夏煤业集团有限责任公司拟对中心区35kV变电所进行扩建,本矿井可考虑从该变电所引用一回电源。

宁夏煤业集团有限责任公司目前正在井田南部,距井口约10km左右的黄羊墩附近建设灵州电厂,其初期规模为2×135MW机组,后期增加4×600MW机组。

因此,矿井建设和生产的电源条件是可靠的。

2.水源

根据本区地质勘探资料分析,区内水源缺乏,不能解决长期供水问题。北部边沟地表水,水量不大,可采用筑坝拦截水方法,解决临时短期施工用水。

第三系砾岩为本区富水较强的岩层，但由于受古地形、地质构造影响砾岩厚度发育不均，富水性变化较大。下石盒子组、山西、太原煤系地层涌水量也较大，矿井排水经处理后可作为矿井的生产用水。

矿区附近具有供水意义的地表水有位于矿区西部30km左右处的黄河水，据石嘴山水站多年观测资料，黄河石嘴山段多年平均流量994.4m³/s。国家分配宁夏取用的黄河水量为40亿m³/a，现在只使用约32亿m³/a，尚有8.35亿m³/a可以取用。根据河东能源重化基地供水工程的规划，基地各项工程水源主要取自黄河水，取水点选在银青高速公路黄河大桥以北1km处，一期工程供水能力40万m³/d，二期工程供水能力60万m³/d。在位于本矿井东6km左右处的鸭子荡附近设调节水库（坝顶高程+1252.5m，一期总库容为2053万m³），通过供水管网向能源基地各用水地点供水。

位于中心区附近的处在吴忠金银滩水源地的矿区一期供水系统中的第二加压泵站可为矿井建设和生产提供生活用水。

因此，矿井建设和生产的水源条件是有保障的。

3. 变压器

宁夏煤业集团有限责任公司拟对中心区35kV变电所进行扩建，本矿井可考虑从该变电所引用一回电源。

宁夏煤业集团有限责任公司目前正在井田南部，距井口约10km左右的黄羊墩附近建设灵州电厂，其初期规模为2×135MW机组，后期增加4×600MW机组。

因此，矿井建设和生产的电源条件是可靠的。

## 第二节 大巷运输方式的选择

### 一、煤炭及辅助运输方式

1.煤炭运输

矿井投产初期无大巷,直接利用斜井胶带输送机提升工作面煤炭。

根据煤层赋存特征,本井田为一个水平上下山开采,矿井后期运输大巷和轨道大巷沿6煤层的布置。

本矿井煤层赋存稳定、储量丰富、煤层生产能力较大,初期达到2.40Mt/a设计生产能力时,共布置有一个采区(11采区),两个综采工作面集中生产。为减少运输环节,简化运输系统,实现煤炭自井下至地面的连续运输并提高矿井自动化和集中控制程度,确定煤炭运输采用胶带输送机运输方式。设计未对后期大巷、石门等胶带输送机选型。

2.辅助运输

矿井辅助运输主要担负人员、矸石、材料和设备的运输任务。本矿井初期利用斜井井筒作为上山,回采工作面顺槽通过中部车场直接和副斜井联系,不需设置水平大巷。井筒采用单钩串车提升,工作面顺槽采用无极绳连续牵引车运输,中部车场区段石门采用XK2.5-9/48-KBT型蓄电池电机车牵引调车运输。后期随着开采延伸,需增加大巷运输设备根据运量要求,经初步计算,选用每台8t防爆特殊型蓄电池电机车牵引18辆1.5t固定式矿车,能够满足制动距离及其他各项要求。

### 二、后期大巷运输设备技术特征

本矿井初期无井下大巷运输设备,中后期随着开采延伸,需增加大巷运输设备。由于矿井生产能力大,后期大巷主运输设计采用胶带输送机。后期大巷辅助运输暂按轨道运输考虑，机车设备进行了方案比选。

1.运输计算依据及参数

(1)矿井生产规模：2.40Mt/a。

(2)瓦斯等级：高瓦斯矿井。

(3)含矸量：200t/d。

(4)后期运距：北翼3.55km；南翼2.68km。

(5)工作制：工作日300d/a，每天两班运输，每班7h。

(6)运量：每班运矸石420t。

(7)运输线路平均坡度：4‰。

(8)调车时间15min。

(9)矿车：1.5t固定式矿车，$Q_{01}$=0.97t，载重Q=1.5t。

(10)运输不均衡系数：K=1.35。

(11)矸石散容比1.7。

2.电机车选型和列车组成

根据生产规模和《煤矿安全规程》规定，后期井下大巷辅助运输电机车选用XK8-9/140-KBT防爆特殊型蓄电池电机车。每台8t防爆特殊型蓄电池电机车最多可牵引18辆1.5t固定式矿车（运矸），能够满足制动距离及其他各项要求。

经计算，后期北翼选用四台XK8-9/140-KBT防爆特殊型蓄电池电机车，三台工作，一台备用，南翼选用三台XK8-9/140-KBT防爆特殊型蓄电池电机车，两台工作，一台备用，能够满足后期矿井大巷辅助运输的需要。

3.充电设备选择

后期选用两台KGCA-120/5-220KB矿用隔爆型充电机，安装在井下充电室内，一台工作，一台备用，能够满足井下辅助运输防爆特殊型蓄电机车供电的要求。

后期在井底车场附近设置充电室及电机车修理库，作为电机车充电、修理电机车及储存备用电机车之用。

4. 井底车场及大巷内的“信、集、闭”系统

矿井初期不设“信、集、闭”系统。后期井底车场及轨道大巷运输设备投入运营前，配备KJ15A型矿井机车运输监控(矿井信、集、闭)系统，该控制系统，采用三级集散式计算机控制，由地面中心站和井下区域分站、井下控制分站、轨道计轴器等八种矿用隔爆兼本安型设备组成，系统包括了区间联锁、敌对进路联锁、信号机和电动转辙机联锁等一般“信、集、闭”的基本闭锁功能，同时具有实时显示、自动指挥、自动记录、打印、故障自诊断、重演等功能，能对大巷轨道机车运输进行指挥调度，保障运输安全、提高指挥效率、增加经济效益和改善工作环境，系统配置灵活、控制方便。

## 第三节　采煤方法

### 一、开采技术条件

1.构造

本井田构造除三道沟背斜以外，其余均以一系列小型断裂构造为其特征。三道沟背斜近南北向延伸，贯穿全区，其形态呈西翼陡东翼缓的背斜，构成任家庄井田含煤岩系的全貌。西翼倾角50°~60°，东翼倾角20°~30°，为一不对称不完整背斜，自北向南倾伏。

区内主要断层走向为近南北方向，与本区南北向的褶皱趋势相吻合。本井田内落差大于30m的断层有4条，分别为F1、F2、F3、F4(详见第一章第三节)。

2.煤层

井田内山西组和太原群含煤多达22层，编号者12层。地质报告中计算了储量的煤层为一、三、四、五、六、八、九、十等8个煤层。

根据矿井开拓布置，设计的首采区位于7勘探线以南，4228250纬线(3勘探线附近)以北，背斜轴东侧、+850m水平以上的井田中

部区域。采区走向长约3.3km，倾向宽约1.0km，面积3.3km²左右，设计为双翼采区。区内有钻孔20个，可采煤层情况如下：

一煤：全井田基本可采，赋存较稳定，厚度为0.20~4.19m，平均1.59m，但大于2m的区域较小，且连不成片。煤层基本上是单一结构，少量钻孔见到1~3层泥岩夹矸，结构简单。首采区煤层平均厚度约1.64m，倾角13°~17.6°。经区段划分，采区内区段圈定的回采煤量为5.69Mt。

三煤：全井田可采，赋存稳定，厚度为1.39~6.17m，平均3.32m，煤层基本上是单一结构，个别钻孔见到0~2层夹矸，结构简单。首采区煤层平均厚度约2.70m，倾角11°~17.4°。经区段划分，采区内区段圈定的回采煤量为9.40Mt。

四煤：井田内大部可采，赋存较稳定，厚度为0~3.19m，平均1.02m，煤层基本上是单一结构，少量钻孔见到0~2层夹矸，结构简单。首采区煤层平均厚度约1.0m，倾角6°~17°。经区段划分，采区内区段圈定的回采煤量为4.16Mt。

五煤：全井田可采，赋存较稳定，厚度为2.17~11.51m，平均6.03m，煤层基本上是单一结构，一般无夹矸，结构简单。首采区煤层平均厚度约5.42m，倾角6°~17°。经区段划分，采区内区段圈定的回采煤量为20.88Mt。

六煤：全井田基本可采，赋存较稳定，厚度为0~1.91m，平均0.61m，煤层基本上是单一结构，一般无夹矸，结构简单。首采区煤层平均厚度约1.35m，倾角6°~17°。经区段划分，采区内区段圈定的回采煤量为5.14Mt。

全井田可采储量为191.332Mt，大部分煤层赋存条件适合机械化开采；其中首采区可采储量为48.4Mt。

3.顶底板岩性

本井田顶底板岩性以粉砂岩和泥岩为主，煤层顶底板为砂岩时抗压强度大；为粉砂岩、泥岩及薄层灰岩时则易塌陷；而遇炭质泥岩及泥岩时,其在地下水作用下,易膨胀引起冒顶和鼓底发生。

4.瓦斯

根据地质报告结论描述,本区瓦斯含量较大,建井初期可能为1~3级瓦斯矿井(即低~高瓦斯矿井),后期可能为3级~超级瓦斯矿井(即高瓦斯矿井)。

5.煤尘

煤尘有爆炸危险。

6.煤的自燃

根据煤质资料分析,本区七、八、九、十煤层,平均硫分2.76%~3.70%,属富硫煤,特别是九煤含硫3.61%~3.20%,因含硫较高容易导致煤的自燃。

7.水文地质条件

本井田初期开采块段水文地质条件比较简单,矿井初期涌水量不大,对开采影响较小。

**二、采煤方法的选择**

适宜的采煤方法是实现高产高效的关键,影响采煤方法选择的因素主要包括地质构造、煤层倾角、埋藏深度、煤层厚度、煤层硬度、煤层结构、顶底板条件、生产规模及装备水平。本井田计算储量的可采煤层主要有一、三、四、五、六、八等6个层煤。本设计主要对可供初期开采的上部一、三、五煤的采煤方法进行选择论证,后期开采的其他煤层根据今后的技术发展情况确定。

1.一煤

全井田基本可采,赋存较稳定,厚度0~4.19m,平均厚度为1.59m。但大于2m的区域较小,且连不成片,厚度在1~1.8m的区域约占90%。煤层结构简单。首采区煤层平均厚度1.64m,最大厚度2.37m,最小厚度0.2m。倾角13°~17.6°。经区段划分,采区内区段圈定的回采煤量为5.69Mt。首采区共有钻孔20个。

根据目前国内的成功开采经验，并考虑本煤层的实际情况，一煤层可采用高档炮采、普采，也可采用薄煤层综采采煤方法。

尽管一煤厚度不大，但该煤层赋存较稳定，煤层结构简单，顶底板尚好，起伏不大。本着“高起点、高标准、高效率”的原则，从煤层赋存情况、开采技术条件，以及安全、效率等角度出发，同时考虑解放其下部煤层的需要，结合矿井开拓布置，一煤的采煤方法暂采用走向长壁综采采煤方法。

采煤机械可采用采煤机机组或刨煤机机组。采煤机机组适用地质条件广，生产率高，但能耗较大。刨煤机机组块煤产率高，能耗少，安全性好，但对地质条件使用范围相对较窄。目前国内刨煤机机组使用较好、单产较高的矿井，地质条件均较好，角度一般在8°以下，煤层赋存非常稳定，同时刨煤机机组和控制系统均是进口设备，设备价格及运行费用较高。本井田一煤虽然结构简单，但部分钻孔仍有1~3层夹矸，另外整个井田受三道沟背斜构造的影响，采区内难免会有一些小的断裂构造的存在。因此，从可靠、经济、适用的角度出发考虑，设计一煤采煤机械暂采用采煤机机组综采。

在井筒检查钻孔的施工过程中，发现一煤的发育条件不理想（可能与钻孔位置特殊有关），煤层厚度较薄，和勘探报告资料有一定的差别，因此，建设单位建议一煤需取得进一步详细的地质资料并做出经济评估后再考虑开采，要求首采工作面布置两个三煤工作面。

从资源开发利用角度分析，井田内一煤平均厚度1.59m，属厚度偏小的中厚煤层。一煤和其下部的三煤之间层间距平均为24m，上行开采困难，因此一煤应先行开采后方可对三煤进行开采。

从开采技术分析，目前我国厚度较小煤层的开采技术日益丰富和完善。在本井田一煤厚度偏小、顶底板强度和稳定性较小的情况下，采用合理的架型和结构以及配套的采掘设备，通过科学的管理，一煤工作面生产能力可达到450~900kt/a。河北邢台矿业（集团)有限责任公司显德汪矿1#煤煤层厚度0.5~1.96m,平均厚度1.5m,平均倾角12°,最大倾角28°,最大俯采角24°,煤层普氏硬度系数f=1.2,顶底板以粉砂岩为主。通过综合机械化改造,首采面实现年产420kt,最高月推进度达到249m,最高月产91672t。兖州北宿矿在薄煤层厚度1m条件下,因含有硫化铁结核,采用炮采机装工艺,年产量也达到510kt。

从开采经济效益分析,一煤首采工作面开采时,井巷工程费为2353万元,设备及安装费为4736万元,经营成本每吨约40元,利息每吨2.36元,维简费每吨3元,其他每吨2元。一煤首采工作面回采煤量约55万t,煤炭售价按108元计算,产值5940万元。经营成本2200万元,井巷工程费为2353万元,设备折旧费约为593万元,其他成本为405万元,合计约5551万元。

从资源利用、开采技术、经济效益等角度分析,一煤应首先进行开采。但从井田内新打的两井筒检查孔的情况看,受孔位限制检1孔(布置在风氧化带内)仅发现炭质泥岩,检2孔(布置在F10断层附近)也未见到一煤,和勘查报告提供的资料有一定出入。尽管分析检1孔是受风化带的影响,检2孔是受断层的影响而未发现一煤,但根据建设单位建议,一煤应在进一步地质工作的基础上,取得更可靠资料的基础上再进行开采较为稳妥。根据宁夏宁鲁煤电有限责任公司煤矿[2004]001号专题会议纪要意见,首采工作面暂考虑布置在三煤中,以保证矿井尽早顺利达产。

2.三煤

全井田可采,赋存稳定,厚度1.39~6.17m,平均厚度为3.32m,其中厚度在1.8~3.8m的约占85%。煤层基本上是单一结构,个别钻孔见到0~2层夹矸,结构简单。首采区煤层平均厚度约2.70m,倾角11°~17.4°。经区段划分,采区内区段圈定的回采煤量为9.40Mt。

三煤属中厚煤层,赋存较稳定,且煤层结构简单,顶底板以粉砂岩为主,次为泥岩,顶底板条件良好,起伏不大。适合综合机械化走向长壁综采一次采全高采煤方法。

3. 五煤

全井田可采,赋存较稳定,煤层厚度2.17~11.51m,平均厚度为6.03m,但厚度差异较大。煤层基本上是单一结构,一般无夹矸,结构简单,顶底板良好,起伏不大。首采区煤层平均厚度约5.42m,倾角6°~17°。

五煤顶底板岩性以粉砂岩和泥岩为主,其物理力学性质试验结果:砂岩抗压强度一般为392.5~903kg/cm²,抗拉强度13.8~163kg/cm²;泥岩,抗压强度为189.5~1024kg/cm²,抗拉强度26.7~116kg/cm²;灰岩,抗压强度453~1816.7kg/cm²,抗拉强度18.3~204kg/cm²。

五煤厚度较大,为井田内主要可采煤层,考虑到本井田煤层厚度变化较大,且首采区平均煤厚仅为5.42m的情况,根据国内外厚煤层开采技术发展现状,结合井田开采技术条件,五煤可供选择的采煤方法主要有:综采放顶煤和大采高综采。

(1)综采放顶煤

综采放顶煤一次采全高的主要优点是:动力消耗小,采煤成本低,对煤厚变化大、构造比较复杂的地质条件有较好的适应性,易于实现高产高效。其主要缺点是:工作面设备多、管理复杂,易混入矸石、原煤灰分高、工作面作业条件稍差。

我国综采放顶煤始于1982年,先后在沈阳、平顶山、潞安、窑街、乌鲁木齐、阳泉矿务局等进行推广应用,取得了良好的技术经济效果。进入20世纪90年代以来,对综放开采中存在的瓦斯治理、火灾防治、粉尘治理、提高回收率、全煤巷锚杆支护技术难题进行攻关研究,取得了可喜进展,综放工作面个数逐年增加。综放开采已成为厚煤层矿区实现高效集约化生产的主要途径。

煤层的冒放性是能否采用放顶煤综采的关键。根据多年来我国综采放顶煤采煤经验,影响顶煤冒放性的自然因素主要有煤层赋存深度、煤层厚度和强度、煤层结构、煤岩体节理裂隙发育程度及煤岩交界面地质结构整合程度、顶底板条件、地质构造、自然发火、瓦斯及水文地质条件等。下面对五煤的冒放性进行分析评价。

①煤层强度。煤层强度是煤层本身抗破坏能力的主要指标，包括煤层的单向抗压强度，黏结系数和内摩擦角。国内外大多数放顶煤综采工作面的实测资料统计表明，煤层强度是影响顶煤冒放性的关键因素。一般认为当煤层硬度f系数小于3、强度小于20MPa时，顶煤冒放性较好。反之，顶煤的破坏程度降低，冒落性渐差。精查地质报告未对五煤进行物理力学实验，煤层强度指标没有具体数值。但根据五煤煤种牌号，气煤为主，部分肥煤判断，煤层硬度应属中等。单从煤层强度来看，五煤适宜放顶煤开采。

②煤层赋存深度。根据理论计算和实践证实，顶煤冒放性随着开采深度的增大而加强。一般情况下，开采深度大于400m时，顶煤易于冒落。本井田+850m水平五煤埋深在250~500m之间，从开采深度看，五煤在+850m水平以上顶煤冒放性尚可。

③煤层厚度与采放比。一般来说，过厚的顶煤其上部难以达到充分松动，国内外综放工作面的实测数据和有关科研院所所做模拟试验结果都表明，顶煤冒放性随煤层厚度的增大而减弱，同时证明综放开采的最大临界厚度为12.5~15.0m，尽管国内也有达到20m以上的工作面，但回收率较低。放顶煤采煤方法的下限为5m，低于5m时，一般考虑普通综采。

采放高度比即综放工作面放煤高度与采煤高度之比，它对顶煤冒放性影响反映在两方面，一是采煤工作面支架的反复支撑对顶煤的破碎作用，二是采放高度比影响着顶煤冒落充分松散的空间条件，我国缓倾斜厚煤层放顶煤采放比一般1∶1~1∶2.4之间。井田内五煤平均厚度6.03m，最大厚度11.51m，按采煤机割煤高度2.8m计算，顶煤厚度平均3.23m，采放比1∶1.15，从煤层厚度和采放比来看，五煤适合综采放顶煤开采。

④煤层结构。一般认为，煤层中夹矸（单层）厚度不宜超过0.30m，其硬度系数f也不应大于3，顶煤中夹矸层厚度占煤层厚度的比例也不宜超过10%~15%，否则，应采取预破碎措施。五煤结构简单，煤层基本上是单一结构，一般无夹矸，因此五煤层中夹矸对放顶煤开采影响较小。

⑤顶板条件。影响煤层冒放性的煤层顶板包含直接顶和基本顶两部分，直接顶对顶煤压裂无直接影响，但直接顶能够随采随冒并具有一定的厚度是综放开采顶煤破碎冒落后顺利放出的基本条件，否则不利于顶煤回收。因此，无论从矿压角度还是从顶煤放出率来考虑，都希望直接顶的最小厚度能达到充满采出煤厚的空间。五煤直接顶板岩性主要为粉砂岩、泥岩及砂质泥岩，顶板岩层强度不大，易冒落，能够随着开采的进行随采随冒，但厚度不大，对顶煤的回收有一定影响。因此大部分情况下，其顶板对综放开采也是适宜的。

⑥自然发火问题。本矿井五煤属可能自然发火煤层，预防自然发火是放顶煤开采成败的关键。根据我国多年来的防火工作来看，只要采取有效措施，如后退式开采，加快推进速度，提高顶煤回收率，预防性灌浆，喷洒及压注阻化剂，注氮防火等措施，自然发火可以得到控制，不会影响综采放顶煤的实施。兖州矿区自1992年实行综采放顶煤开采以来，针对综放发火特点，形成了一整套综合防灭火技术，成功地解决了综放开采的防灭火技术难题。

⑦瓦斯问题。瓦斯问题是放顶煤开采的重大安全问题。由于放顶煤开采同时出煤量加大，瓦斯涌出量随之增大。本矿井随着煤层开采深度的增加，瓦斯涌出量也逐步增加，但通过加强通风管理，配备完善的瓦斯监测系统，可以防止瓦斯积聚。

根据以上分析，影响五煤综放开采的主要因素是防灭火、防瓦斯积聚等问题。而这些问题在以综采放顶煤为主的矿区，例如兖州、郑州、平顶山、潞安等矿区已形成了一套比较完整的安全技术措施，可以保证工作面的安全回采。因此，本井田五煤可以采用综采放顶煤开采。煤层及顶底板均较软的郑煤集团且在高瓦斯条件下，超化、裴沟等矿井综放工作面产量已达180~200万t；自然发火期短，煤层易自燃的兖州矿区综放工作面生产能力已达500万t以上。

(2)大采高综采

大采高综采一次采全高适应煤层厚度在4~5m，地质构造简单，煤层赋存条件较好、煤层和底板较硬、直接顶冒落后能充满采空区。经过许多局矿在各种地质条件下的探索和实践，大采高综采工艺在技术上已趋成熟。大采高综采可以实现高产高效，且具有采场过风断面大，为稀释瓦斯创造了有利条件的优点。

但大采高综采也存在着如下不足：适应煤层厚度变化能力较差，对煤层及顶底板要求较高。大采高综采由于采高大，采场矿压显现强烈，顶板管理困难，工作面容易片帮。

本井田五煤厚度为2.17~11.51m，平均6.03m，首采区平均厚度5.42m，厚度变化较大，首采区煤层倾角13°~18°，其余采区均在20°以上，北翼的12、14采区倾角在25°以上。如采用大采高综采，也存在着以下主要问题：

①煤层倾角较大，大采高顶板管理困难。目前国内使用大采高综采效果较好的工作面角度一般均在12°以下。邢台东庞矿煤层厚度4.9m，煤层倾角11°，工作面生产能力220万t；徐州张双楼矿煤层厚度4.5m，煤层倾角22°，工作面生产能力66万t。

②从安全性、可靠性角度出发，大采高工作面配套的综采设备应以进口设备为主，设备投资费用高，一套进口综采设备费用为国产设备的3倍左右。

③从资源利用角度出发，五煤层厚度变化大(2.17~11.51m)，煤层变薄处推进困难，煤层变厚处资源损失也比较严重。

④大采高支架对底板比压较大，一般在1.4~3.7之间。五煤底

板以粉砂岩和泥岩为主，底板泥岩最小实验抗压强度值为18.57MPa，考虑地下水的软化作用（泥岩软化系数经验值为0.4~0.6），长期渗水工作面底板的极限比压约降为无水条件下的1/3~1/7，即三煤底板的容许比压为5.5~2.6MPa，抗压强度不易保证，支架容易下陷，推进困难。

⑤大采高支架重量（32t）及运输尺寸（1750×2600）较大，副斜井提升机不能满足整体下放液压支架要求，同时要求井下巷道断面尺寸较大。

因此，根据五煤的煤层赋存情况、开采技术条件、顶底板强度、煤层厚度及其变化、夹矸等多种因素分析，结合国内外厚煤层采煤方法的实际情况，设计五煤暂按走向长壁综采放顶煤一次采全高考虑。

4.其他煤层

（1）四煤、六煤、八煤

四煤：井田内大部可采，赋存较稳定，厚度平均为1.02m，煤层结构简单。首采区煤层平均厚度约1.0m，倾角6°~17°。

六煤：全井田基本可采，赋存较稳定，厚度平均为0.61m，煤层一般无夹矸，结构简单。首采区煤层平均厚度约1.35m，倾角6°~17°。

八煤：全井田大部可采，赋存较稳定，平均1.48m，煤层有一层黏土岩夹矸，部分孔含夹矸3层，结构较复杂。

四煤、六煤、八煤的煤层平均厚度均不大，属薄及中厚煤层。本着安全高效的原则，四煤、六煤、八煤的采煤方法原则上和一煤一致，采用走向长壁薄煤层综采采煤方法。

（2）三道沟背斜西翼煤层

三道沟背斜西翼属急倾斜煤层，目前我国急倾斜煤层采煤方法较多，急倾斜煤层的开采已形成相当规模，急倾斜煤层的产量占全国总产量的4%左右，但由于我国急倾斜煤层开采条件比较复杂，开采技术长期处于较低水平，一些高落式采煤方法和人工落煤等极为落后的采煤方法，不仅安全没有保障，劳动效率不高，而且资源回收率很低，煤质较差。随着科技的发展，新的采煤方法不断在急倾斜煤层中得到试验推广和使用。各矿区根据不同的煤层赋存条件，在急倾斜煤层中推广倒台阶、水平分层和掩护支架等采煤方法，部分使用了小型机械，提高了工作面生产能力和回采率，改善了安全生产条件。尤其是近些年，为了进一步提高急倾斜煤层的采煤机械化程度，提升科技贡献率，在急倾斜薄及中厚煤层中积极进行了走向长壁综合机械化采煤的工业性试验。

本矿井可采煤层较多，三道沟背斜西翼各煤层倾角50°~60°，煤层平均厚度从0.9m~6.66m不等。根据煤层赋存情况和开采技术条件，通过对现使用效果较好的急倾斜采煤方法比较，设计对后期开采的三道沟背斜西翼急倾斜煤层采用以伪倾斜柔性掩护支架为主的采煤方法。

**三、回采工作面参数的确定**

1.工作面长度及推进方向长度

工作面长度与地质因素和机械设备能力、顶板管理等技术因素关系密切，直接影响生产效益，在一定范围内适当加大工作面长度，不仅可以减少工作面的准备工程量，提高回采率，而且也相对减少了端头进刀等辅助作业时间，保证工作面高产高效。而提高工作面推进方向长度，可以减少搬家倒面次数，为工作面连续稳产高产高效创造条件。但工作面长度受设备、煤层地质条件及瓦斯涌出量等因素的制约，同时随着工作面长度增大，生产技术管理的难度也增大。因此，超过一定长度范围，工作面单产、效率、效益以及安全条件将会下降。

目前我国新建大型矿井综采工作面长度多在200~250m之间，年推进度2000~3000m。统计资料分析认为综采工作面长度在150~250m时产量最大，效率最高。煤科院北京开采所根据胶带输送机铺设长度、顺槽维护、设备大修及工作面搬家等因素模拟计算，工作面推进方向最优长度在1500~2500m。

本矿井投产初期采区构造简单，煤层顶底板较好，设计根据矿井规模、矿区生产管理水平、采区尺寸及区段划分、煤层厚度、通风能力以及技术发展等因素综合分析，认为初期投产的三煤工作面长度180~220m较为合适。结合可研阶段审查意见，确定初期工作面长度为200m左右，推进方向长度为1650m左右。随着科学技术的不断创新和设备可靠性的加强，结合生产中的具体情况，工作面长度和推进方向长度可适当调整。

2. 工作面采高

三煤为中厚至厚煤层，全井田平均厚度3.32m，首采区平均厚度为2.70m，倾角11°~17.4°。设计采用综采一次采全高进行回采。

3.采煤机截深

目前我国综采工作面的截深为600~800mm，世界上高产高效工作面所采用的截深一般为800mm~1000mm。本次设计采煤机截深取800mm。

# 参考文献

1.孟宪锐,李建民.现代放顶煤开采理论与实用技术[M].徐州:中国矿业大学出版社,2010.

2.国家煤矿安全监察局.中国煤炭工业发展概要[M].北京:煤炭工业出版社,2010.

3.中国煤炭志编纂委员会.中国煤炭志:湖北卷[M].北京:煤炭工业出版社,1999.

4.张明理.当代中国的煤炭工业[M].北京:中国社会科学出版社,1989.

5.马占国.巷式充填采煤理论与技术[M].徐州:中国矿业大学出版社,2011.

6.缪协兴,张吉雄,郭广礼.综合机械化固体充填采煤方法与技术研究[J].煤炭学报,2010,35(01):1~6.

7.缪协兴.综合机械化固体充填采煤矿压控制原理与支架受力分析[J].中国矿业大学学报,2010,39(06):795~801.

8.成根明.开发山西煤田厚煤层机械化采煤方法的选择[J].煤炭学报,1994(03):250~257.

9.陈炎光,尹士奎,徐永圻,刘泽春.中国采煤方法改革的途径及方向[J].煤炭学报,1992(01):1~5.

10.左秀峰,张小平,王玉浚,毕远志.采煤方法及设备选择决策支持系统的研究[J].中国矿业大学学报,1998(01):34~37.

11.乔福祥.我国淮南、开滦与苏联库兹巴斯水平分层采煤方法的比较和初步分析[J].北京矿业学院学报,1957(04):3~16.

12.陆士良.缓倾斜厚煤层采煤方法的研究现状[J].北京矿业学院学报,1959(03):13~18.

13.张正平.地下采煤方法分类刍议[J].北京矿业学院学报,1959(03):46~57.

14.童有德.国外井工开采煤炭资源回收率[J].煤炭科学技术,1992(01):53~54.

15.丁鑫品,李绍臣,王俊,周杰,马明.露天矿端帮煤柱回收井工开采工作面推进方向的优化[J].煤炭学报,2013,38(11):1923~1928.

16.吴嘉林,辛德林,张建平.井工开采技术的创新与发展[J].煤炭工程,2014,46(01):4~8.

17.侯进山.元金煤矿井工开采转露天开采可行性研究[J].煤炭工程,2013,45(03):17~19.

18.孟祥瑞,相桂生,骆中洲.采煤工艺选择方法设计[J].煤矿设计,1995(06):15~17.

19.杨荣新,曾昭红.中国露天采煤工艺的发展方向[J].煤炭学报,1993(01):11~19.

20.石文波.改革采煤工艺提高综采效益[J].煤炭科学技术,1984(11):5~7.

21.丁鑫品,李绍臣,王俊,周杰,马明.露天矿端帮煤柱回收井工开采工作面推进方向的优化[J].煤炭学报,2013,38(11):1923~1928.

22.王越,李建伟,杨玉亮.西川煤矿厚煤层综放开采采煤工艺协调性研究[J].煤炭工程,2014,46(11):50~53.

23.董涛.我国薄煤层采煤工艺现状及发展趋势[J].煤矿安全,2012,43(05):147~149.

24. 张广义. 综合机械化采煤工艺[J]. 煤炭技术,2009,28(03):60~62.

25. 张源,万志军,李根威,王冲. 长壁工作面多采煤机联合采煤工艺的构想[J]. 煤炭工程,2009(10):8~11.

26. 孙渝. 急倾斜煤层的特点及采煤工艺[J]. 矿业安全与环保,2002(S1):74~76.

27. 徐乃忠. 我国厚煤层开采的问题与方向[J]. 煤炭工程,2008(12):5~7.

28. 王禹,吕振德,徐世平. 连续采煤机条带式采煤工艺的应用试验研究[J]. 煤炭科学技术,1996(01):43~46.